U0211147

江山仙霞岭自然保护区
药用植物图鉴

主编：余著成　张芬耀　徐林莉

ZHEJIANG UNIVERSITY PRESS
浙江大学出版社

《江山仙霞岭自然保护区药用植物图鉴》
编委会

主　任： 王荣华

副主任： 徐望汝　余　杰

主　编： 余著成　张芬耀　徐林莉

副主编： 俞　冰　余　杰　唐海玲　张培林　陈　卓　祝肖肖

编　委（按姓氏笔画排序）：

王梅芳　毛鹏程　田志辉　张水利　林王敏　罗水根

金　伟　金圣玉　钟建平　段洋波　顾秋金　唐升君

童　哲　曾文豪

摄　影： 张芬耀　钟建平　陈征海　张培林　李根有　李华东

单　位： 江山仙霞岭省级自然保护区管理中心

浙江省森林资源监测中心

浙江中医药大学

第一章　药用植物总论

第二章　药用植物各论

第一章

药用植物总论

CHAPTER 1

GENERAL INTRODUCTION OF
MEDICINAL PLANTS

江山仙霞岭自然保护区药用植物图鉴

第一节　保护区自然地理概况

一、地理位置

江山仙霞岭自然保护区（简称保护区）位于浙江省江山市南部山区，与福建省浦城县接壤，是钱塘江源头之一。地理坐标介于东经 118° 33′ 42″~118° 41′ 5″，北纬 28° 15′ 26″~28° 21′ 11″。

保护区总面积 7084.56hm²，其范围涉及江山市廿八都镇的周村村和张村乡的双溪口村；东至双溪口村社屋坑山岗，南至省界周村平水黄，西至周村大岗尖，北至周村横坑。

二、地形地貌

仙霞岭，又名古泉山，是浙西南的重要名山之一，也是浙江省主要山系之一。仙霞岭山脉发端于福建、江西交界的武夷山脉，由其向东北延伸而成，呈东北—西南走向。在保护区内分成三个支脉：龙门岗支脉、大龙岗支脉和仙岭坑尾支脉，在保护区内主要为大龙岗支脉和仙岭坑尾支脉。

保护区大地构造上位于江山—绍兴深断裂带西南端之南东侧，属华南褶皱系、浙东南褶皱带、丽水—宁波隆起、龙泉—遂昌断隆的北部，岩浆活动强烈，其基底地层为早—中元古宙陈蔡群变质岩系。

保护区属仙霞岭中低山区，地貌类型属构造侵蚀中低山地貌，峰峦嵯峨，层峦叠嶂。保护区及周边地区海拔 1000m 以上山峰 28 座，大多数分布在浙江、福建边界和江山、遂昌、衢江交界一带。保护区内最高峰大龙岗，海拔 1501.0m。仙霞岭中低山区深受江山港及其支流的切割、冲刷，沟谷深度在 500~800m，呈 V 形。山势挺拔陡峻，坡度多在 25° 以上。

三、气候

保护区地处中亚热带北缘，亚热带湿润季风气候区，四季分明，光温适宜，降水丰沛但季节分配不均。保护区内由于山多且高，受地形地势等诸多因素影响，小气候特征明显，区内气温偏低且日温差较大，雨量充沛，日照相对偏少，立体气候明显，年际变化大。保护区内年平均气温 15.0℃左右，7 月平均气温最高 25.7℃，1 月平均气温最低 4.1℃，≥ 10℃的年活动积温为 5534℃·d。年平均降水量 1650~2200mm，年日照 1600~1800h，无霜期 237d 左右，盛行东北风。保护区气候具有以下特点：一是季风气候特征明显，受季风环流的影响显著，冬、夏季风交替明显，四季冷暖干湿分明；二是山地小气候特征显著；三是立体气候为众多的生物提供了适宜的甚至是最优的生境条件。

四、水文水系

保护区水系属钱塘江水系的一级支流江山港的支流——周村溪。周村溪,旧称小源溪,发源于江山市南境浙闽交界的狮子岭北坡。其北流至交溪口,汇源出雪岭底,经周村至岩坑口;东南流至安民关,受东北面来水;西接白水洋来水,至岩坑口,又西受木栅栏来水,至白水湾口,汇定村溪水,注入大峦口溪。周村溪全长25km,流域面积123.1km²。起点徐福年海拔850m,终点白水湾口290m,落差560m。周村河段宽30m,左右岸较为开阔、平坦,有少量河谷平地,是一条小支流众多、集雨面积较大的大山区溪流。保护区下游已建有峡口水库和白水坑水库,是当前江山市水质最优良的饮用水源地。

五、土壤

保护区海拔360~1500m,受中亚热带的季风气候的影响,雨量充沛,气候温凉,为山地黄壤的形成创造了条件。区内出露地层为侏罗系熔结凝灰岩、前震旦系陈蔡群片麻岩,并有较多的斑岩体(脉)侵入,凝灰岩、花岗岩、砂岩、粗晶花岗岩、花岗斑岩、石英砂岩、流纹质凝灰岩等母岩风化体以残坡积物的形式分布于山体的不同部位,受地形、气候、生物和人类生产活动的影响,形成了黄壤、红壤、水稻土、潮土等不同类型的土壤。黄壤主要分布在保护区内海拔600m以上的山地中,是保护区内主要的土壤类型;红壤分布在保护区内海拔600m以下的山地中,具有红、黏、酸、瘦的特征;水稻土主要分布在保护区内的山垄中;潮土主要分布在保护区内的周村溪沿岸,其面积极少。

六、野生植物

保护区是浙江省植物资源最丰富的地区之一。经系统的调查与考察,共发现保护区内有野生及常见栽培高等植物231科812属1743种(含种下分类单位,下同),其中,苔藓植物66科145属345种(藓类植物42科104属250种,苔类植物23科40属94种,角苔1科1属1种),蕨类植物28科60属128种,裸子植物6科13属16种,被子植物131科594属1254种(双子叶植物113科477属1009种,单子叶植物18科117属245种)。保护区珍稀濒危及保护植物资源十分丰富。据调查统计,保护区内有珍稀濒危及保护植物115种,其中,国家重点保护野生植物有28种(国家一级重点保护野生植物有南方红豆杉1种,国家二级重点保护野生植物有榧树、榉树、鹅掌楸、凹叶厚朴、毛红椿、花榈木、野大豆、香果树、金荞麦、伯乐树等27种),浙江省重点保护野生植物有三叶崖爬藤、银钟花、三枝九叶草、短萼黄连、杨桐、野豇豆、孩儿参、中南鱼藤等9种,其他珍稀濒危植物有78种。

药用植物种类及区系分析

一、药用植物种类组成

保护区内药用植物资源十分丰富，共有 175 科 576 属 1034 种，分别占保护区植物总科、属、种数的 75.6%、70.9%、59.4%，占浙江省药用植物种数的 32.9%，占中国药用植物种数的 8.6%。药用植物中，苔藓植物有 20 科 27 属 35 种，蕨类植物有 27 科 51 属 89 种，裸子植物有 5 科 7 属 8 种，双子叶植物有 107 科 402 属 755 种，单子叶植物有 16 科 89 属 147 种（见表 1）。药用植物中，被《中华人民共和国药典（2020 年版）》收录的有 130 种；被《浙江省中药炮制规范（2015 年版）》收录的有 194 种；被《国家重点保护野生植物名录》（2021）收录的有 25 种；被《浙江省重点保护野生植物名录（第一批）》收录的有 8 种；被《中国生物多样性红色名录——高等植物卷》（简称《中国多样性红色名录》）评估为易危（VU）及以上等级的有 21 种，其中，极危（CR）1 种，濒危（EN）3 种，易危 17 种；被《濒危野生动植物种国际贸易公约》（简称 CITES）列入附录Ⅱ的有 25 种。

表 1　保护区药用植物科、属、种组成

类别	科		属		种	
	数量	比例 /%	数量	比例 /%	数量	比例 /%
苔藓植物	20	11.4	27	4.7	35	3.4
蕨类植物	27	15.4	51	8.9	89	8.6
裸子植物	5	2.9	7	1.2	8	0.8
双子叶植物	107	61.1	402	69.8	755	73.0
单子叶植物	16	9.1	89	15.5	147	14.2
合计	175	100.0	576	100.0	1034	100.0

二、药用植物科、属组成

保护区共有药用植物 175 科，根据各科所包含的种类数量划分为 5 个等级，分别是大科（≥ 50 种）、较大科（20~49 种）、中等科（10~19 种）、寡种科（2~9 种）、单种科（1 种），详见表 2。

表 2 保护区药用植物不同科所含属、种组成

类别	科		属		种	
	数量	比例 /%	数量	比例 /%	数量	比例 /%
大科（≥ 50 种）	1	0.6	40	6.9	64	6.2
较大科（20 ~ 49 种）	8	4.6	149	25.9	259	25.0
中等科（10 ~ 19 种）	20	11.4	110	19.1	277	26.8
寡种科（2 ~ 9 种）	94	53.7	225	39.1	382	37.0
单种科（1 种）	52	29.7	52	9.0	52	5.0
总计	175	100.0	576	100.0	1034	100.0

保护区药用植物中，大科仅 1 个，即菊科（40 属 /64 种），占保护区药用植物总科数的 0.6%。较大科有 8 科，占保护区药用植物总科数的 4.6%，其属、种分别占保护区药用植物总属、种数的 25.9% 和 25.0%，分别是豆科（28 属 /46 种）、蔷薇科（15 属 /46 种）、禾本科（31 属 /39 种）、唇形科（16 属 /31 种）、百合科（16 属 /28 种）、茜草科（18 属 /24 种）、兰科（14 属 /22 种）、莎草科（11 属 /22 种）；中等科有 20 科，占保护区药用植物总科数的 11.4%，以木本植物为主的科有壳斗科（6 属 /13 种）、桑科（5 属 /16 种）、木兰科（7 属 /10 种）、山茶科（5 属 /13 种）等，以草本植物为主的科有伞形科（10 属 /15 种）、玄参科（8 属 /15 种）、堇菜科（1 属 /10 种）等。寡种科和单种科十分丰富，分别有 94 科和 52 科，占保护区药用植物总科数的 53.7% 和 29.7%，它们所含的属、种数亦较丰富，有 277 属 435 种，分别占保护区药用植物总属、种数的 48.1% 和 42.0%。前者常见的科有报春花科（2 属 /9 种）、卷柏科（1 属 /9 种）、山矾科（1 属 /9 种）、虎耳草科（6 属 /8 种）、石竹科（6 属 /8 种）、五加科（5 属 /8 种）、天南星科（3 属 /8 种）、猕猴桃科（1 属 /8 种）、薯蓣科（1 属 /7 种）、防己科（6 属 /6 种）、金星蕨科（5 属 /6 种）、紫金牛科（4 属 /6 种）、金发藓科（3 属 /6 种）、凤尾蕨科（1 属 /6 种）、铁角蕨科（1 属 /6 种）、萝藦科（3 属 /4 种）、蹄盖蕨科（3 属 /4 种）、苋科（3 属 /4 种）、安息香科（2 属 /4 种）、马兜铃科（2 属 /4 种）、茄科（2 属 /4 种）、羽藓科（2 属 /4 种）、金粟兰科（2 属 /3 种）、里白科（2 属 /3 种）、桑寄生科（2 属 /3 种）、杨柳科（2 属 /3 种）；后者常见的科有浮萍科、海金沙科、海桐花科、虎尾藓科、姬蕨科、锦葵科、旌节花科、蕨科、藜科、毛地钱科、牛毛藓科、千屈菜科、球子蕨科、曲尾藓科等。

保护区共有药用种子植物属 576 个，根据各属所包含的种类数量划分为 5 个等级，分别是大属（≥ 15 种）、较大属（10~14 种）、中等属（6~9 种）、寡种属（2~5 种）、单种属（1 种），详见表 3。

表 3 保护区药用植物不同属所含种组成

类别	属		种	
	数量	比例 /%	数量	比例 /%
大属（≥ 15 种）	1	0.2	18	1.7
较大属（10~14 种）	3	0.5	30	2.9
中等属（6~9 种）	17	3.0	121	11.7
寡种属（2~5 种）	194	33.7	503	48.6
单种属（1 种）	361	62.7	362	35.0
总计	576	100.0	1034	100.0

保护区药用植物中，大属仅 1 属，即悬钩子属（18 种），占保护区药用植物总属数的 0.2%。较大属有 3 属，共 30 种，分别是蓼属（10 种）、冬青属（10 种）、堇菜属（10 种）。中等属有 17 属，共有 121 种，分别占保护区药用植物总属、种数的 3.0%、11.7%，代表属有卷柏属（9 种）、山矾属（9 种）、榕属（8 种）、卫矛属（8 种）、猕猴桃属（8 种）、珍珠菜属（8 种）、薯蓣属（7 种）、凤尾蕨属（6 种）、铁角蕨属（6 种）、越橘属（6 种）、薹草属（6 种）、莎草属（6 种）等。寡种属、单种属极为丰富，分别有 194 属和 361 属，占保护区药用植物总属数的 33.7% 和 62.7%，两者所含的种数共达 865 种，占保护区药用植物总种数的 83.6%。寡种属常见的有鳞毛蕨属（5 种）、冷水花属（5 种）、紫堇属（5 种）、蔷薇属（5 种）、胡颓子属（5 种）、香茶菜属（5 种）、忍冬属（5 种）、鼠麴草属（5 种）、樟属（4 种）、山胡椒属（4 种）、南蛇藤属（4 种）、葡萄属（4 种）、杜鹃属（4 种）、紫菀属（4 种）、鬼针草属（4 种）、小金发藓属（3 种）、锥属（3 种）、桑属（3 种）、大戟属（3 种）、野桐属（3 种）、叶下珠属（3 种）、乌桕属（3 种）、漆属（3 种）、槭属（3 种）、楤木属（3 种）、天胡荽属（3 种）、紫金牛属（3 种）、安息香属（3 种）、木犀属（3 种）、小羽藓属（2 种）、瘤足蕨属（2 种）、里白属（2 种）、毛蕨属（2 种）、狗脊属（2 种）、贯众属（2 种）、松属（2 种）、金粟兰属（2 种）、榆属（2 种）等；单种属常见的有新丝藓属、化香树属、旌节花属、莲子草属、山牛蒡属、囊颖草属、马尾杉属、山黄麻属、鹅观草属、杜英属、虎耳草属、牡荆属、苦苣菜属等。单种属中真正的单种属有荙菜属、野鸦椿属、鹅肠菜属、天葵属、大血藤属、风龙属、山桐子属、泥胡菜属、山牛蒡属、显子草属等。

三、区系分析

属级在植物分类学中比较稳定，常作为植物区系地理的分类依据。参照吴征镒对种子植物分布区类型的划分标准，将保护区药用植物分成 13 个分布区类型。就属一级的分布区类型而言（见表 4），泛热带分布（120 属）、北温带分布（85 属）及世界广布（84 属）共同构成保护区药用植物区系的主体。各类热带成分属（2~7 型）共计 247 属，占保护区药用植物总属数的 42.9%；各类温带成分属（8~12 型）共计 237 属，占保护区药用植物总属数的 41.1%。热带性属多于温带性属，表明保护区植物具有较显著的热带性；同时温带性属占有一定的比例，表明保护区植物区系具有热带向温带过渡的性质。

表 4 保护区药用植物属的分布区类型

分布区类型	属		种	
	数量	比例 /%	数量	比例 /%
1. 世界广布	84	14.6	206	19.9
2. 泛热带分布	120	20.8	244	23.6
3. 热带亚洲和热带美洲间断分布	11	1.9	21	2.0
4. 旧世界热带分布	30	5.2	45	4.4
5. 热带亚洲至热带大洋洲分布	24	4.2	31	3.0
6. 热带亚洲至热带非洲分布	18	3.1	23	2.2
7. 热带亚洲分布	44	7.6	72	7.0

续表

分布区类型	属		种	
	数量	比例 /%	数量	比例 /%
8. 北温带分布	85	14.8	168	16.2
9. 东亚和北美洲间断分布	41	7.1	73	7.1
10. 旧世界温带分布	25	4.3	31	3.0
11. 温带亚洲分布	7	1.2	7	0.7
12. 东亚分布	79	13.7	105	10.2
13. 中国特有分布	8	1.4	8	0.8
合计	576	100.0	1034	100.0

四、珍稀濒危药用植物

保护区中具有药用价值的珍稀濒危植物资源较为丰富，共有 59 种，隶属于 21 科 43 属，详见表 5。其中，国家一级重点保护野生植物有南方红豆杉 1 种，国家二级重点保护野生植物有榧树、榉树、金荞麦、凹叶厚朴、鹅掌楸、野大豆、花榈木、香果树等 24 种；浙江省重点保护野生植物有孩儿参、短萼黄连、野含笑、中南鱼藤、山绿豆、野豇豆、三叶崖爬藤、三枝九叶草 8 种。

《中国生物多样性红色名录》评估为易危及以上等级的濒危物种 21 种，其中，极危物种有细茎石斛 1 种，濒危物种有蛇足石杉、金线兰、短萼黄连 3 种，易危物种有台湾独蒜兰、吴茱萸五加、寒兰、春兰、多花兰、天目地黄、安息香猕猴桃、花榈木、小叶猕猴桃等 17 种。

CITES 中列入附录Ⅱ的物种有 25 种，其中，红豆杉科红豆杉属 1 种，豆科黄檀属 2 种，兰科 14 属 22 种。

表 5 保护区珍稀濒危药用植物

中名	拉丁名	科名	保护级别	濒危等级	CITES
蛇足石杉	*Huperzia serrata*	石杉科	国家二级	濒危（EN）	
四川石杉	*Huperzia sutchueniana*	石杉科	国家二级		
柳杉叶马尾杉	*Phlegmariurus cryptomerianus*	石杉科	国家二级		
南方红豆杉	*Taxus wallichiana* var. *mairei*	红豆杉科	国家一级	易危（VU）	附录Ⅱ
榧树	*Torreya grandis*	红豆杉科	国家二级		
榉树	*Zelkova schneideriana*	榆科	国家二级		
金荞麦	*Fagopyrum dibotrys*	蓼科	国家二级		
孩儿参	*Pseudostellaria heterophylla*	石竹科	省重点		
短萼黄连	*Coptis chinensis* var. *brevisepala*	毛茛科	省重点	濒危（EN）	
六角莲	*Dysosma pleiantha*	小檗科	国家二级		
八角莲	*Dysosma versipellis*	小檗科	国家二级	易危（VU）	
三枝九叶草	*Epimedium sagittatum*	小檗科	省重点		
凹叶厚朴	*Magnolia officinalis* subsp. *biloba*	木兰科	国家二级		

中名	拉丁名	科名	保护级别	濒危等级	CITES
鹅掌楸	*Liriodendron chinense*	木兰科	国家二级		
野含笑	*Michelia skinneriana*	木兰科	省重点		
浙江樟	*Cinnamomum japonicum*	樟科		易危（VU）	
伯乐树	*Bretschneidera sinensis*	伯乐树科	国家二级		
黄檀	*Dalbergia hupeana*	豆科			附录Ⅱ
香港黄檀	*Dalbergia millettii*	豆科			附录Ⅱ
中南鱼藤	*Derris fordii*	豆科	省重点		
野大豆	*Glycine soja*	豆科	国家二级		
花榈木	*Ormosia henryi*	豆科	国家二级	易危（VU）	
山绿豆	*Vigna minima*	豆科	省重点		
野豇豆	*Vigna vexillata*	豆科	省重点		
朵椒	*Zanthoxylum molle*	芸香科		易危（VU）	
三叶崖爬藤	*Tetrastigma hemsleyanum*	葡萄科	省重点		
软枣猕猴桃	*Actinidia arguta*	猕猴桃科	国家二级		
中华猕猴桃	*Actinidia chinensis*	猕猴桃科	国家二级		
长叶猕猴桃	*Actinidia hemsleyana*	猕猴桃科		易危（VU）	
小叶猕猴桃	*Actinidia lanceolata*	猕猴桃科		易危（VU）	
安息香猕猴桃	*Actinidia styracifolia*	猕猴桃科		易危（VU）	
吴茱萸五加	*Acanthopanax evodiifolius*	五加科		易危（VU）	
天目地黄	*Rehmannia chingii*	玄参科		易危（VU）	
香果树	*Emmenopterys henryi*	茜草科	国家二级		
长苞谷精草	*Eriocaulon decemflorum*	谷精草科		易危（VU）	
华重楼	*Paris polyphylla* var. *chinensis*	百合科	国家二级	易危（VU）	
细柄薯蓣	*Dioscorea tenuipes*	薯蓣科		易危（VU）	
无柱兰	*Amitostigma gracile*	兰科			附录Ⅱ
金线兰	*Anoectochilus roxburghii*	兰科	国家二级	濒危（EN）	附录Ⅱ
广东石豆兰	*Bulbophyllum kwangtungense*	兰科			附录Ⅱ
虾脊兰	*Calanthe discolor*	兰科			附录Ⅱ
钩距虾脊兰	*Calanthe graciliflora*	兰科			附录Ⅱ
蕙兰	*Cymbidium faberi*	兰科	国家二级		附录Ⅱ
多花兰	*Cymbidium floribundum*	兰科	国家二级	易危（VU）	附录Ⅱ
春兰	*Cymbidium goeringii*	兰科	国家二级	易危（VU）	附录Ⅱ
寒兰	*Cymbidium kanran*	兰科	国家二级	易危（VU）	附录Ⅱ
细茎石斛	*Dendrobium moniliforme*	兰科	国家二级	极危（CR）	附录Ⅱ
单叶厚唇兰	*Epigeneium fargesii*	兰科			附录Ⅱ

续表

中名	拉丁名	科名	保护级别	濒危等级	CITES
大花斑叶兰	*Goodyera biflora*	兰科			附录 II
小斑叶兰	*Goodyera repens*	兰科			附录 II
斑叶兰	*Goodyera schlechtendaliana*	兰科			附录 II
见血青	*Liparis nervosa*	兰科			附录 II
长唇羊耳蒜	*Liparis pauliana*	兰科			附录 II
小叶鸢尾兰	*Oberonia japonica*	兰科			附录 II
细叶石仙桃	*Pholidota cantonensis*	兰科			附录 II
舌唇兰	*Platanthera japonica*	兰科			附录 II
小舌唇兰	*Platanthera minor*	兰科			附录 II
台湾独蒜兰	*Pleione formosana*	兰科	国家二级	易危（VU）	附录 II
小花蜻蜓兰	*Tulotis ussuriensis*	兰科			附录 II

药用植物分类

一、入药部位

按药用部位的不同，保护区药用植物分为八类：全草类、根及根茎类、茎木类、皮类、叶类、花类、果实及种子类、其他类。不同药用植物入药部位差异很大，有些药用植物多个部位均能入药，故在统计分析时，多个部位均可药用的种类在不同药用部位中均进行统计分析。从表6可以看出，全草类药用植物最为丰富，共439种，占保护区药用植物总种数的42.5%，如井栏边草、抱石莲、马蹄金、地耳草、雀舌草、白英等；根及根茎类药用植物有382种，占保护区药用植物总种数的36.9%，如贯众、紫萁、千金藤、羊蹄、天葵等；果实及种子类药用植物有142种，占保护区药用植物总种数的13.7%，如竹叶花椒、牵牛、车前、女贞等；叶类药用植物有141种，占保护区药用植物总种数的13.6%，如鸡桑、木芙蓉、石楠、海州常山、野艾蒿等；其他种类数量从大到小为：皮类＞茎木类＞花类＞其他类。

表6 保护区药用植物的药用部位分类

类型	种数	比例 /%
全草类	439	42.5
根及根茎类	382	36.9
茎木类	96	9.3
皮类	105	10.2
叶类	141	13.6
花类	55	5.3
果实及种子类	142	13.7
其他类	23	2.2

二、药用功效

保护区拥有十分丰富的药用植物资源，共有175科576属1034种野生药用植物，占保护区植物总种数的70.1%，包括常用的中药材原植物和具一定药用功效的民间草药。其中，《中华人民共和国药典（2020年版）》所收录的原植物有130种，隶属于64科115属，主要有草珊瑚、车前、臭椿、垂盆草、垂穗石松、垂序商陆、大戟、大血藤、淡竹叶、灯心草、地锦草、吊石苣苔、冬青、杜虹花、短萼黄连、多花黄精、榧树、风龙、风轮菜、枫香树、杠板归、藁本、钩藤、枸骨、菰腺忍冬、过路黄、孩儿参、海金沙、合欢、虎杖、华中五味子、华重楼、活血丹、积雪草、蕺菜等;《浙江省中药炮制规范（2015 年版）》所收录的原植物有 194 种，隶属于 77 科 151 属，主要有草木犀、茶、车前、臭椿、垂盆草、楤木、大萼香茶菜、大戟、大落新妇、大叶冬青、淡竹叶、灯心草、滴水珠、地耳草、地锦草、地菍、点腺过路黄、吊石苣苔、冬青、杜虹花、对萼猕猴桃、多花黄精、枫香树、甘菊、钩藤、狗脊、枸骨、构棘、菰腺忍冬、鬼针草、过路黄、孩儿参、海金沙、海州常山、蔊菜、何首乌、红毒茴、胡颓子、虎耳草、虎掌、华桑、华双蝴蝶、华中五味子、华重楼、华紫珠、黄独、黄山松、鸡桑、鸡眼草、棘茎楤木等。

根据中草药有关文献，结合民间常用中草药的特性，将保护区 1034 种药用植物归为解表药、清热药、泻下药、祛风除湿药、利水渗湿药、温里药、理气药、消导药、止血药、安神药、活血化瘀药、解毒杀虫止痒药等共 19 类，各自的种数及占保护区药用植物的比例见表 7。

表 7　保护区药用植物的药用功效分类

类型	种数	比例 /%	类型	种数	比例 /%
解表药	33	3.2	止血药	86	8.3
清热药	208	20.1	补益药	79	7.7
泻下药	7	0.7	收涩药	31	3.0
祛风除湿药	93	9.0	安神药	16	1.5
利水渗湿药	54	5.2	活血化瘀药	156	15.1
温里药	6	0.6	化痰止咳平喘药	85	8.2
理气药	51	4.9	平肝息风药	8	0.8
消导药	52	5.0	解毒杀虫止痒药	57	5.5
驱虫药	5	0.5	开窍药	2	0.2
芳香化湿药	5	0.5	合计	1034	100.0

（1）解表药

凡以发散表邪、解除表证为主要作用的药物，称为解表药。本类药物多为辛散发表，有促使肌体发汗或微发汗、使表邪随汗出而解的作用。保护区中本类药物共计 33 种，如杭子梢、小槐花、菱叶鹿藿、大叶冬青、异叶茴芹、杜茎山、聚花过路黄、福建过路黄、日本紫珠、紫花香薷、薄荷、小花荠苎、浙皖粗筒苣苔、九头狮子草、菰腺忍冬、荚蒾、东风菜、秋鼠麹草、加拿大一枝黄花、一枝黄花、山牛蒡等。

（2）清热药

凡药性寒凉、以清解里热为主要作用、主治里热证的药物，称为清热药。本类药物是保护区药用植物中资源最为丰富的一类，共有 208 种，主要有狭叶小羽藓、毛扭藓、新丝藓、大灰藓、鳞叶藓、小蔓藓、地钱、毛地钱、布朗卷柏、紫萁、华东瘤足蕨、姬蕨、乌蕨、半边旗、毛轴碎米蕨、野雉尾金粉蕨、假蹄盖蕨、华中蹄盖蕨、单叶双盖蕨、镰片假毛蕨、刺头复叶耳蕨、长尾复叶耳蕨、黑足鳞毛蕨、两色鳞毛蕨、变异鳞毛蕨、黑鳞耳蕨、对马耳蕨、抱石莲、瓦韦、恩氏假瘤蕨、三尖杉、戢菜、三白草、板栗、榉树、犁头草、紫花地丁、庐山堇菜、三角叶堇菜、蓝果树、楮头红、牛泷草、积雪草、马银花、扁枝越橘、朱砂根、点地梅、浙江柿、四川山矾、华素馨、小蜡、五岭龙胆、獐牙菜、浙江獐牙菜、菟丝子、马蹄金、厚壳树、紫背金盘、活血丹、香茶菜、大萼香茶菜、显脉香茶菜、夏枯草、庐山香科科等。

（3）泻下药

凡能引起腹泻，或润滑大肠、促进排便的药物，称为泻下药。保护区中本类药物共有 7 种，有决明、山乌桕、白木乌桕、光叶毛果枳椇、刺鼠李等。

（4）祛风除湿药

凡能祛除风湿、以治疗风湿痹证为主要功效的药物，称为祛风除湿药。本类药物能祛除留于肌肉、经络、筋骨的风湿，有些药兼有散寒、活血、通经、舒筋、镇痛或补肝肾、强筋骨等作用，适用于治疗风湿痹痛的肢体疼痛、关节不利、筋脉拘挛等症。保护区中本类药物共计 93 种，如藤石松、垂穗石松、刺齿凤尾蕨、华南毛蕨、圆盖阴石蕨、马尾松、榧树、旱柳、糙叶树、楮、石楠、小果蔷薇、野蔷薇、山莓、空心泡、中华绣线菊、珍珠绣线菊、香槐、庭藤、尖叶长柄山蚂蝗、山绿豆、算盘子、盐肤木、袋果草、小蓬草、豨莶、南方兔儿伞、棕叶狗尾草、穹隆薹草、阿穆尔莎草等。

（5）利水渗湿药

凡以渗利水湿、通利小便为主要功效的药物，称为利水渗湿药。本类药物适用于治疗水湿停蓄体内所致的水肿、胀满、小便不利，以及湿邪为患或湿热所致的淋浊、湿痹、湿温、腹泻、黄疸、痰饮、疮疹等。保护区中本类药物共计 54 种，如芒萁、海金沙、延羽卵果蕨、华南舌蕨、桑、鸡桑、山冷水花、雾水葛、山木通、天葵、碎米荠、北美独行菜、匙叶茅膏菜、垂盆草、宁波溲疏、蜡莲绣球、海金子、光叶石楠、假地豆、鸡眼草、胡枝子、美丽胡枝子、朵椒等。

（6）温里药

凡以温里祛寒、治疗里寒证为主要作用的药物，称为温里药。本类药物具有温里散寒、回阳救逆、温经镇痛等作用，主要适用于治疗脘腹冷痛、呕吐泄泻、舌淡苔白、畏寒肢冷、汗出神疲和四肢厥逆等。保护区中本类药物共计 6 种，分别是水蓼、华南桂、巴东胡颓子、附地菜、香果树、琴叶紫菀。

（7）理气药

凡以疏理气机、治疗气滞或气逆为主要作用的药物，称为理气药。本类药物由于性能的不同，有理气健脾、疏肝解郁、理气宽胸等功效，分别适用于治疗脾胃气滞证、肝气郁滞证及肺气壅滞证；部分药物还有燥湿化痰、温肾散寒等功效，多用于治疗咳嗽痰多、肾阳不足、下元虚冷之症。保护区中本类药物共计 51 种，如粗齿冷水花、管花马兜铃、单叶铁线莲、轮环藤、乳源木莲、深山含笑、浙江樟、香桂、乌药、红果山胡椒、山胡椒、豹皮樟、山鸡椒、宽叶下田菊、五节芒、大油芒、中华薹草、异型莎草、具芒碎米莎草、香附子、藠头、薤白等。

（8）消导药

凡以消食导滞、促进消化、治疗饮食积滞为主要作用的药物，称为消导药。本类药物除能消化饮食、导行积滞、行气消胀外，兼有健运脾胃、增进食欲之功效，主要适用于治疗脘腹胀满、嗳腐吞酸、恶心呕吐、不思饮食、大便失常、脾胃虚弱、纳谷不佳、消化不良等。保护区中本类药物共计52种，主要有短柄枹栎、朴树、构棘、条叶榕、糯米团、马兜铃、叶下珠、蜜柑草、野鸦椿、青榨槭、牯岭凤仙花、刺葡萄、猴欢喜、中华猕猴桃、安息香猕猴桃、尖连蕊茶、茶、马兰、显子草、毛果珍珠茅、星花灯心草等。

（9）驱虫药

凡以驱除或杀灭人体寄生虫为主要作用的药物，称为驱虫药。本类药物对人体内的寄生虫，特别是肠道寄生虫虫体有杀灭或麻痹作用，再促使其排出体外，用于治疗蛔虫病、蛲虫病、绦虫病、钩虫病、姜片虫病等多种肠道寄生虫病。保护区中本类药物共计5种，它们是镰羽贯众、阔鳞鳞毛蕨、同形鳞毛蕨、南方红豆杉、云实。

（10）芳香化湿药

凡气味芳香、以化湿运脾为主要作用的药物，称为芳香化湿药。本类药物主要适用于治疗湿浊内阻、脾为湿困、运化失常所致的呕吐泛酸、大便溏薄、食少体倦、舌苔白腻等。保护区中本类药物共有5种，为野含笑、粉团蔷薇、星宿菜、石香薷、泽兰。

（11）止血药

凡以制止体内外出血为主要作用的药物，称为止血药。本类药物根据性有寒、温、散、敛之异，分别具有凉血止血、温经止血、化瘀止血、收敛止血之功效，故可分为凉血止血药、温经止血药、化瘀止血药、收敛止血药四类，主要适用于治疗内外出血病症，如咯血、衄血、吐血、便血、尿血、崩漏、紫癜以及外伤出血等。保护区中本类药物共计86种，如华东膜蕨、蕗蕨、傅氏凤尾蕨、井栏边草、栗柄金粉蕨、长江蹄盖蕨、金星蕨、倒挂铁角蕨、东方荚果蕨、江南星蕨、盾蕨、元宝草、堇菜、北江荛花、牛奶子、紫薇、地莶、红马蹄草、水芹、变豆菜、光叶山矾、山矾、华双蝴蝶、琉璃草、青绿薹草、萱草、无柱兰、见血青等。

（12）补益药

凡能补充人体气血、改善脏腑功能、增强体质、提高抗病能力、消除虚证的药物，称为补益药。本类药物能补虚扶弱、扶正祛邪，根据各种药物的功效及主治证候的不同，可分为补气药、补阳药、补血药及补阴药四类，主治神疲乏力、少气懒言、饮食减少等众多虚证。保护区中本类药物共计79种，如列胞耳叶苔、珠芽狗脊、中间骨牌蕨、华东野核桃、木姜叶柯、天仙果、异叶榕、桑寄生、棱枝槲寄生、华中五味子、矩叶鼠刺、粗叶悬钩子、插田泡、茅莓、锈毛莓、石灰花楸、香花崖豆藤、网络崖豆藤、野大豆、金灯藤、南丹参、地蚕、天目地黄、短刺虎刺、羊角藤、半边月、中华沙参、金钱豹、羊乳、蓝花参等。

（13）收涩药

凡以收涩为主要作用的药物，称为收涩药。本类药物根据功效不同，可分为固表止汗药、敛肺止咳药、涩肠止泻药、涩精止遗药和固崩止带药，分别具有固表止汗、敛肺止咳、涩肠止泻、固精缩尿、固崩止带等收敛固脱作用，适用于治疗久病体虚、正气不固、脏腑功能衰退所致的自汗、盗汗、久咳虚喘、久痢久泻、遗精、滑精、遗尿、尿频、崩带不止等滑脱不禁之症。保护区中本类药物共计31种，如青冈、小叶青冈、米心水青冈、青叶苎麻、悬铃叶苎麻、绒毛润楠、托叶龙芽草、龙芽草、刺叶桂樱、软条七蔷薇、掌叶覆盆子、臭椿、铁苋菜、野桐、冬青等。

（14）安神药

凡以安定神志为主要作用，用于治疗神志失常的药物，称为安神药。本类药物主要用于治疗心神不宁、失眠多梦、惊风、癫痫、目赤肿痛、头晕目眩等。保护区中本类药物共计16种，为黄牛毛藓、虎尾藓、梨蒴珠藓、暖地大叶藓、蕨、弯曲碎米荠、蜡瓣花、合欢、山槐、狭叶香港远志、夜香牛等。

（15）活血化瘀药

凡以通畅血行、消除瘀血为主要作用的药物，称为活血化瘀药。本类药物通过活血化瘀作用，又分别具有行血、散瘀、通经、活络、续伤、利痹、定痛、消肿散结、破血消癥等功效，可分为活血镇痛药、活血调经药、活血疗伤药和破血消癥药四类。本类药物应用范围很广，适用于治疗一切瘀血阻滞之症，如胸、腹、头痛，半身不遂、肢体麻木，关节痹痛日久，跌打损伤、瘀肿疼痛、痈肿疮疡等。保护区中本类药物共计156种，如葫芦藓、石地钱、蛇苔、柳杉叶马尾杉、石松、卷柏、边缘鳞盖蕨、凤尾蕨、扇叶铁线蕨、凤丫蕨、线蕨、赤车、冷水花、三角形冷水花、尼泊尔蓼、丛枝蓼、红柳叶牛膝、雀舌草、木通、三叶木通、大血藤、钝药野木瓜、尾叶那藤、秤钩风、南五味子、粉背五味子、豺皮樟、云山八角枫、轮叶蒲桃、秀丽野海棠、鸭儿芹、毛果珍珠花、黄背越橘、江南越橘、大罗伞树、柳叶箬、紫萼、绵枣儿、细柄薯蓣、虾脊兰、钩距虾脊兰、单叶厚唇兰等。

（16）化痰止咳平喘药

凡以祛痰或消痰为主要作用的药物，称为化痰药；以制止或减轻咳嗽和喘息为主要作用的药物，称为止咳平喘药。由于化痰药多兼能止咳，而止咳平喘药也多兼有化痰作用，故将它们合为一类，即化痰止咳平喘药。本类药物主要用于治疗痰多咳嗽气喘之症，如气喘咳嗽、呼吸困难，咳痰不爽，痰饮眩悸等。保护区中本类药物共计85种，如粉背蕨、北京铁角蕨、长叶铁角蕨、山蒟、枫杨、紫弹树、齿叶矮冷水花、尾花细辛、金荞麦、虎杖、无心菜、小二仙草、吴茱萸五加、紫花前胡、天胡荽、前胡、薄片变豆菜、灯台树、鹿角杜鹃、满山红、九管血、华山矾、苦竹、荩草、牛毛毡、水蜈蚣、一把伞南星、天南星、全缘灯台莲、灯台莲等。

（17）平肝息风药

凡以平肝潜阳、息风止痉为主要作用，主治肝阳上亢或肝风内动病症的药物，称为平肝息风药。本类药物主要用于治疗心神不宁、失眠多梦、惊风、癫痫、目赤肿痛、头晕目眩等。保护区中本类药物共有 8 种，它们是虎尾铁角蕨、火炭母、田麻、薄叶山矾、金疮小草、钩藤等。

（18）解毒杀虫止痒药

凡以解毒疗疮、攻毒杀虫、燥湿止痒为主要作用的药物，称为解毒杀虫止痒药。本类药物以外用为主，兼可内服，主要适用于治疗疥癣、湿疹、痈疮疔毒、麻风、梅毒、毒蛇咬伤等。保护区中本类药物共计 57 种，有黄山松、柳杉、刺柏、银叶柳、青钱柳、化香树、杭州榆、大叶苎麻、酸模叶蓼、酸模、羊蹄、藜、漆姑草、毛茛、华东唐松草、山櫹、石荠苧、流苏子、天名精、大狗尾草、皱叶狗尾草、褐果薹草、百部、蕙兰等。

（19）开窍药

凡以开窍醒神为主要作用，主要用于治疗闭证神昏的药物，称为开窍药。本类药物具开启闭塞之窍机、通关开窍、启闭回苏、醒脑复神、开窍醒神之效，用于治疗中风昏厥、惊风、癫痫、中恶、中暑等窍闭神昏之患。保护区中本类药物有斑茅、石菖蒲 2 种。

第二章

药用植物各论

CHAPTER 2

DISCUSSION ON THE CLASSIFICATION OF
MEDICINAL PLANTS

江山仙霞岭自然保护区药用植物图鉴

石杉科 Huperziaceae

① **蛇足石杉** *Huperzia serrata* (Thunb.) Trevis. **石杉属**

别　　名 千层塔、蛇足草

形态特征 多年生土生草本，高 10~30cm。茎直立或斜生，中部直径 1.5~3.5mm，枝连叶宽 1.5~4.0cm，二至四回二叉分枝，枝上部常有芽胞。叶螺旋状排列，疏生，平伸，狭椭圆形，向基部明显变狭，通直，长 1~3cm，宽 1~8mm，基部楔形，下延有柄，先端急尖或渐尖，边缘平直不皱曲，有粗大或略小而不整齐的尖齿，两面光滑，有光泽，中脉突出明显，薄革质。孢子叶与不育叶同形；孢子囊生于孢子叶的叶腋，两端露出，肾形，黄色。

生境分布 产于半坑、洪岩顶、大中坑等地，生于海拔 700~1200m 的山坡林下、路旁草丛中。

药用价值 全草入药，具有散瘀止血、消肿镇痛、除湿、清热解毒的功效，用于治疗跌打损伤、劳伤吐血、尿血、痔疮下血、水湿膨胀、赤白带下、肿毒。

附　　注 国家二级重点保护野生植物；《中国生物多样性红色名录》濒危（EN）。

❷ 四川石杉 *Huperzia sutchueniana* (Herter) Ching　　　石杉属

别　　名　针叶石松

形态特征　多年生土生草本，高 10~20cm。茎丛生，直立，老时基部仰卧，上部弯弓、斜升，单一或一至二回二叉分枝，顶端有芽胞。叶螺旋状排列，密生，近平展，基部的常狭楔形，边缘有不规则尖锯齿，但远较小，其上的叶无柄，披针形，通直或略呈镰刀形，长 5~10mm，宽约 1mm，渐尖头，基部略较宽，边缘有疏微齿，干后淡绿色或黄绿色，质硬，略有光泽。着生孢子囊的枝有成层现象。孢子叶与不育叶同形；孢子囊生于孢子叶的叶腋，孢子囊肾形，两端超出叶缘；孢子叶一形。

生境分布　见于周村、龙井坑，生于海拔 900~1200m 的山坡林下灌草丛中或苔藓丛中。

药用价值　全草药用，具散瘀消肿、止血生肌、消炎解毒、麻醉镇痛之效，用于治疗烫伤、无名肿痛、跌打损伤等。

附　　注　国家二级重点保护野生植物；《中国生物多样性红色名录》近危（NT）。

❸ 柳杉叶马尾杉　*Phlegmariurus cryptomerianus* (Maxim.) Ching ex H. S. Kung et L. B. Zhang　马尾杉属

别　　名　柳杉叶蔓石松

形态特征　多年生附生草本，高 20~25cm。茎簇生，直立，上部倾斜至下垂，通常 3~4 次二叉分枝，长约 20cm，茎粗 2~3mm，连叶宽 3~3.5cm。叶螺旋状排列，斜展而指向外；营养叶披针形，长 1.5~2.2cm，宽 1.5~2mm，先端锐尖，基部缩狭下延，无柄，叶片革质，有光泽，中脉背面隆起，干后绿色；孢子叶与营养叶同形同大，斜展而指向外，不形成明显的孢子叶穗。孢子囊生于孢子叶的叶腋，圆肾形，两侧突出叶缘外。

生境分布　见于龙井坑、库坑等地，附生于海拔 500~800m 的林下阴湿岩石上或苔藓丛中。

药用价值　全草入药，有活络祛瘀、清热解毒、解表透疹的功效；可作为石杉碱甲的提取药源，用于治疗阿尔茨海默症。

附　　注　国家二级重点保护野生植物；《中国生物多样性红色名录》濒危（EN）。

石松科 Lycopodiaceae

④ 石松 *Lycopodium japonicum* Thunb. 石松属

别　　名　伸筋草、山猫绳、小伸筋

形态特征　多年生土生藤本。匍匐茎地上生，细长横走，长可达数米，二至三回分叉，被稀疏的叶；侧枝直立，高达 40cm，多回二叉分枝，稀疏，压扁状（幼枝圆柱状），枝连叶直径 5~10mm。叶螺旋状排列，密集，上斜，披针形或线状披针形，长 4~8mm，宽 0.3~0.6mm，基部楔形，下延，无柄，先端渐尖，具透明发丝，边缘全缘，中脉不明显。孢子囊穗 3~8 个集生于长达 30cm 的总柄，总柄上苞片螺旋状稀疏着生，形状如叶片；孢子囊穗直立，圆柱形，长 2~8cm，直径 5~6mm，具长 1~5cm 的小柄；孢子叶阔卵形，长 2.5~3mm，宽约 2mm，先端急尖，具芒状长尖头，边缘膜质，啮齿状，纸质；孢子囊生于孢子叶的叶腋，略外露，圆肾形，黄色。

生境分布　产于保护区各地，生于林下、灌丛下、草坡、路边或岩石上。

药用价值　全草入药，具有祛风除湿、舒筋活络的功效，用于治疗关节酸痛、屈伸不利。

附　　注　《中华人民共和国药典（2020 年版）》收录。

卷柏科 Selaginellaceae

⑤　深绿卷柏　*Selaginella doederleinii* Hieron.　　　　　　　**卷柏属**

别　　名　石上柏、岩扁柏、过路蜈蚣

形态特征　多年生草本，土生，高 15~35cm。主茎直立或斜生，有棱，常在分枝处生出支撑根，侧枝密，多回分枝。营养叶上面深绿色，下面灰绿色，二形，背、腹各 2 列；腹叶（中叶）矩圆形，龙骨状，具短刺头，边缘有细齿，交互并列指向枝顶；背叶（侧叶）卵状矩圆形，钝头，上缘有微齿，下缘全缘，向枝的两侧斜展，连枝宽 5~7mm。孢子囊穗四棱形，生于枝顶；孢子叶卵状三角形，渐尖头，边缘有细齿，4 列，交互呈覆瓦状排列；孢子囊卵圆形。孢子二形。

生境分布　见于招军岭、茶地、大库、交溪口、里东坑、高滩、龙井坑等地，生于海拔 600m 以下的林下湿地或溪边。

药用价值　全草入药，具有消肿解毒、祛风散寒、止血生肌的功效，用于治疗癌症、肺炎、急性扁桃体炎、眼结膜炎、乳腺炎。

附　　注　《浙江省中药炮制规范（2015 年版）》收录。

❻ 江南卷柏 *Selaginella moellendorffii* Hieron.　　　　　　　　**卷柏属**

别　　名 摩来卷柏、鸡方尾、石壁松

形态特征 多年生草本，土生或石生。主茎直立，高
20~55cm，具1横走的地下根状茎和游走茎，其
上生鳞片状淡绿色的叶。根托只生于茎的基部，长
0.5~2cm。主茎中上部羽状分枝，不呈"之"字形；侧
枝5~8对，二至三回羽状分枝，背腹压扁。分枝以上
主茎上的叶二形，分枝以下主茎上的叶一形，排列稀
疏。中叶不具白边。孢子叶穗紧密，四棱柱形，单生
于小枝末端；孢子叶一形，卵状三角形，边缘有细齿，
具白边，先端渐尖，龙骨状。大孢子浅黄色，小孢子
橘黄色。

生境分布 见于保护区各地，生于海拔900m以下的
林下、林缘、岩石、水沟边等。

药用价值 全草入药，具有清热解毒、利尿通淋、活血
消肿、镇痛退热的功效，用于治疗急性黄疸、浮肿、血
小板减少、跌打损伤、咯血、疮毒、刀伤、烧烫伤。

附　　注 《浙江省中药炮制规范（2015年版）》收录。

7 卷柏 *Selaginella tamariscina* (P. Beauv.) Spring 　　　　**卷柏属**

别　　名　九死还魂草、还魂草、长生草

形态特征　多年生复苏植物，土生或石生。主茎短粗成主干，基部着生多数须根，呈垫状；分枝集生于先端，上部轮状丛生，多数分枝，枝上再数次二叉状分枝，排成莲座状，遇干旱时向内拳曲。叶鳞状，有中叶与侧叶之分，密集覆瓦状排列，中叶2行较侧叶略窄小，表面绿色，叶边具无色膜质边缘，先端渐尖成长芒。孢子叶一形，不同于营养叶。孢子囊单生于孢子叶的叶腋，雌雄同株，不规则排列；大孢子囊黄色，内有4个黄色大孢子；小孢子囊橘黄色，内含多数橘黄色小孢子。

生境分布　产于库坑、雪岭、交溪口、里东坑、深坑、龙井坑等地，多生于四季旱湿交替、略带薄层腐殖质或岩衣的岩石上。

药用价值　全草入药，具有活血通经、止血（炒用）的功效，用于治疗闭经、痛经、跌打损伤、吐血、崩漏、便血、脱肛。

附　　注　《中华人民共和国药典（2020年版）》《浙江省中药炮制规范（2015年版）》收录。

阴地蕨科 Botrychiaceae

8 阴地蕨 *Botrychium ternatum* (Thunb.) Sw. 　　　　　　阴地蕨属

别　　名　独脚郎医、小春花

形态特征　多年生草本，高达 40cm。根状茎短而直立，有 1 簇肉质粗根。不育叶的柄长 3~14cm，粗 2~3mm，光滑无毛；叶片阔三角形，长 8~10cm，宽 10~15cm，短尖头，三回羽裂；羽片 3~4 对，互生或几对生，有柄，略张开，基部 1 对最大，长、宽各为 5~6cm，阔三角形，短尖头，二回羽裂；小羽片 3~4 对，有柄，互生或几对生，卵状长圆形或长圆形，一回羽裂；裂片长卵形至卵形，先端急尖，边缘有不整齐的尖锯齿；叶脉不明显；叶厚草质，表面皱缩不平，无毛。能育叶有长柄，长 12~40cm，远高出不育叶。孢子囊穗圆锥状，长 4~13cm，宽 2~6cm，二至三回羽状分裂，无毛。

生境分布　产于里东坑、洪岩顶、大龙岗等地，生于林下或灌丛阴湿处。

药用价值　全草入药，具有清热解毒、平肝息风、止咳、止血、明目去翳的功效，用于治疗小儿高热惊搐、肺热咳嗽、咯血、百日咳、癫狂、痢疾、疮疡肿毒、瘰疬、毒蛇咬伤、目赤火眼、目生翳障。

附　　注　《浙江省中药炮制规范（2015 年版）》收录。

紫萁科 Osmundaceae

9 紫萁 *Osmunda japonica* Thunb. 紫萁属

别　　名 紫萁贯众、黄狗头

形态特征 多年生草本，土生，高达 1.2m。根状茎短粗，或呈短树干状而稍弯。叶二形，簇生。不育叶叶柄长 20~50cm，禾秆色；叶片阔卵形，长 30~50cm，宽 20~40cm，二回羽状；羽片 5~7 对，对生，长圆形，基部 1 对最大，长 15~25cm，基部宽 8~13cm，其余向上各对渐小；小羽片无柄，长圆形或长圆状披针形，长 4~7cm，宽 1.5~2cm，先端钝或短尖，基部圆形或斜截形，边缘密生细齿；侧脉二叉分歧，小脉近平行，直达锯齿；叶纸质，幼时被茸毛，后变光滑。能育叶二回羽状，小羽片强度紧缩成条形，长 1.5~2cm，沿下面中脉两侧密生孢子囊。孢子囊棕色。

生境分布 产于保护区各地，生于海拔 1300m 以下的林缘及林下较湿润处。

药用价值 全草入药，具有清热解毒、止血的功效，用于治疗感冒、鼻衄、头晕、痢疾、崩漏。

附　　注 《中华人民共和国药典（2020 年版）》收录。

海金沙科 Lygodiaceae

⑩ 海金沙 *Lygodium japonicum* (Thunb.) Sw. **海金沙属**

别　　名　铜丝藤、过路青

形态特征　多年生攀援藤本，长达5m。叶二形，三回羽状，羽片多数，对生于茎上的短枝两侧。不育羽片三角形，长、宽几相等，为10~18cm，二回羽状；一回小羽片2~4对，互生，卵圆形，长5~11cm，宽2~6cm；二回小羽片1~3对，互生，卵状三角形，掌状3裂，中间裂片短而宽，长1.5~3cm，宽6~8mm，先端钝，基部近心形，边缘有不规则的浅锯齿；主脉明显，侧脉一至二回二叉分歧，直达锯齿，两面沿中肋及脉上略有短毛。能育羽片卵状三角形，长、宽几相等，为10~20cm，二回羽状，在末回小羽片或裂片边缘疏生流苏状的孢子囊穗，穗长2~4mm，暗褐色，无毛。

生境分布　产于保护区各地，生于山地路旁、林缘灌丛及水沟边。

药用价值　干燥成熟孢子入药，具有清利湿热、通淋镇痛的功效，用于治疗热淋、砂淋、血淋、膏淋、尿道涩痛。全草入药，具有清热解毒、利水通淋的功效，用于治疗尿路感染、尿路结石、白浊带下、小便不利、肾炎水肿、湿热黄疸、感冒发热、咳嗽、咽喉肿痛、肠炎、痢疾、烫伤、丹毒。根、根状茎入药，具有清热解毒、利湿消肿的功效，用于治疗肺炎、流行性乙型脑炎、急性胃肠炎、黄疸型肝炎、湿热肿满、淋病。

附　　注　《中华人民共和国药典（2020年版）》《浙江省中药炮制规范（2015年版）》收录。

鳞始蕨科 Lindsaeaceae

11 乌蕨 *Stenoloma chusanum* Ching　　　　　　　　　　乌蕨属

别　名　乌韭

形态特征　多年生草本，土生，高可达 1m。根状茎短而横走，密生赤褐色钻状鳞片。叶近生，厚草质，无毛；叶柄禾秆色至棕禾秆色，有光泽；叶片披针形或矩圆状披针形，四回羽状细裂；羽片 15～20 对，互生，密接；末回裂片阔楔形，截头或圆截头，有不明显的小牙齿或浅裂成 2~3 个小圆裂片；叶脉在小裂片上二叉。孢子囊群位于裂片顶部，顶生于小脉上，每一裂片 1~2 枚；囊群盖厚纸质，杯形或浅杯形，口部全缘或多少啮齿状。

生境分布　见于保护区各地，生于路旁、林下、林缘或灌丛中。

药用价值　全草入药，具有清热解毒、利湿的功效，用于治疗感冒发热、咳嗽、扁桃体炎、腮腺炎、肠炎、痢疾、肝炎、食物中毒、农药中毒，外用治烧伤烫伤、皮肤湿疹。

附　注　《浙江省中药炮制规范（2015 年版）》收录。

凤尾蕨科 Pteridaceae

⑫ 井栏边草 *Pteris multifida* Poir. 凤尾蕨属

别　名　凤尾草、白脚鸡

形态特征　多年生草本，高 30~45cm。根状茎短而直立，先端被黑褐色鳞片。叶簇生，二形。不育叶叶柄长 15~25cm，禾秆色，光滑；叶片卵状长圆形，长 20~40cm，宽 15~20cm，一回羽状；羽片 2~4 对，对生，斜向上，无柄，线状披针形，长 8~15cm，宽 6~10mm，先端渐尖，叶缘有不整齐的尖锯齿，并有软骨质的边，下部 1~2 对羽片通常分叉，有时近羽状，顶生三叉羽片及上部羽片的基部显著下延，在叶轴两侧形成宽 3~5mm 的狭翅。能育叶有较长的柄；羽片 4~6 对，狭线形，长 10~15cm，宽 4~7mm，仅不育部分具锯齿，余均全缘，基部 1 对羽片有时近羽状，有长约 1cm 的柄，余均无柄，下部 2~3 对羽片通常 2~3 叉，上部几对的基部下延，在叶轴两侧形成宽 3~4mm 的翅。主脉两面均隆起，侧脉明显，单一或分叉。孢子囊群条形；囊群盖条形，膜质，全缘。

生境分布　产于保护区各地，生于山地丘陵、墙壁、井边、路旁或岩石上。

药用价值　全草入药，具有清热利湿、解毒、凉血止血的功效，用于治疗痢疾、黄疸、咯血、尿血、咽喉肿痛、痈肿疮毒、乳痈、带下、崩漏、烧伤、烫伤、外伤出血。

附　　注　《浙江省中药炮制规范（2015 年版）》收录。

乌毛蕨科 Blechnaceae

⑬ 狗脊 *Woodwardia japonica* (L. f.) Sm.   **狗脊属**

别　名 狗脊贯众、狗脊蕨

形态特征 多年生草本，植株高 50~120cm。根状茎粗壮，横卧，深褐色，直径 3~5cm，密被鳞片；鳞片深褐色，披针形或条状披针形，长约 1.5cm，有时纤维状，膜质，全缘。叶柄长 15~70cm，基部密被鳞片，叶柄上部和叶轴疏被棕色纤维状鳞片；叶片革质，长卵形，长 25~80cm，宽 18~45cm，先端渐尖，二回羽裂；侧生羽片 7~15 对，无柄或近无柄，阔披针形；中部羽片长 12~25cm，宽 2~4cm，先端长渐尖，基部圆楔形至圆截形，羽状半裂；裂片 11~16 对，基部 1 对缩小，下侧 1 片为圆形至耳形；叶脉联合成网状，沿羽轴及主脉两侧具 2~3 行网眼，远离的小脉分离，单一或分叉。孢子囊群条形，先端直指向前，着生于狭长的网眼上，不连续；囊群盖条形，棕褐色。

生境分布 保护区各地常见，生于林下、林缘或灌丛。

药用价值 根状茎入药，具有清热解毒、杀虫散瘀的功效，用于治疗感冒、疮痈肿毒、虫积腹痛、便血、血崩。

附　注 《浙江省中药炮制规范（2015 年版）》收录。

骨碎补科 Davalliaceae

14　圆盖阴石蕨　*Humata tyermanni* T. Moore　　　　**阴石蕨属**

别　　名　杯盖阴石蕨、老鼠尾巴

形态特征　多年生草本，高达 20cm。根状茎长而横走，有密鳞片，鳞片基部近圆形，向上为狭披针形，棕色至灰白色，膜质，盾状着生。叶远生，革质；叶柄长 1.5~12cm，淡红褐色，仅基部有鳞片，向上光滑；叶片阔卵状五角形，长、宽几相等，为 5~17cm，先端渐尖并为羽裂，基部不缩狭，三至四回羽状深裂；羽片约 10 对或更多，有短柄，基部 1 对最大，三角状披针形，二至三回羽状深裂，基部下侧小羽片最大，长圆形披针形，二回羽裂，第 2 对以上的羽片远较小，披针形一回羽裂；末回裂片近三角形，先端钝，通常有长短不等的 2 裂或钝齿；叶脉羽状，上面隆起，下面不明显，侧脉单一或分叉；叶革质，无毛。孢子囊群着生于上侧小脉先端；囊群盖膜质，长与宽略相等，仅以狭的基部着生。

生境分布　产于库坑、里东坑、高滩、龙井坑等地，附生于树上或石上。

药用价值　根状茎入药，具有祛风除湿、止血、利尿的功效，用于治疗风湿性关节炎、慢性腰腿痛、腰肌劳损、跌打损伤、骨折、黄疸性肝炎、吐血、便血、血尿，外用治疮疖。

附　　注　《浙江省中药炮制规范（2015 年版）》收录。

水龙骨科 Polypodiaceae

⑮ 抱石莲 *Lepidogrammitis drymoglossoides* (Baker) Ching　　　　**骨牌蕨属**

别　　名　岩石藤儿、仙人指甲

形态特征　多年生草本，高 2~5cm。根状茎细长而横走，疏被鳞片；鳞片披针形，棕色，基部近圆形并为星芒状，边缘有不规则细齿。叶远生，相距 1.5~5cm，二形，近无柄；不育叶圆形、长圆形或倒卵状圆形，长 1~2cm，宽 0.7~1.3cm，先端圆或钝圆，基部楔形而下延，全缘；能育叶倒披针形或舌形，长 2.5~6cm，宽 0.6~0.8cm，先端钝圆，基部缩狭，或有时与不育叶同形；叶脉不明显；叶肉质，干后革质，上面光滑，下面疏被鳞片。孢子囊群圆形，沿中脉两侧各排成 1 行，位于中脉与叶边之间，幼时有盾状隔丝覆盖。

生境分布　产于交溪口、高峰、华竹坑、龙井坑、里东坑、库坑、雪岭等地，附生于树干和岩石上。

药用价值　全草入药，具有清热解毒、止血消肿的功效，用于治疗黄疸、淋巴结结核、腮腺炎、咯血、血崩、乳腺癌、跌打损伤。

附　　注　《浙江省中药炮制规范（2015 年版）》收录。

⑯ 石韦 *Pyrrosia lingua* (Thunb.) Farwell   石韦属

别　　名　肺经草

形态特征　多年生草本，植株高 10~30cm。根状茎长而横走，密被盾状着生的鳞片；鳞片中央深褐色，边缘淡棕色，披针形，先端渐尖，边缘有长缘毛。叶远生，近二形；能育叶通常比不育叶长而狭窄；叶柄长 4.5~20cm，深棕色，略呈四棱形并有浅沟，幼时被星芒状毛，基部密被鳞片，以关节与根状茎相连；叶片披针形至长圆状披针形，长 8.5~21cm，宽 1.5~5cm，先端渐尖，基部楔形，有时略卜延，全缘；中脉上面稍下凹，下面隆起，侧脉两面略可见，小脉网状，不明显；叶厚革质，上面疏被星芒状毛，或老时近无毛，并有小洼点，下面密被灰棕色、具披针形臂的星芒状毛。孢子囊群近椭圆形，在侧脉间紧密而整齐地排列，初为星状毛包被，成熟时露出，无盖。

生境分布　保护区各地常见，附生于海拔 1200m 以下的树干或岩石上。

药用价值　全草入药，具有利尿通淋、清热止血的功效，用于治疗热淋、血淋、砂淋、小便不通、淋沥涩痛、吐血、衄血、尿血、崩漏、肺热咳喘。

附　　注　《中华人民共和国药典（2020 年版）》收录。

⑰ 庐山石韦 *Pyrrosia sheareri* (Baker) Ching 石韦属

别　名　石刀

形态特征　多年生草本，植株高 20~50cm。根状茎粗壮，横卧，密被线状棕色鳞片；鳞片长渐尖头，边缘具睫毛，着生处近褐色。叶近生，一形；叶柄粗壮，长 8~30cm，深禾秆色，略呈四棱形，被星芒状毛，基部密被鳞片，并有关节与根状茎相连；叶片阔披针形，长 10~40cm，宽 2.5~10cm，先端短尖或短渐尖，基部近圆截形、心形或不对称的圆耳形；中脉上面平坦或有皱褶，下面隆起，侧脉不甚明显，小脉网状，不明显；叶厚革质，上面疏被星芒状毛或近无毛，有细密洼点，下面密被灰褐色的具短阔披针形臂的星状毛。孢子囊群圆形，满布于叶片下面，幼时密被星芒状毛，成熟时开裂，呈砖红色。

生境分布　产于龙井坑、华竹坑、徐福年、狮子岭、库坑等地，附生于树干或岩石上。

药用价值　全草入药，具有利尿通淋、清热止血的功效，用于治疗热淋、血淋、砂淋、小便不通、淋沥涩痛、吐血、衄血、尿血、崩漏、肺热咳喘。

附　　注　《中华人民共和国药典（2020 年版）》收录。

⑱ 日本水龙骨 *Polypodiodes niponica* (Mett.) Ching　　水龙骨属

别　　名　水龙骨、石缸头、青石蚕

形态特征　附生植物。根状茎长而横走，直径约 5mm，肉质，灰绿色，疏被鳞片；鳞片狭披针形，暗棕色，基部较阔，盾状着生，先端渐尖，边缘有浅细齿。叶远生；叶柄长 5~15cm，禾秆色，疏被柔毛或毛脱落后近光滑；叶片卵状披针形至长椭圆状披针形，长 14~40cm，宽 6.5~12cm，羽状深裂，基部心形，先端羽裂渐尖；裂片 15~25 对，长 3~5cm，宽 5~10mm，先端钝圆或渐尖，边缘全缘，基部 1~3 对裂片向后反折；叶脉网状，裂片的侧脉和小脉不明显。叶草质，干后灰绿色，两面密被白色短柔毛或背面的毛被更密。孢子囊群圆形，在裂片中脉两侧各 1 行，着生于内藏小脉先端，靠近裂片中脉着生。

生境分布　产于高峰、大蓬、华竹坑、狮子岭、龙井坑、洪岩顶、龙虎坑、库坑等地，附生于海拔 800m 以下的林下、林缘、岩石或树干上。

药用价值　根状茎入药，具有清热利湿、活血通络的功效，用于治疗小便淋浊、泄泻、风湿痹痛、跌打损伤。

附　　注　《浙江省中药炮制规范（2015 年版）》收录。

松科 Pinaceae

⑲ 马尾松 *Pinus massoniana* Lamb.　　　　　　　　　　**松属**

别　　名　松树、苍柏子树

形态特征　常绿乔木，高达 40m。树皮红褐色，不规则鳞片状开裂；小枝淡黄褐色；冬芽卵状圆柱形或圆柱形，赤褐色。叶 2 针 1 束，细柔，长 10~20cm，两面有气孔线，边缘有细锯齿，树脂道 4~8 个，边生；叶鞘褐色至灰黑色，宿存。一年生小球果紫褐色，成熟时长卵形或卵圆形，长 4~7cm，直径 2.5~4cm，栗褐色，有短梗，常下垂，鳞盾菱形，扁平或微隆起，鳞脐背生，微凹，通常无尖刺。种子长卵圆形，长 4~6mm，具翅，翅长 1.5~2cm。花期 3~4 月，球果翌年 10—11 月成熟。

生境分布　保护区各地均有分布，生于光照充足的山坡、山冈或溪边。

药用价值　根、茎节、树皮入药，具有祛风燥湿、舒筋通络的功效，用于治疗风湿骨痛、风痹、跌打损伤、外伤出血、痔疮。花粉入药，具有燥湿敛疮、收敛止血的功效，用于治疗外伤出血、湿疹、黄水疮、皮肤糜烂。松香入药，具有生肌镇痛、燥湿杀虫的功效，用于治疗风湿痹痛、跌打损伤。

附　　注　《中华人民共和国药典（2020 年版）》《浙江省中药炮制规范（2015 年版）》收录。

⓴ 黄山松 *Pinus taiwanensis* Hayata　　　　　　　　　　　　松属

别　　名　短叶松、台湾松

形态特征　常绿乔木，高达 30m。树皮深灰褐色，不规则鳞状厚块片开裂；大枝轮生，平展或斜展，老树树冠呈伞盖状或平顶；一年生小枝淡黄褐色或暗红褐色，无毛；冬芽栗褐色，卵圆形或长卵圆形，先端尖，芽鳞先端尖，边缘薄，有细缺裂。叶 2 针 1 束，硬直，长 5~17cm，边缘有细锯齿，两面有气孔线；树脂道 4~8 个，中生，叶鞘宿存。球果卵圆形，长 4~6cm，直径 3~4cm，近无梗，熟时暗褐色或栗褐色，宿存于树上数年不脱落；鳞盾稍肥厚，隆起，近扁菱形，横脊明显，鳞脐有短刺。种子长 4~6mm，连翅长 1.1~2.1cm。花期 4—5 月，球果翌年 10 月成熟。

生境分布　产于保护区各地，生于海拔 800m 以上的山坡林中或山脊上。

药用价值　针叶入药，具有祛风燥湿、杀虫止痒、活血安神的功效，用于治疗风湿痿痹、脚气、湿疮、癣、风疹瘙痒、跌打损伤、神经衰弱、慢性肾炎、原发性高血压，预防流行性乙型脑炎、流行性感冒。

附　　注　《浙江省中药炮制规范（2015 年版）》收录。

柏科 Cupressaceae

㉑ 侧柏 *Platycladus orientalis* (L.) Franco　　　　**侧柏属**

别　名　常青柏

形态特征　常绿乔木，高达 20m。树皮薄，浅灰褐色，纵裂成条片；枝条向上伸展或斜展，幼树树冠卵状尖塔形，老树树冠则为广圆形，生鳞叶的小枝细，向上直展或斜展，扁平，排成一平面。叶鳞形，长 1~3mm，中央的鳞叶露出部分呈倒卵状菱形或斜方形，背面中间有条状腺槽，两侧的鳞叶船形，背部尖头的下方有腺点。球果宽卵球形，长 1.5~2.5cm，成熟前近肉质，蓝绿色，被白粉，成熟后木质，开裂，红褐色；中间 2 对种鳞背部先端的下方有一向外弯曲的尖头。种子卵圆形或近椭球形，灰褐色或紫褐色，长 5~8mm，稍有棱脊。花期 3—4 月，球果 10—11 月成熟。

生境分布　保护区内常栽于村庄旁。

药用价值　根皮入药，具有凉血、解毒、敛疮、生发的功效，用于治疗烫伤、灸疮、疮疡溃烂、毛发脱落。树枝入药，具有祛风除湿、解毒疗疮的功效，用于治疗风寒湿痹、霍乱转筋、牙齿肿痛、恶疮、疥癞。树脂入药，具有祛湿清热、解毒杀虫的功效，用于治疗疥癣、癞疮、秃疮、黄水疮、丹毒、赘疣。种仁入药，具有养心安神、止汗、润肠的功效，用于治疗虚烦失眠、心悸怔忡、阴虚盗汗、肠燥便秘。枝梢、叶入药，具有凉血止血、生发乌发的功效，用于治疗吐血、衄血、咯血、便血、崩漏下血、血热脱发、须发早白。

附　　注　《中华人民共和国药典（2020 年版）》《浙江省中药炮制规范（2015 年版）》收录。

㉒ 圆柏 *Sabina chinensis* (L.) Antoine

圆柏属

别　　名 桧柏

形态特征 常绿乔木，高达 20m。树皮深灰色或淡红褐色，裂成长条片剥落。生鳞形叶的小枝近圆柱形。叶二形，幼苗期多为刺形叶，中龄树和老树兼有刺形叶与鳞形叶；当树体生长不良或光照不足，则刺形叶比例增加。刺形叶通常 3 叶轮生，排列稀疏，长 6~12mm，上面微凹，有 2 条白粉带；鳞形叶先端急尖，交叉对生，间或 3 叶轮生，排列紧密。球果近球形，直径 6~8mm，黄褐色，被白粉，熟时褐色。种子 1~4 粒，卵圆形，扁，先端钝，有棱脊。花期 10—11 月，球果翌年 9—11 月成熟。

生境分布 常见栽培于路旁。

药用价值 枝、叶、树皮入药，具有祛风散寒、活血消肿、解毒利尿的功效，用于治疗风寒感冒、肺结核、尿路感染，外用治荨麻疹、风湿性关节炎。

附　　注 浙江省重点保护野生植物。

罗汉松科 Podocarpaceae

23 罗汉松 *Podocarpus macrophyllus* (Thunb.) Sweet　　　**罗汉松属**

别　　名　罗汉杉

形态特征　常绿乔木，高达 20m。树皮灰色或灰褐色，浅纵裂，呈薄片状脱落；枝展开或斜展，较密。叶螺旋状着生，条状披针形，微弯，长 7~12cm，宽 7~10mm，先端尖，基部楔形，上面深绿色，有光泽，中脉显著隆起，下面带白色、灰绿色或淡绿色，中脉微隆起。雄球花穗状，腋生，常 3~5 个簇生于极短的总梗上，长 3~5cm，基部有数枚三角状苞片；雌球花单生于叶腋，有梗，基部有少数苞片。种子卵圆形，直径约 1cm，先端圆，熟时肉质假种皮紫黑色，有白粉，种托肉质圆柱形，红色或紫红色，柄长 1~1.5cm。花期 4—5 月，种子 8—9 月成熟。

生境分布　常见栽培于村旁、路旁或山坡林中。

药用价值　根皮入药，具有活血祛瘀、祛风祛湿、杀虫止痒的功效，用于治疗跌打损伤、风湿痹痛、癣疾。种子、花托入药，具有行气镇痛、温中补血的功效，用于治疗胃脘疼痛、血虚面色萎黄。叶入药，具有止血的功效，用于治疗吐血、咯血。

附　　注　国家二级重点保护野生植物；《中国生物多样性红色名录》易危（VU）。

红豆杉科 Taxaceae

㉔ 南方红豆杉　*Taxus chinensis* (Pilg.) Rehder var. *mairei* (Lemée et H. Lév.) W. C. Cheng et L. K. Fu　　红豆杉属

别　　名　美丽红豆杉

形态特征　常绿乔木，高达 30m。树皮赤褐色，浅纵裂；大枝展开，小枝不规则互生；一年生枝绿色或淡黄绿色。叶 2 列状互生；叶片线形或披针状线形，常呈弯镰刀状，长 1.5~4cm，宽 3~5mm，柔软，上部渐窄，先端渐尖，中脉在上面隆起，叶背中脉带淡绿色或灰绿色，有 2 条淡黄绿色气孔带，绿色边带较宽，中脉带上有排列均匀的乳突点。种子倒卵圆形，长 6~8mm，直径 4~5mm，微扁，上部较宽，呈倒卵形或椭圆形，生于红色肉质杯状的假种皮中。花期 3—4 月，种子 11 月成熟。

生境分布　产于和平、高峰、大库、龙井坑等地，散生于海拔 1200m 以下的山坡、沟谷阔叶林中。

药用价值　种子入药，具有驱虫消积、润肺止咳的功效，用于治疗腹胀、小儿疳积、虫积、肺燥咳嗽。叶入药，具有清热解毒的功效，用于治疗咽喉肿痛。

附　　注　国家一级重点保护野生植物；《中国生物多样性红色名录》易危（VU）；《浙江省中药炮制规范（2015 年版）》收录。

㉕ 榧树 *Torreya grandis* Fortune ex Lindl. 榧树属

别　　名　草榧、野杉

形态特征　常绿乔木，高 25~30m。树皮灰褐色，不规则纵裂；一年生小枝绿色，无毛，二、三年生小枝黄绿色，小枝轮生或对生。叶 2 列状排列；叶片线形，通常直，坚硬，长 1.1~2cm，宽 1.5~3.5mm，先端突尖成刺状短尖头，上面亮绿色，中脉不明显，有 2 条稍明显的纵槽，下面淡绿色，气孔带与中脉带近等宽，绿色边带较气孔带约宽 1 倍。种子椭圆形、卵圆形、倒卵形或长椭圆形，长 2.3~4.5cm，直径 2~2.8cm，熟时假种皮淡紫褐色，有白粉，先端有小突尖头，胚乳微皱。花期 4 月，种子翌年 10 月成熟。

生境分布　产于龙井坑、库坑等地，散生于海拔 400~800m 的山坡、丘陵谷地阔叶林中，村庄旁常见栽培。

药用价值　根皮入药，具有祛风除湿的功效，用于治疗风湿肿痛。球花入药，具有利水、杀虫的功效，用于治疗水气肿满、蛔虫病。枝叶入药，具有祛风除湿的功效，用于治疗风湿疮毒。种子入药，具有杀虫消积、润燥通便的功效，用于治疗钩虫病、蛔虫病、绦虫病、虫积腹痛、小儿疳积、大便秘结。

附　　注　国家二级重点保护野生植物；《中华人民共和国药典（2020 年版）》收录。

三白草科 Saururaceae

26 **蕺菜** *Houttuynia cordata* Thunb. **蕺菜属**

别　名　鱼腥草、田鲜臭菜、臭节

形态特征　多年生草本，高 30~60cm，全株有腥臭味。茎下部伏地，节上轮生小根，上部直立，无毛或节上被毛，有时带紫红色。叶薄纸质，有腺点，卵形或阔卵形，长 4~10cm，宽 2.5~6cm，先端短渐尖，基部心形，两面有时除叶脉被毛外余均无毛，背面常呈紫红色；叶脉 5~7 条；叶柄长 1~3.5cm，无毛；托叶膜质，长 1~2.5cm，先端钝，下部与叶柄合生而成一长 8~20mm 的鞘。穗状花序长约 2cm，花序梗长 1.5~3cm，无毛；花小，无梗；总苞片 4，白色，花瓣状，长圆形或倒卵形，先端钝圆；雄蕊长于子房，花丝长约为花药的 3 倍。蒴果长 2~3mm，先端 3 裂，花柱宿存。花期 4—8 月，果期 6—10 月。

生境分布　保护区各地常见，生于沟边、溪边或林下湿地上。

药用价值　全草入药，具有清热解毒、消痈排脓、利尿通淋的功效，用于治疗肺痈吐脓、痰热咳喘、热痢、热淋、痈肿疮毒。

附　注　《中华人民共和国药典（2020年版）》《浙江省中药炮制规范（2015年版）》收录。

27 三白草 *Saururus chinensis* (Lour.) Baill.　　　　　　　　　　三白草属

形态特征　多年生湿生草本，高 30~120cm。茎粗壮，有纵长粗棱和沟槽，下部伏地，常带白色，上部直立。叶互生；叶片纸质，密生腺点，阔卵形至卵状披针形，长 10~20cm，宽 5~10cm，先端短尖或渐尖，基部心形或斜心形，两面均无毛，上部的叶较小，茎先端的 2~3 片于花期常为白色，呈花瓣状；叶脉 5~7 条，均自基部发出；叶柄长 1~3cm，无毛，基部与托叶合生成鞘状，略抱茎。总状花序生于茎顶，与叶对生，花序轴与花梗密被短柔毛；花小，两性，生于苞腋，有花梗，无花被；苞片微小；雄蕊 6，花药长圆形，纵裂。蒴果裂为 4 个近球形的分果瓣，表面多疣状突起。种子球形。花期 5—7 月，果期 8—10 月。

生境分布　产于高滩、周村、山坑尾、荒田头等，生于低湿沟边、塘边或溪旁。

药用价值　根状茎或全草入药，具有清热解毒、利尿消肿的功效，用于治疗小便不利、淋沥涩痛、赤白带下、尿路感染、肾炎水肿，外治疮疡肿毒、湿疹。

附　　注　《中华人民共和国药典（2020年版）》收录。

胡椒科 Piperaceae

28 山蒟　*Piper hancei* Maxim.　　　　　　　　　　　　胡椒属

别　　名　满山香、满坑香

形态特征　常绿攀援藤本，长可达 10m。茎、枝具细纵纹，节上生根。叶纸质或近革质，卵状披针形或椭圆形，少有披针形，长 6~12cm，宽 2.5~4.5cm，先端短尖或渐尖，基部渐狭或楔形，有时钝；叶脉 5~7 条，最上 1 对互生，离基 1~3cm 从中脉发出，网状脉通常明显；叶柄长 5~12mm；叶鞘长约为叶柄之半。花单性，雌雄异株，聚集成与叶对生的穗状花序。雄花序长 6~10cm，直径约 2mm；花序梗与叶柄近等长，花序轴被毛；苞片近圆形，直径约 0.8mm，近无柄或具短柄，盾状，向轴面和柄上被柔毛；雄蕊 2 枚，花丝短。雌花序长约 3cm，果期延长；苞片与雄花序的相同，但柄略长；子房近球形，离生，柱头 4 或稀有 3。浆果球形，黄色，直径 2.5~3mm。花期 3—8 月。

生境分布　保护区各地均有分布，生于山地溪涧边、密林或疏林中，攀援于树上或石上。

药用价值　茎、叶、根入药，具有祛风除湿、活血消肿、行气镇痛、化痰止咳的功效，用于治疗风湿痹痛、胃痛、痛经、跌打损伤、风寒咳喘、疝气痛。

附　　注　《浙江省中药炮制规范（2015 年版）》收录。

金粟兰科 Chloranthaceae

㉙ 草珊瑚　*Sarcandra glabra* (Thunb.) Nakai　　　　**草珊瑚属**

别　　名　肿节风、九节茶

形态特征　常绿半灌木，高 50~120cm。茎与枝均有膨大的节。叶革质，椭圆形、卵形至卵状披针形，长 6~17cm，宽 2~6cm，先端渐尖，基部尖或楔形，边缘具粗锐锯齿，齿尖有 1 腺体，两面均无毛；叶柄长 0.5~1.5cm，基部合生成鞘状；托叶钻形。穗状花序顶生，通常有分枝而呈圆锥花序状，连花序梗长 1.5~4cm；苞片三角形；花黄绿色；雄蕊 1 枚，肉质，棒状至圆柱状，花药 2 室，生于药隔上部之两侧，侧向或有时内向；子房球形或卵形，无花柱，柱头近头状。核果球形，直径 3~4mm，熟时亮红色。花期 6 月，果期 8—10 月。

生境分布　产于龙井坑、高峰、山坑尾、高滩、深坑等地，生于山坡、沟谷林下阴湿处。

药用价值　全草入药，具有清热凉血、活血消斑、祛风通络的功效，用于治疗血热紫斑、紫癜、风湿痹痛、跌打损伤。

附　　注　《中华人民共和国药典（2020 年版）》收录。

榆科 Ulmaceae

③⓪ 榉树 *Zelkova schneideriana* Hand.–Mazz.　　　　　　　　　　**榉属**

别　　名　大叶榉树

形态特征　落叶乔木，高达 35m。树皮灰褐色至深灰色，呈不规则的片状剥落；当年生枝灰绿色或褐灰色，密生伸展的灰色柔毛；冬芽常 2 个并生，球形或卵状球形。叶片卵形、卵状披针形、椭圆状卵形，大小变化甚大，长 3.6~10.3（~12.2）cm，宽 1.3~3.7（~4.7）cm，先端渐尖，基部宽楔形或圆形，单锯齿桃尖形，具钝尖头，上面粗糙，具脱落性硬毛，下面密被淡灰色柔毛，羽状脉，侧脉 8~14 对，直伸齿尖；叶柄长 1~4mm，密被毛。花单性，雌雄同株，雄花簇生于新枝下部叶腋，雌花单生或 2~3 朵簇生于新枝上部叶腋；花萼 4~5；雄蕊 4~5；子房无柄，1 室，有下垂的胚珠 1 颗，柱头 2，歪生。坚果直径 2.5~4mm，有网肋，上部歪斜，无翅。花期 3—4 月，果期 10—11 月。

生境分布　产于洪岩顶、深坑、龙井坑，散生于低海拔的阔叶林中或岩石上。

药用价值　树皮入药，具有清热解毒、止血、利水、安胎的功效，用于治疗感冒发热、血痢、便血、水肿、妊娠腹痛、目赤肿痛、烫伤、疮疡肿痛。叶入药，具有清热解毒、凉血的功效，用于治疗疮疡肿痛、崩中带下。

附　　注　国家二级重点保护野生植物；《中国生物多样性红色名录》近危（NT）。

桑科 Moraceae

31 构棘 *Cudrania cochinchinensis* (Lour.) Yakuro Kudo et Masam. 柘属

别　　名　葨芝、山荔枝、石米刺

形态特征　常绿直立或攀援状灌木，高 2~4m。枝无毛，具粗壮弯曲的腋生刺，刺长约 1cm。叶革质，椭圆状披针形或长圆形，长 3~8cm，宽 2~2.5cm，全缘，先端钝或短渐尖，基部楔形，两面无毛，侧脉 7~10 对；叶柄长约 1cm。花雌雄异株；雌雄花序均为具苞片的球形头状花序，每一花具 2~4 个苞片，苞片锥形，内面具 2 个黄色腺体，苞片常附着于花被片上；雄花序花被片 4，不相等；雌花序微被毛，花被片顶部厚，分离或基部合生，具 2 个黄色腺体。聚花果肉质，直径 2~5cm，表面微被毛，熟时橙红色。花期 4—5 月，果期 6—7 月。

生境分布　产于安民关、老虎坑、交溪口、徐罗坑、高峰、华竹坑、松坑、里东坑、深坑、龙井坑等地，生于山坡、沟边、溪旁林中或林缘。

药用价值　棘刺入药，具有化瘀消积的功效，用于治疗腹中积聚、痞块。果实入药，具有理气、消食、利尿的功效，用于治疗疝气、食积、小便不利。根入药，具有止咳化痰、祛风利湿、散瘀镇痛的功效，用于治疗肺结核、黄疸型肝炎、肝脾肿大、胃溃疡、十二指肠溃疡、风湿性腰腿痛，外用治骨折、跌打损伤。

附　　注　《浙江省中药炮制规范（2015 年版）》收录。

㉜ 柘 *Cudrania tricuspidata* (Carrière) Bureau ex Lavalle **柘属**

别　名 柘树

形态特征 落叶灌木或小乔木，高达 10m。枝具硬棘刺，刺长 5~35mm。叶卵形至倒卵形，长 3~14cm，宽 2.7~7cm，先端钝或渐尖，基部楔形或圆形，全缘或有时 3 裂，幼时两面有毛；叶柄长 5~20mm。花单性，雌雄异株，排列成头状花序；雄花萼片 4，雄蕊 4；雌花萼片 4，花柱线形。聚花果球形，直径约 2.5cm，橘红色或橙红色，表面微皱缩；果序梗通常短于 5mm。花期 5—6 月，果期 9—11 月。

生境分布 产于保护区各地，生于阳光充足的荒坡、灌木丛中。

药用价值 木材入药，具有清热、活血的功效，用于治疗虚损、崩中血结、疟疾。树内或根内白皮入药，具有补肾固精、凉血、舒筋的功效，用于治疗腰痛、遗精、咯血、呕血、跌打损伤。根入药，具有止咳化痰、祛风利湿、散瘀镇痛的功效，用于治疗肺结核、黄疸型肝炎、肝脾肿大、胃溃疡、十二指肠溃疡、风湿性腰腿痛，外用治骨折、跌打损伤。果实入药，具有清热凉血、舒筋活络的功效，用于治疗跌打损伤。枝、叶入药，具有清热解毒、祛风活络的功效，用于治疗腮腺炎、痈肿、隐疹、湿疹、跌打损伤、腰腿痛。

附　注 《浙江省中药炮制规范（2015 年版）》收录。

㉝ 条叶榕 *Ficus pandurata* Hance var. *angustifolia* Cheng 榕属

别　　名　小香勾、小康补

形态特征　落叶灌木，高 1~2m。小枝、叶柄幼时被白色短柔毛。叶片厚纸质，线状披针形，叶长 3~16cm，宽 1~2.2cm，先端渐尖，侧脉 8~18 对；叶柄长 3~5mm，疏被糙毛；托叶披针形，无毛，迟落。隐花果单生于叶腋，熟时鲜红色，椭球形或球形，直径 6~10mm，顶部脐状突起，基生苞片 3 枚，卵形，果梗长 4~5mm，纤细。花期 6—7 月，果期 10—11 月。

生境分布　产于安民关、交溪口、周村、高滩、龙井坑等地，生于山坡、路旁、旷野间。

药用价值　根、茎入药，具有祛风除湿、健脾开胃的功效，用于治疗前列腺炎、风湿痹痛、食欲不振。

附　　注　《浙江省中药炮制规范（2015 年版）》收录。

㉞ 全缘琴叶榕 *Ficus pandurata* Hance var. *holophylla* Migo　　　**榕属**

别　名　全叶榕

形态特征　落叶灌木，高 1~2m。小枝、叶柄幼时被白色短柔毛。叶片纸质，倒卵状披针形或披针形，长 3~7.3cm，宽 1.5~2.8cm，先端渐尖，中部不缢缩；叶柄长 3~5mm。榕果椭圆形或近球形，直径 4~6mm，顶部微脐状，基部不狭缩成柄；果梗长约 5mm，纤细。花果期 5—12 月。

生境分布　产于交溪口、周村、库坑、里东坑、龙井坑等地，生于山地、路旁、山谷、沟边或疏林中。

药用价值　根、叶入药，具有祛风除湿、解毒消肿、活血通经的功效，用于治疗风湿痹痛、黄疸、疟疾、百日咳、乳汁不通、乳痈、痛经、闭经、痈疽肿痛、跌打损伤、毒蛇咬伤。

附　　注　《浙江省中药炮制规范（2015 年版）》收录。

㉟ 薜荔 *Ficus pumila* L.　　　　　　　　　　　　榕属

别　　名　木莲果、凉粉藤、木铎

形态特征　常绿藤本。叶二形：营养枝上的叶片小而薄，心状卵形，长约2.5cm；果枝上的叶片较大，革质，卵状椭圆形，长4~10cm，先端钝，全缘，下面被短柔毛，网脉突起成蜂窝状；叶柄短。隐头花序具短梗，单生于叶腋，生有雄花和瘿花者呈长椭圆形或长倒卵形，生有雌花的隐头花序较大。隐花果梨形或近球形，长5~6cm，直径3~5cm，熟时紫红色或紫黑色，常有白色或红色细斑，有毛或秃净，内部近于干燥，有时开裂。瘦果近球形或梭形，外面附有果胶。花期4—6月，果期8月至翌年5月。

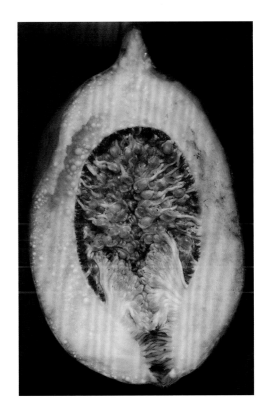

生境分布　产于保护区各地，生于山坡、沟谷、村边，攀附于树上、墙上或岩石上。

药用价值　茎、叶入药，具有祛风除湿、活血通络、解毒消肿的功效，用于治疗风湿痹痛、坐骨神经痛、泻痢、尿淋、水肿、疟疾、闭经、产后瘀血腹痛、咽喉肿痛、睾丸炎、漆疮、痈疮肿毒、跌打损伤。根入药，具有祛风除湿、舒筋通络的功效，用于治疗风湿痹痛、坐骨神经痛、腰肌劳损、水肿、疟疾、闭经、产后瘀血腹痛、慢性肾炎、慢性肠炎、跌打损伤。果实入药，具有补肾固精、活血、催乳的功效，用于治疗遗精、阳痿、乳汁不通、闭经、乳糜尿。乳汁入药，具有祛风、杀虫止痒、壮阳固精的功效，用于治疗白癜风、疬疡、疥癣瘙痒、疣赘、阳痿、遗精。

附　　注　《浙江省中药炮制规范（2015年版）》收录。

36 桑 *Morus alba* L.   桑属

别　名　蚕桑、桑叶树

形态特征　落叶灌木或小乔木，高达 15m。树皮灰白色，浅纵裂。叶卵形或宽卵形，长 5~20cm，宽 4~15cm，先端急尖或钝，基部近心形，边缘有粗锯齿，有时不规则分裂，上面有光泽，下面脉上有疏毛，脉腋具簇毛；叶柄长 1~2.5cm；托叶披针形，早落。花单性，雌雄异株，均排成腋生穗状花序；雄花序长 1~2.5cm，雌花序长 5~10mm；雄花花被片 4，雄蕊 4，中央有不育雌蕊；雌花花被片 4，结果时变肉质，无花柱或花柱极短，柱头 2 裂，宿存。聚花果长 1~2.5cm，黑紫色或白色。花期 4—5 月，果期 5—6 月。

生境分布　产于安民关、周村、交溪口、高峰、龙井坑、高滩等地，生于村旁、田间、地边、滩地或山坡上。

药用价值　根皮入药，具有泻肺平喘、利水消肿的功效，用于治疗肺热咳喘、水肿胀满、尿少、面目肌肤浮肿。根入药，具有清热定惊、祛风通络的功效，用于治疗惊痫、目赤、牙痛、筋骨疼痛。树皮中的白色液汁入药，具有清热解毒、止血的功效，用于治疗口舌生疮、外伤出血、蛇虫咬伤。叶入药，具有疏散风热、清肺润燥、清肝明目的功效，用于治疗风热感冒、肺热燥咳、头晕头痛、目赤昏花。结节入药，具有祛风除湿、镇痛、消肿的功效，用于治疗风湿痹痛、胃痛、鹤膝风。

附　　注　《中华人民共和国药典（2020 年版）》《浙江省中药炮制规范（2015 年版）》收录。

37 鸡桑 *Morus australis* Poir.　　　　　　　　　　　　　　　　**桑属**

别　　名　小桑树

形态特征　灌木或小乔木，高达 15m。树皮灰褐色，冬芽大，圆锥状卵圆形。叶卵形，长 5~14cm，宽 3.5~12cm，先端急尖或尾状，基部楔形或心形，边缘具粗锯齿，不分裂或 3~5 裂，表面粗糙，密生短刺毛，背面疏被粗毛；叶柄长 1~1.5cm，被毛；托叶线状披针形，早落。花单性，雌雄异株；雄花序长 1.5~3cm，雌花序较短，长 1~1.5cm；雄花萼片和雄蕊均为 4，萼片有疏毛，不育雌蕊陀螺形；雌花萼无毛，花柱长 2~3mm，无毛，柱头 2 裂，有毛。聚花果长 1~1.5cm，熟时暗紫色，具宿存花柱。花期 3—4 月，果期 6—7 月。

生境分布　产于洪岩顶、雪岭、老虎坑、龙井坑、苏州岭等地，生于海拔 1200m 以下的山坡、沟谷林中、林缘或灌丛中。

药用价值　根或根皮入药，具有清肺、凉血、利湿的功效，用于治疗肺热咳嗽、鼻衄、水肿、腹泻、黄疸。叶入药，具有清热解表、宣肺止咳的功效，用于治疗风热感冒、肺热咳嗽、头痛、咽痛。

附　　注　《浙江省中药炮制规范（2015 年版）》收录。

38 **华桑** *Morus cathayana* Hemsl. 桑属

别　　名　葫芦桑

形态特征　落叶小乔木或为灌木状，高达 8m。树皮灰白色，平滑；小枝幼时被细毛，成长后脱落，皮孔明显。叶厚纸质，广卵形或近圆形，长 8~20cm，宽 6~13cm，先端渐尖或短尖，基部心形或截形，略偏斜，边缘具钝锯齿，有时分裂，表面粗糙，疏生短伏毛，基部沿叶脉被柔毛，背面密被白色柔毛；叶柄长 2~5cm，粗壮，被柔毛；托叶披针形。花雌雄同株异序；雄花序长 3~5cm，雄花花被片 4，黄绿色，长卵形，外面被毛，雄蕊 4，退化雌蕊小；雌花序长 1~3cm，雌花花被片倒卵形，先端被毛，花柱短，柱头 2 裂，内面被毛。聚花果圆筒形，长 2~3cm，成熟时白色、红色或紫黑色。花期 4—5 月，果期 5—6 月。

生境分布　产于华竹坑、狮子岭、大南坑、洪岩顶、里东坑等地，生于海拔 600~1300m 的山坡、沟谷林中。

药用价值　根皮入药，具有舒筋活络、止血的功效，用于治疗痢疾、扭伤、外伤出血。

附　　注　《浙江省中药炮制规范（2015 年版）》收录。

桑寄生科 Loranthaceae

③⑨ 桑寄生　　*Taxillus sutchuenensis* (Lecomte) Danser　　　**钝果寄生属**

别　　名　四川寄生

形态特征　常绿寄生小灌木，高 0.5~1m。嫩枝、叶密被褐色或红褐色星状毛；小枝无毛，具突起皮孔。叶近对生或互生，革质，卵形至矩圆状卵形，长 3~8cm，宽 2.5~5cm，先端圆钝，基部近圆形，侧脉 4~5 对；叶柄长 0.5~1.5cm。聚伞花序 1~3 个聚生于叶腋，具 3~5 朵花；花序梗长 4~10mm，连同花梗、花萼和花冠均被红褐色星状短柔毛；花两性；花萼杯状；花冠狭筒状，紫红色，长 2~2.5cm，4 裂，裂片披针形；雄蕊 4，生于裂片上；子房下位，1 室。浆果椭圆形，长约 8mm，黄绿色，具小疣状突起。花期 6—8 月，果期翌年 9—10 月。

生境分布　产于洪岩顶、龙井坑、大南坑、雪岭、库坑等地，生于阔叶林中，常寄生于壳斗科、蔷薇科、山茶科等植物上。

药用价值　带叶茎枝入药，具有补肝肾、强筋骨、祛风湿、安胎的功效，用于治疗腰膝酸痛、筋骨痿弱、肢体偏枯、风湿痹痛、头晕目眩、胎动不安、崩漏下血。

附　　注　《中华人民共和国药典（2020 年版）》收录。

蓼科 Polygonaceae

⑩ 金荞麦 *Fagopyrum dibotrys* (D. Don) H. Hara   荞麦属

别　　名 野荞麦、金锁银开、山花麦

形态特征 多年生草本。根状茎木质化，黑褐色；地上茎直立，高 50~100cm，分枝，具纵棱，无毛。叶宽三角形或卵状三角形，长 4~12cm，宽 3~11cm，先端渐尖，基部近戟形，边缘全缘，两面具乳头状突起或被柔毛；叶柄长可达 10cm；托叶鞘筒状，膜质，褐色，长 5~10mm，偏斜，先端截形，无缘毛。花序伞房状，顶生或腋生；苞片卵状披针形，先端尖，边缘膜质，长约 3mm，每一苞内具 2~4 花；花梗中部具关节，与苞片近等长；花被 5 深裂，白色，花被片长椭圆形，长约 2.5mm；雄蕊 8，比花被短；花柱 3，柱头头状。瘦果宽卵形，具 3 锐棱，黑褐色，无光泽，长 6~8mm，超出宿存花被 2~3 倍。花期 7—9 月，果期 8—10 月。

生境分布 产于飞连排、野猪浆等地，生于沟谷溪边或湿地。

药用价值 根状茎入药，具有清热解毒、清肺排痰、排脓消肿、祛风化湿的功效，用于治疗肺脓肿、咽喉肿痛、痢疾、无名肿毒、跌打损伤、风湿性关节炎。

附　　注 国家二级重点保护野生植物；《中华人民共和国药典（2020 年版）》收录。

41 **何首乌**　*Fallopia multiflora* (Thunb.) Haraldson　　　　　**何首乌属**

别　　名　乌发药

形态特征　多年生草本。块根肥大，不整齐纺锤状，黑褐色。茎缠绕，长 3~4m，中空，多分枝，基部木质化。叶片卵形或长卵形，长 5~7cm，宽 3~5cm，先端渐尖，基部心形，两面无毛，全缘；叶柄长 1.5~3cm；托叶鞘短筒状，膜质。花序圆锥状，大而展开，顶生或腋生，长 10~20cm；苞片三角状卵形，每一苞具 2~4 花；花小，白色；花被 5 深裂，裂片大小不等，在果时增大，外面 3 片肥厚，背部有翅；雄蕊 8，短于花被；花柱 3。瘦果椭圆形，有 3 棱，黑色，有光泽，包于宿存花被内。花期 8—9 月，果期 10—11 月。

生境分布　保护区各地广布。生于山野石隙、灌丛中及住宅旁断墙残垣之间，常缠绕于墙上、岩石上及树木上。

药用价值　块根入药，具有养血滋阴、润肠通便、截疟、祛风、解毒的功效，用于治疗血虚、头昏目眩、心悸、失眠、肝肾阴虚之腰膝酸软、须发早白、耳鸣、遗精、肠燥便秘、久疟体虚、风疹瘙痒、疮痈、瘰疬、痔疮。叶入药，具有解毒散结、杀虫止痒的功效，用于治疗疮疡、瘰疬、疥癣。藤茎入药，具有养心安神、祛风、通络的功效，用于治疗失眠、多梦、血虚身痛、肌肤麻木、风湿痹痛、风疹瘙痒。

附　　注　《中华人民共和国药典（2020 年版）》《浙江省中药炮制规范（2015 年版）》收录。

42 水蓼 *Polygonum hydropiper* L.

蓼属

别　　名　辣蓼

形态特征　一年生草本，高 40~70cm。茎直立，多分枝，无毛，节部膨大。叶披针形或椭圆状披针形，长 4~8cm，宽 0.5~2.5cm，先端渐尖，基部楔形，边缘全缘，具缘毛，两面无毛，被褐色小点，有时沿中脉具短硬伏毛，具辛辣味；叶柄长 4~8mm；托叶鞘筒状，膜质，褐色，长 1~1.5cm，疏生短硬伏毛，先端截形，具短缘毛，通常托叶鞘内藏有花簇。总状花序呈穗状，顶生或腋生，长 3~8cm，通常下垂，花稀疏，下部间断；苞片漏斗状，长 2~3mm，绿色，边缘膜质，疏生短缘毛，每一苞内具 3~5 花；花梗比苞片长；花被 5 深裂，稀 4 裂，绿色，上部白色或淡红色，被黄褐色透明腺点，花被片椭圆形，长 3~3.5mm；雄蕊 6；花柱 2~3，柱头头状。瘦果卵形，长 2~3mm，双凸镜状或具 3 棱，密被小点，黑褐色，无光泽，包于宿存花被内。花期 5—9 月，果期 6—10 月。

生境分布　保护区各地常见，生于溪边、沟边、沙滩旁及湿地中，常成丛生长。

药用价值　果实入药，具有温中利水、破瘀散结的功效，用于治疗吐泻腹痛、症积痞胀、水气浮肿、痈肿疮疡、瘰疬。地上部分入药，具有行滞化湿、散瘀止血、祛风止痒、解毒的功效，用于治疗湿滞内阻、脘闷腹痛、泄泻、痢疾、小儿疳积、崩漏、血滞闭经痛经、跌打损伤、风湿痹痛、便血、外伤出血、皮肤瘙痒、湿疹、风疹、足癣、痈肿、毒蛇咬伤。根入药，具有活血调经、健脾利湿、解毒消肿的功效，用于治疗月经不调、小儿疳积、痢疾、肠炎、疟疾、跌打肿痛、蛇虫咬伤。

附　　注　《浙江省中药炮制规范（2015 年版）》收录。

43 杠板归 *Polygonum perfoliatum* L. 蓼属

别　　名　刺梨头、野麦刺

形态特征　一年生或多年生草本。茎攀援，多分枝，长 1~2m，具纵棱，沿棱具稀疏的倒生皮刺。叶三角形，长 3~7cm，宽 2~5cm，先端钝或微尖，基部截形或微心形，上面无毛，下面沿叶脉疏生皮刺；叶柄与叶片近等长，具倒生皮刺，盾状着生于叶片的近基部；托叶鞘贯茎，叶状，草质，绿色，圆形或近圆形，直径 1.5~3cm。总状花序呈短穗状，顶生或腋生，长 1~3cm；苞片卵圆形，每一苞片内具花 2~4 朵；花被 5 深裂，白色或淡红色，花被片椭圆形，长约 3mm，果时增大呈肉质，深蓝色；雄蕊 8，略短于花被；花柱 3，中上部合生，柱头头状。瘦果球形，直径 3~4mm，黑色，有光泽，包于宿存花被内。花期 6—8 月，果期 7—10 月。

生境分布　保护区各地广布，生于田野路边、沟边、荒地及灌丛中。

药用价值　地上部分入药，具有利水消肿、清热解毒、止咳的功效，用于治疗肾炎水肿、百日咳、泻痢、湿疹、疖肿、毒蛇咬伤。

附　　注　《中华人民共和国药典（2020 年版）》《浙江省中药炮制规范（2015 年版）》收录。

44 虎杖 *Reynoutria japonica* Houtt.　　　　　　　　　　**虎杖属**

别　名　虎枪、斑竹

形态特征　多年生草本，高达 2.5m。茎直立，丛生，基部木质化，分枝，无毛，中空，散生红色或紫红色斑点。叶片宽卵形或卵状椭圆形，长 6~12cm，宽 5~9cm，先端有短骤尖，基部圆形或楔形，边缘全缘；叶柄长 1~2cm；托叶鞘膜质，褐色，早落。花单性，雌雄异株；花序圆锥状；花梗细长，中部有关节；苞片漏斗状，每一苞具 2~4 花；花被 5 深裂，裂片 2 轮，外轮 3 片在果时增大，背部生翅；雄蕊 8；花柱 3，柱头头状。瘦果椭圆形，有 3 棱，黑褐色，光亮，包于宿存花被内。花期 8—9 月，果期 9—10 月。

生境分布　保护区各地广布，生于山谷溪边、河岸、沟旁及路边草丛中。

药用价值　根、根状茎入药，具有祛风利湿、散瘀定痛、止咳化痰的功效，用于治疗关节痹痛、湿热黄疸、闭经、症瘕、烧伤烫伤、跌打损伤、痈肿疮毒、咳嗽痰多。叶入药，具有祛风湿、解热毒的功效，用于治疗风湿性关节炎、蛇咬伤、漆疮。

附　注　《中华人民共和国药典（2020 年版）》收录。

45 羊蹄　*Rumex japonicus* Houtt.　　　　　　　　　　　　　　**酸模属**

别　　名　羊舌头草、癣黄头

形态特征　多年生草本。茎直立，高 50~100cm，上部分枝，具沟槽。基生叶长圆形或披针状长圆形，长 8~25cm，宽 3~10cm，先端急尖，基部圆形或心形，边缘微波状，下面沿叶脉具小突起；茎上部叶狭长圆形；叶柄长 2~12cm；托叶鞘膜质，易破裂。花序圆锥状；花两性，多花轮生；花梗细长，中下部具关节；花被片 6，淡绿色，外花被片椭圆形，长 1.5~2mm，内花被片果时增大，宽心形，长 4~5mm，先端渐尖，基部心形，网脉明显，边缘具不整齐的小齿，齿长 0.3~0.5mm，全部具小瘤，小瘤长卵形，长 2~2.5mm。瘦果宽卵形，具 3 锐棱，长约 2.5mm，两端尖，暗褐色，有光泽。花期 5—6 月，果期 6—7 月。

生境分布　保护区各地广布，生于低山坡疏林边、沟边、溪边、路旁湿地及沙丘上。

药用价值　根入药，具有清热通便、凉血止血、杀虫止痒的功效，用于治疗大便秘结、吐血衄血、肠风便血、痔血、崩漏、疥癣、白秃、痈疮肿毒、跌打损伤。果实入药，具有凉血止血、通便的功效，用于治疗赤白痢疾、漏下、便秘。叶入药，具有凉血止血、通便、解毒消肿、杀虫止痒的功效，用于治疗肠风便血、便秘、小儿疳积、痈疮肿毒、疥癣。

附　　注　《浙江省中药炮制规范（2015 年版）》收录。

苋科 Amaranthaceae

⑯ 牛膝　*Achyranthes bidentata* Blume　　　　　　　　　**牛膝属**

别　　名　怀牛膝、鼓槌草、白鸡骨草

形态特征　多年生草本，高 70~120cm。根圆柱形，土黄色。茎直立，有棱角，几无毛，节部膝状膨大，有分枝。叶卵形至椭圆形、椭圆状披针形，长 4.5~12cm，宽 2~6cm，两面有柔毛；叶柄长 0.5~3cm。穗状花序腋生和顶生，花后花序梗伸长，花向下折而贴近花序梗；苞片宽卵形，先端渐尖，小苞片贴生于萼片基部，刺状，基部有卵形小裂片；花被片 5，绿色；雄蕊 5，基部合生，退化雄蕊先端平圆，波状。胞果矩圆形，长 2~2.5mm。花期 7—9 月，果期 9—11 月。

生境分布　保护区各地广布，生于山坡疏林下、丘陵及平原的沟边、路旁阴湿处。

药用价值　根入药，具有补肝肾、强筋骨、逐瘀通经、引血下行的功效，用于治疗腰膝酸痛、筋骨无力、闭经症瘕、肝阳眩晕。茎、叶入药，具有祛寒湿、强筋骨、活血利尿的功效，用于治疗寒湿痿痹、腰膝疼痛、淋闭、久疟。

附　　注　《中华人民共和国药典（2020 年版）》《浙江省中药炮制规范（2015 年版）》收录。

47 鸡冠花 *Celosia cristata* L. 青葙属

别 名 红鸡冠

形态特征 一年生草本，高 40~90cm。全体无毛。茎直立，粗壮，有纵棱。叶片卵形、卵状披针形或披针形，长6~13cm，宽 2~6cm，先端渐尖，基部渐狭成柄。穗状花序顶生，花多数，极密生，成扁平肉质鸡冠状、卷冠状或羽毛状，一个大花序下面有数个较小的分枝，圆锥状矩圆形，表面羽毛状；苞片、小苞片、花被片红色、紫色、黄色、橙色或红色黄色相间，干膜质。胞果卵形，长约 3mm，包裹于宿存花被片内。花果期 7—10 月。

生境分布 保护区各地村庄附近常见栽培，偶见逸生。

药用价值 花序入药，具有收敛止血、止带、止痢的功效，用于治疗吐血、崩漏、便血、痔血、赤白带下、久痢不止。茎、叶入药，具有清热凉血、解毒的功效，用于治疗吐血、衄血、崩漏、痔疮、痢疾、荨麻疹。种子入药，具有凉血止血、清肝明目的功效，用于治疗便血、崩漏、赤白痢疾、目赤肿痛。

附 注 《中华人民共和国药典（2020 年版）》收录。

㊽ 千日红 *Gomphrena globosa* L. 千日红属

别　名　百日红

形态特征　一年生草本，高 20~60cm。茎直立，粗壮，有分枝，枝略呈四棱形，有灰色糙毛，幼时更密，节部稍膨大。叶片长椭圆形或矩圆状倒卵形，长 3.5~10cm，宽 1.5~3.5cm，先端急尖或圆钝，基部渐狭，边缘波状，两面被白色长柔毛及缘毛；叶柄长 1~1.5cm，有灰色长柔毛。花多数，密生，成顶生球形或矩圆形头状花序，单一或 2~3 个，直径 2~2.5cm，常紫红色，有时淡紫色或白色；总苞有 2 枚绿色对生叶状苞片，卵形或心形；苞片卵形，白色，先端紫红色；小苞片三角状披针形，紫红色，内面凹陷，背棱有细锯齿；花被片披针形，长 5~6mm，外面密生白色绵毛。胞果近球形，直径 2~2.5mm。种子肾形，棕色，光亮。花果期 6—10 月。

生境分布　保护区内偶见栽培。

药用价值　花序入药，具有止咳平喘、平肝明目的功效，用于治疗支气管哮喘、急性与慢性支气管炎、百日咳、咯血、头晕、视物模糊、痢疾。

附　注　《浙江省中药炮制规范（2015 年版）》收录。

千日红属

商陆科 Phytolaccaceae

49 垂序商陆 *Phytolacca americana* L. 商陆属

别　名 美洲商陆

形态特征 多年生草本，高 1~2m。根粗壮，肥大，圆锥形。茎直立，圆柱形，通常带紫红色。单叶，互生；叶片椭圆状卵形或卵状披针形，长 9~18cm，宽 5~10cm，先端急尖，基部楔形；叶柄长 1~4cm。总状花序顶生或侧生，长 5~20cm，常下垂；花梗长 6~8mm；花白色，微带红晕，直径约 6mm；花被片 5，雄蕊、心皮及花柱通常均为 10，心皮合生。果序下垂；浆果扁球形，熟时紫黑色。种子肾圆形，直径约 3mm。花期 6—8 月，果期 8—10 月。

生境分布 保护区各地常见，生于路边、林缘、沟边。

药用价值 根入药，具有逐水消肿、通利二便、解毒散结的功效，用于治疗水肿胀满、二便不通，外治痈肿疮毒。种子入药，具有利水消肿的功效，用于治疗水肿、小便不利。花入药，具有化痰开窍的功效，用于治疗痰湿上蒙、健忘、嗜睡、耳目不聪。

附　注 《中华人民共和国药典（2020 年版）》收录。

石竹科 Caryophyllaceae

㊿　石竹　*Dianthus chinensis* L.　　　　　　　　　　**石竹属**

别　　名　洛阳花

形态特征　多年生草本，高约 30cm。茎直立，丛生，无毛。叶条形或宽披针形，有时为舌形，长 3~5cm，宽 3~5mm，先端渐尖，基部渐狭成短鞘包围茎节，全缘或有细锯齿，具 3 脉，主脉明显。花顶生于分叉的枝端，单生或对生，有时成圆锥状聚伞花序；花下有 4~6 苞片；萼筒圆筒形，萼齿 5；花瓣 5，鲜红色、白色或粉红色，瓣片扇状倒卵形，边缘有不整齐浅齿裂，喉部有深色斑纹和疏生须毛，基部具长爪；雄蕊 10；子房矩圆形，花柱 2，丝形。蒴果矩圆形，成熟时顶端 4 裂。种子灰黑色，卵形，微扁，缘有狭翅。花期 5—7 月，果期 8—9 月。

生境分布　产于周村、高滩、东坑口，栽于屋旁。

药用价值　全草入药，具有清热利湿、活血通淋的功效，用于治疗小便不通、热淋、血淋、砂淋、闭经、目赤肿痛。

附　　注　《中华人民共和国药典（2020 年版）》收录。

51 孩儿参 *Pseudostellaria heterophylla* (Miq.) Pax 孩儿参属

别　　名 太子参

形态特征 多年生草本，高 15~20cm。块根长纺锤形，肉质。茎直立，单生，被 2 列白色短毛。茎下部叶常 1~2 对，叶片倒披针形，上部叶 2~3 对，叶片宽卵形或菱状卵形，长 3~6cm，宽 2~17mm，先端渐尖，基部渐狭，上面无毛，下面沿脉疏生柔毛。花二型，均腋生。开花受精花 1~3 朵；花梗长 1~2cm，被短柔毛；萼片 5，狭披针形，长约 5mm；花瓣 5，白色，长圆形或倒卵形，长 7~8mm，先端 2 浅裂；雄蕊 10，短于花瓣；子房卵形，花柱 3，微长于雄蕊，柱头头状。闭花受精花具短梗；萼片 4，疏生多细胞毛；雄蕊 2。蒴果宽卵形，先端不裂或 3 瓣裂。种子扁圆形，黑褐色，长约 1.5mm，表面具疣状突起。花期 4—7 月，果期 7—8 月。

生境分布 产于大中坑，生于山坡疏林下或沟谷林下阴湿处。

药用价值 块根入药，具有益气健脾、生津润肺的功效，用于治疗脾虚体倦、食欲不振、病后虚弱、气阴不足、自汗口渴、肺燥干咳。

附　　注 浙江省重点保护野生植物；《中华人民共和国药典（2020 年版）》《浙江省中药炮制规范（2015 年版）》收录。

毛茛科 Ranunculaceae

(52) 山木通 *Clematis finetiana* H. Lév. et Vaniot 铁线莲属

别　　名 大叶光板力刚

形态特征 半常绿木质藤本。茎圆柱形，无毛，有纵条纹；小枝有棱。叶为三出复叶，茎下部有时为单叶，叶片薄革质或革质，卵状披针形、狭卵形至卵形，长 3~9（~13）cm，宽 1.5~3.5（~5.5）cm，先端锐尖至渐尖，基部圆形、浅心形或斜肾形，全缘，两面无毛。花常单生，或为聚伞花序、总状聚伞花序，腋生或顶生，有 1~3（~7）朵花，少数 7 朵以上而成圆锥状聚伞花序，通常比叶长或近等长；叶腋分枝处常有多数长三角形至三角形宿存芽鳞，长 5~8mm；苞片小，钻形；萼片 4（6），展开，白色，狭椭圆形，长 1~2cm，外面边缘密生短茸毛。瘦果镰刀状狭卵形，长约 5mm，有柔毛，宿存花柱长达 3cm。花期 4—6 月，果期 7—11 月。

生境分布 分布于保护区各地，生于山坡疏林、溪边、路旁灌丛中及山谷石缝中。

药用价值 根、茎、叶入药，具有祛风活血、利尿通淋的功效，用于治疗关节肿痛、跌打损伤、小便不利、乳汁不通。

附　　注 《浙江省中药炮制规范（2015 年版）》收录。

(53) 短萼黄连 *Coptis chinensis* Franch. var. *brevisepala* W. T. Wang et P. G. Xiao 黄连属

别　　名 浙黄连

形态特征 常绿草本，高达30cm。根状茎黄色，常分枝，密生多数须根，其味极苦。叶片稍带革质，卵状三角形，宽达12cm，3全裂，中央裂片具长0.8~1.8cm的柄，卵状菱形，长3~8cm，宽2~4cm，顶端急尖，具3或5对羽状裂片，边缘具细刺尖状的锐锯齿，侧裂片具长1.5~5mm的柄，斜卵形，不等2深裂，两面叶脉均隆起，上面沿脉被短柔毛；叶柄长5~12cm，无毛。花葶1~2条，高12~25cm；二歧或多歧聚伞花序，具3~8朵花；苞片披针形，3~5羽状深裂；萼片黄绿色，长椭圆状卵形，长约6.5mm；花瓣条形或条状披针形，较萼片短；雄蕊12~20；心皮8~12。蓇葖果长6~8mm，具长柄。种子长椭圆形，长约2mm，褐色。花期2—3月，果期4—6月。

生境分布 产于棋盘山、龙井坑、大龙岗，生于海拔1200m以下的沟边林下或山谷阴湿处。

药用价值 根状茎入药，具有清热燥湿、泻火解毒的功效，用于治疗湿热痞满、呕吐吞酸、泻痢、黄疸、高热神昏、心火亢盛、心烦不寐、血热吐衄、目赤、牙痛、消渴、痈肿疔疮，外治湿疹、湿疮、耳道流脓。酒黄连善清上焦火热，用于治疗目赤、口疮。

附　　注 浙江省重点保护野生植物；《中国生物多样性红色名录》濒危（EN）；《中华人民共和国药典（2020年版）》收录。

54 天葵 *Semiaquilegia adoxoides* (DC.) Makino 天葵属

别　　名　紫背天葵、千年老鼠屎

形态特征　多年生草本，高 10~30cm。茎被稀疏的白色柔毛。块根长 1~2cm，粗 3~6mm，外皮棕黑色。基生叶多数，掌状三出复叶，叶片卵圆形至肾形，长 1.2~3cm，小叶扇状菱形或倒卵状菱形，3 深裂，裂片又有 2~3 个小裂片，下面常呈紫色；叶柄长 3~12cm，基部扩大成鞘状。茎生叶与基生叶相似，但较小。花小，直径 4~6mm；苞片倒披针形至倒卵圆形，不裂或 3 深裂；花梗纤细，长 1~2.5cm，被伸展的白色短柔毛；萼片白色，常带淡紫色，狭椭圆形，长 4~6mm，宽 1.2~2.5mm，顶端急尖；花瓣匙形，长 2.5~3.5mm，顶端近截形，基部突起成囊状。蓇葖果卵状长椭圆形，长 6~7mm，表面具突起的横向脉纹。种子卵状椭圆形，褐色至黑褐色，表面密生小瘤突。花果期 2—3 月，果期 4—5 月。

生境分布　分布于保护区各地，生于疏林下、路旁或山谷地的较阴处。

药用价值　全草入药，具有解毒消肿、利水通淋的功效，用于治疗瘰疬痈肿、蛇虫咬伤、疝气、小便淋痛。块根入药，具有清热解毒、消肿散结的功效，用于治疗痈肿疔疮、乳痈、瘰疬、毒蛇咬伤。

附　　注　《中华人民共和国药典（2020 年版）》《浙江省中药炮制规范（2015 年版）》收录。

木通科 Lardizabalaceae

55 木通　*Akebia quinata* (Houtt.) Decne.　　　　木通属

别　　名　八月炸、小叶拿

形态特征　落叶或半常绿藤本，长 3~15m。茎纤细，圆柱形，灰褐色，具圆形、小而突起的皮孔。掌状复叶，具小叶 5 枚，有时 4、6、7 枚，小叶倒卵形或椭圆形，长 2~6cm，宽 1~3.5cm，先端微凹，凹缺处有由中脉延伸的小尖头，基部宽楔形或圆形，全缘，上面深绿色，下面淡绿色，中脉上面平，下面略突起；小叶柄长 8~15mm，顶生小叶的稍长。总状花序长 4.5~10cm；花梗长 3~5mm；花暗紫或紫红色，偶有黄绿色、淡紫色或白色，雄花远较雌花小。肉质蓇葖果单生或 2~3 个聚生，长椭球形或圆柱形，长 6~8cm，直径 2~4cm，熟时黄褐、暗紫或绿白色，沿腹缝开裂，露出白色果肉和黑色种子。花期 3—4 月，果期 9—10 月。

生境分布　分布于保护区各地，生于山地灌丛、林缘和沟谷中。

药用价值　藤茎入药，具有清热利尿、活血通脉的功效，用于治疗小便黄赤、淋浊、水肿、胸中烦热、咽喉疼痛、口舌生疮、风湿痹痛、乳汁不通、闭经、痛经。果实入药，具有疏肝理气、活血镇痛、除烦利尿的功效，用于治疗肝胃气痛、胃热食呆、烦渴、赤白痢疾、腰痛、胁痛、疝气、子宫下坠。根入药，具有祛风通络、利水消肿、行气、活血、补肝肾、强筋骨的功效，用于治疗风湿痹痛、跌打损伤、闭经、疝气、睾丸肿痛、脘腹胀闷、小便不利、带下、蛇虫咬伤。

附　　注　《中华人民共和国药典（2020 年版）》《浙江省中药炮制规范（2015 年版）》收录。

56 三叶木通 *Akebia trifoliata* (Thunb.) Koidz. 木通属

别　　名　八月瓜、大叶拿

形态特征　落叶木质藤本。掌状复叶具小叶 3 枚；小叶卵形或宽卵形，长 4~7cm，宽 2~4.5cm，中央小叶通常较大，先端钝圆或有凹缺，有小尖头，基部截形或圆形，小叶柄较两侧的长。总状花序长 6~12.5cm，花梗长 2~5mm；雄花多数，生于花序上部，萼片较小，长约 3mm，淡紫色，雄蕊 6，离生，退化雌蕊 3；雌花 1~2 朵，生于花序下部，萼片较大，近圆形，长 7~12mm，紫黑色或紫红色，退化雄蕊 6 或更多，心皮 3~9，离生，子房紫色。肉质蓇葖果单生或 2~4 个聚生，长椭球形或倒卵形，长 6~8cm，直径 2~4cm，果皮光滑，熟时淡紫色，沿腹缝开裂。种子多数，黑色，扁圆形，长 5~7mm。花期 5 月，果期 9—10 月。

生境分布　产于深坑、库坑、里东坑、龙井坑等地，生于山地沟谷边疏林或丘陵灌丛中。

药用价值　果实入药，具有疏肝理气、活血镇痛、除烦利尿的功效，用于治疗肝胃气痛、胃热食呆、烦渴、赤白痢疾、腰痛、胁痛、疝气、子宫下坠。藤茎入药，具有泻火行水、通利血脉的功效，用于治疗小便黄赤、淋浊、水肿、胸中烦热、咽喉疼痛、口舌生疮、风湿痹痛、乳汁不通、闭经、痛经。根入药，具有祛风、利尿、行气、活血的功效，用于治疗风湿性关节炎、小便不利、胃肠气胀、疝气、闭经、跌打损伤。

附　　注　《中华人民共和国药典（2020 年版）》《浙江省中药炮制规范（2015 年版）》收录。

57 大血藤 *Sargentodoxa cuneata* (Oliv.) Rehd. et Wils.　　　　**大血藤属**

别　　名　血藤、红藤

形态特征　落叶攀援藤本，长达 15m，直径达 10cm。全株无毛。当年生枝条暗红色，茎砍断时有红色汁液流出，断面呈放射状。三出复叶，苗期常为单叶；顶生小叶近菱状倒卵圆形，长 4~12.5cm，宽 3~9cm，先端急尖，基部渐狭成 6~15mm 的短柄，全缘；侧生小叶较大，斜卵形，先端急尖，基部内侧楔形，外侧截形或圆形，无柄；叶柄长 3~12cm。总状花序长 6~12cm，雌雄同序或异序，同序时，雄花生于下部；花梗细，长 2~5cm；萼片花瓣状，白色或淡绿色。聚合浆果，直径 3~4.5cm，小浆果直径约 1cm，熟时蓝黑色，小果柄红色，长 0.6~1.2cm。种子长约 5mm，基部截形，种皮黑亮、平滑，种脐显著。花期 4—5 月，果期 7—9 月。

生境分布　产于保护区各地，生于海拔 1500m 以下的山坡、沟谷灌丛、疏林中或林缘。

药用价值　藤茎入药，具有清热解毒、活血、祛风的功效，用于治疗肠痈腹痛、闭经痛经、风湿痹痛、跌打肿痛。

附　　注　《中华人民共和国药典（2020 年版）》收录。

58 尾叶那藤 *Stauntonia obovatifoliola* Hayata subsp. *urophylla* (Hand.-Mazz.) H. N. Qin

野木瓜属

别　　名　尾叶挪藤

形态特征　常绿木质藤本。茎、枝和叶柄具细线纹。掌状复叶有小叶 5~7 片；叶柄纤细，长 3~8cm；小叶革质，倒卵形或阔匙形，长 4~10cm，宽 2~4.5cm，基部 1~2 片小叶较小，先端长尾尖，尾尖长可达小叶长的 1/4，基部狭圆形或阔楔形；侧脉每边 6~9 条，与网脉同于两面略突起或有时在上面凹入；小叶柄长 1~3cm。总状花序数个簇生于叶腋，每个花序有 3~5 朵淡黄绿色的花。雄花花梗长 1~2cm，外轮萼片卵状披针形，长 10~12mm，内轮萼片披针形，无花瓣；雄蕊花丝合生为管状，药室先端具长约 1mm、锥尖的附属体。雌花萼片与雄花相似但稍大，心皮 3，瓶状圆柱形，多少内弯，有退化雄蕊。果长圆形或椭圆形，长 4~6cm，直径 3~3.5cm。种子三角形，压扁，基部稍呈心形，长约 1cm，深褐色，有光泽。花期 3—4 月，果期 10—12 月。

生境分布　产于龙井坑、华竹坑、高峰、洪岩顶、库坑、雪岭等地，生于山谷溪旁疏林或密林中，攀援于树上。

药用价值　茎和根入药，具有祛风散瘀、镇痛、利尿消肿的功效，用于治疗风湿痹痛、跌打伤痛、神经性疼痛、小便不利、水肿。果实入药，具有解毒消肿、杀虫镇痛的功效，用于治疗疮痈、疝气疼痛、蛔虫病、鞭虫病。

附　　注　《浙江省中药炮制规范（2015 年版）》收录。

小檗科 Berberidaceae

59 六角莲 *Dysosma pleiantha* (Hance) Woodson 　　　　　鬼臼属

别　　名　山荷叶

形态特征　多年生草本，高 20~60cm。根状茎粗壮，横走，呈圆形结节，多须根；地上茎直立，淡绿色或粉绿色，无毛。茎生叶常 2 枚，对生，盾状，近圆形，直径 12~40cm，5~9 浅裂或呈浅波状，边缘具细密小齿，两面无毛，放射脉直达裂片先端。花瓣深红色或紫红色，5~14 朵簇生于叶柄交叉处，下垂，花梗纤细，无毛；萼片 6 枚，粉绿色，两面无毛，早落；花瓣 6 枚，长圆形至倒卵状椭圆形，长 3~4cm；雄蕊 6 枚，长 2~2.3cm，药隔稍隆起；子房近椭圆形，柱头头状。浆果近球形至卵圆形，长约 3cm，直径 1~2.5cm，熟时紫黑色，具多数种子。花期 3—5 月，果期 8—9 月。

生境分布　产于雪岭、龙井坑、高峰等地，生于山坡林下阴湿处或阴湿沟谷草丛中。

药用价值　叶入药，具有清热解毒、止咳平喘的功效，用于治疗痈肿疔疮、咳喘。根状茎入药，具有清热解毒、活血化瘀的功效，用于治疗毒蛇咬伤、跌打损伤，外用治蛇虫咬伤、痈疮疔肿、淋巴结炎、腮腺炎、乳腺癌。

附　　注　国家二级重点保护野生植物；《中国生物多样性红色名录》近危（NT）。

60 **八角莲** *Dysosma versipellis* (Hance) M. Cheng ex Ying **鬼臼属**

别　　名　鬼臼

形态特征　多年生草本，高 40~150cm。根状茎粗壮，横生，多须根；地上茎直立，不分枝，无毛，淡绿色。茎生叶 2 枚，薄纸质，互生，盾状，近圆形，直径达 35cm，4~9 掌状浅裂，裂片阔三角形、卵形或卵状长圆形，长 2.5~4cm，基部宽 5~7cm，先端锐尖，不分裂，上面无毛，下面被柔毛，叶脉明显隆起，边缘具细齿；下部叶叶柄长 12~25cm，上部叶叶柄长 1~3cm。花梗纤细、下弯、被柔毛；花深红色，5~8 朵簇生于叶基部不远处，下垂；萼片 6，长圆状椭圆形，粉绿色，早落，外面有疏毛；花瓣 6，勺状倒卵形，长约 2.5cm，宽约 8mm，无毛；雄蕊 6，长约 1.8cm，药隔先端急尖，无毛；子房椭圆形，无毛，花柱短，柱头盾状。浆果椭圆形，长约 4cm，直径约 3.5cm。种子多数。花期 3—6 月，果期 5—9 月。

生境分布　产于雪岭，生于海拔 800m 以下的山坡林下、溪旁阴湿处。

药用价值　根状茎入药，具有祛痰散结、解毒祛瘀的功效，用于治疗痨伤、咳嗽、吐血、胃痛、瘿瘤、瘰疬、痈肿、疔疮、跌打、蛇咬伤。叶入药，具有清热解毒、止咳平喘的功效，用于治疗哮喘、背痈溃烂。

附　　注　国家二级重点保护野生植物；《中国生物多样性红色名录》易危（VU）。

(61) 三枝九叶草 *Epimedium sagittatum* (Sieb. et Zucc.) Maxim. 淫羊藿属

别　　名　箭叶淫羊藿

形态特征　多年生草本，高 30~50cm。根状茎粗短，节结状，质硬，多须根。一回三出复叶基生和茎生；茎生复叶 1~3 枚，小叶 3 枚；小叶革质；顶生小叶卵状披针形，长 4~20cm，宽 3~8.5cm，先端急尖至渐尖，基部心形，2 侧裂片近对称；侧生小叶箭形，基部呈不对称的心形浅裂，外裂片较大，三角形，尾端急尖，内裂片较短，常圆钝，上面无毛，下面疏生长柔毛，边缘具细刺齿；小叶柄长 4.5~8cm。圆锥花序具花 18 至 60 余朵，长 7.5~10cm，花序轴无毛；花梗无毛；花白色，直径 6~8mm；外萼片长圆状卵形，密被紫斑，内萼片大，卵状三角形或卵形，白色；花瓣 4，囊状，棕黄色；雄蕊 4；雌蕊柱头浅盘状。蓇果长约 10mm，顶端具长喙。种子肾状长圆形。花期 3—4 月，果期 5—6 月。

生境分布　产于华竹坑，生于山坡草丛中、林下、水沟边。

药用价值　地上部分入药，具有补肾阳、强筋骨、祛风湿的功效，用于治疗阳痿遗精、筋骨痿软、风湿痹痛、麻木拘挛、更年期高血压。

附　　注　浙江省重点保护野生植物；《中国生物多样性红色名录》近危（NT）；《中华人民共和国药典（2020 年版）》《浙江省中药炮制规范（2015 年版）》收录。

62 阔叶十大功劳 *Mahonia bealei* (Fortune) Carrière 十大功劳属

别　名　土黄柏

形态特征　常绿灌木，高达 4m，全体无毛。羽状复叶长 25~50cm，具小叶 7~17 枚，最下 1 对小叶生于叶柄近基部；小叶厚革质，卵形至长卵形，大小不等；顶生小叶较宽大，长 4~12cm，宽 2.5~6cm，先端急尖或渐尖，基部近圆形、斜截形或微心形，每边具 2~8 枚粗大刺齿，上面亮绿色，下面淡黄绿色，中脉细弱，细脉常不明显；侧生小叶无柄。总状花序 6~9 个簇生于枝顶，长 5~12cm；花梗长 4~6mm；花黄色；萼片 9，3 轮；花瓣 6，2 轮，长倒卵形，长 7~8mm，先端 2 裂，基部具 2 枚明显的腺体；雄蕊 6；子房具胚珠 3~5，花柱短，柱头盘状。浆果卵形或椭球形，长 12~15mm，直径 6~10mm，熟时蓝黑色，被白粉。花期 12 月至翌年 3 月，果期翌年 5—7 月。

生境分布　产于华竹坑、徐福年、狮子岭、里东坑、洪岩顶、大南坑、雪岭等地，生于海拔 500m 以上的山坡林下、林缘、溪边。

药用价值　叶入药，具有补肺气、退潮热、益肝肾的功效，用于治疗肺结核潮热、咳嗽、咯血、腰膝无力、头晕、耳鸣、肠炎腹泻、黄疸型肝炎、目赤肿痛。

附　　注　《中华人民共和国药典（2020 年版）》《浙江省中药炮制规范（2015 年版）》收录。

63 十大功劳 *Mahonia fortunei* (Lindl.) Fedde　　　　十大功劳属

别　　名　狭叶十大功劳

形态特征　常绿灌木，高 0.5~2m。羽状复叶长 10~28cm，具小叶 5~11 枚；小叶薄革质，狭披针形至狭椭圆形，近等大，长 5~14cm，宽 1~2.5cm，先端急尖或渐尖，基部楔形，叶缘每边具 5~13 枚刺齿，上面深绿色，下面淡黄绿色；小叶无柄或近无柄。总状花序 4~10 个簇生，长 3~5cm；花梗长 2~2.5mm；花黄色；萼片 3 轮；花瓣长圆形，长 3.5~4mm，宽 1.5~2mm，先端具微缺裂，基部腺体明显；雄蕊药隔不延伸，顶端截平；子房无花柱，胚珠 2。浆果近球形，直径 4~5mm，熟时蓝黑色，被白粉。花期 7—9 月，果期 10—12 月。

生境分布　保护区各地村庄常见栽培。

药用价值　全株入药，具有清热燥湿、泻火解毒、止痢的功效，用于治疗湿热泻痢、黄疸尿赤、目赤肿痛、湿疹疮毒、胃火牙痛、烧伤、烫伤。

附　　注　《中华人民共和国药典（2020 年版）》《浙江省中药炮制规范（2015 年版）》收录。

64 南天竹 *Nandina domestica* Thunb.　　　　　　　　南天竹属

别　　名　南天竺

形态特征　常绿小灌木，高 1~3m。茎常丛生，分枝少，光滑无毛，幼枝常为红色。叶集生于茎的上部，三回奇数羽状复叶，长 30~50cm；小叶薄革质，椭圆形或椭圆状披针形，长 2~10cm，宽 0.5~2cm，先端渐尖，基部楔形，全缘，上面深绿色，冬季变红色，背面叶脉隆起，两面无毛；近无柄。圆锥花序直立，长 20~35cm；花小，白色，具芳香，直径 6~7mm；萼片多轮，外轮萼片卵状三角形，长 1~2mm，向内各轮渐大，最内轮萼片卵状长圆形，长 2~4mm；花瓣长圆形，长约 4.2mm，宽约 2.5mm，先端圆钝；雄蕊 6，长约 3.5mm，花丝短，花药纵裂，药隔延伸；子房 1 室，具 1~3 枚胚珠。果柄长 4~8mm；浆果球形，直径 5~8mm，熟时鲜红色，稀橙红色。种子扁圆形。花期 3—6 月，果期 5—11 月。

生境分布　产于保护区各地，生于山地林下沟旁、路边或灌丛中。

药用价值　根入药，具有祛风、清热、除湿、化痰的功效，用于治疗风热头痛、肺热咳嗽、湿热黄疸、风湿痹痛、火眼、疮疡、瘰疬。茎入药，具有清湿热、降逆气的功效，用于治疗湿热黄疸、泻痢、热淋、目赤肿痛、咳嗽。叶入药，具有清热利湿、泻火、解毒的功效，用于治疗肺热咳嗽、百日咳、热淋、尿血、目赤肿痛、疮疡、瘰疬。果实入药，具有敛肺止咳、平喘的功效，用于治疗久咳、喘息、百日咳。

附　　注　《浙江省中药炮制规范（2015 年版）》收录。

防己科 Menispermaceae

⑥⑤ 木防己 *Cocculus orbiculatus* (L.) DC. **木防己属**

别　　名 土木香、白木香

形态特征 落叶木质藤本，长达 2m。根圆柱形，粗而长，表面灰棕色至黑棕色，有明显纵沟。茎缠绕，纤细而柔韧，上部分枝有纵棱，小枝密被柔毛，有条纹。叶片纸质，叶形变异极大，通常为宽卵形或卵状椭圆形，有时 3 浅裂，长 3~14cm，宽 2~9cm，先端急尖、圆钝或微凹，基部心形或截形，全缘或微波状，两面均被柔毛，老时上面脱落，下面较密，掌状脉 5 条，侧生的 1 对仅延伸至叶片中部；叶柄长 1~3cm，具柔毛。聚伞圆锥花序腋生或顶生，花小，黄绿色，具短梗；雄花萼片 6，2 轮，外轮较小，无毛，花瓣 6，基部两侧呈耳状，内折，顶端 2 裂，雄蕊 6，与花瓣对生，分离；雌花萼片、花瓣与雄花相似，有退化雄蕊 6，心皮 6，离生。核果近球形，熟时蓝黑色，直径 6~8mm，被白粉；果核骨质，扁马蹄形，两侧有小横肋状雕纹。花期 6—9 月，果期 8—11 月。

生境分布 产于保护区各地，生于海拔 1000m 以下的山坡、沟谷、路旁灌丛或草丛中。

药用价值 根入药，具有祛风镇痛、利尿消肿、解毒、降血压的功效，用于治疗风湿性关节炎、肋间神经痛、急性肾炎、尿路感染、原发性高血压、风湿性心脏病、水肿，外用治毒蛇咬伤。花入药，具有解毒化痰的功效，用于治疗慢性骨髓炎。

附　　注 《浙江省中药炮制规范（2015 年版）》收录。

⑥⑥ 风龙 *Sinomenium acutum* (Thunb.) Rehd. et E. H. Wils.　　　　　**风龙属**

别　　名　汉防己、青藤、防己

形态特征　落叶木质大藤本，长可达 20m。老茎灰色，树皮有不规则纵裂纹；小枝圆柱状，有规则的条纹，被柔毛至近无毛。叶片基部着生，叶形多变，多为宽卵状三角形、圆心形、扁心形或宽卵形，长 6~15cm，宽 4~12cm，先端短渐尖、急尖或圆钝，基部圆形、截形或浅心形，全缘，基部的叶常 5~7 浅裂，上部的叶有时亦呈大小不等的 3~5 浅裂，上面有光泽，无毛，下面苍白色，近无毛，基出脉 5~7 条；叶柄长 6~15cm。聚伞圆锥花序腋生；雄花序长 10~20cm，花极小，白色。核果近球形，蓝黑色，被白粉，直径 5~6mm；果核扁平，马蹄形，边缘有许多小的瘤状突起，背部隆起。花期 5—6 月，果期 9—11 月。

生境分布　产于保护区各地，生于海拔 1100m 以下的山坡、沟谷林中、林缘、溪边灌丛中或石坎上。

药用价值　藤茎入药，具有祛风通络、除湿镇痛的功效，用于治疗风湿痹痛、历节风、鹤膝风、脚气肿痛。

附　　注　《中华人民共和国药典（2020 年版）》收录。

67 金线吊乌龟 *Stephania cepharantha* Hayata 千金藤属

别　　名　头花千金藤、金线吊鳖、白首乌

形态特征　草质缠绕藤本。全株无毛。块根椭圆形或近球形，粗壮，表皮黄褐色。老茎下部木质化；小枝圆柱形，细弱，有细沟纹。叶片盾状着生，三角状扁圆形、近圆形至扁椭圆形，长 2~6cm，宽 2.5~6.5cm，通常宽大于长，先端圆钝，基部近截形或向内微凹，全缘或微波状，上面深绿色，下面粉白色，两面无毛，掌状脉 5~9；叶柄长 5~11cm。头状聚伞花序再组成总状，有花 18~20 朵，腋生；花序梗长 1~2cm；花小，淡绿色；雄花萼片 4~6，匙形，花瓣 3~5，近圆形，雄蕊 6，聚药雄蕊；雌花萼片 3~5，花瓣 3~5，无退化雄蕊，柱头 3~5 裂。核果近球形，熟时紫红色，直径约 6mm；果核扁平，马蹄形，背部两侧各有 10~12 条小横肋状雕纹。花期 6—7 月，果期 9—11 月。

生境分布　产于保护区各地，生于海拔 800m 以下的山坡、沟谷林缘或路旁、溪边灌丛中。

药用价值　根入药，具有祛风除湿、清热解毒、凉血止血的功效，用于治疗风湿痹痛、毒蛇咬伤、咽喉肿痛。

附　　注　《浙江省中药炮制规范（2015 年版）》收录。

木兰科 Magnoliaceae

68 厚朴 *Magnolia officinalis* Rehder et E. H. Wilson　　　　木兰属

别　　名　厚皮、重皮、赤朴

形态特征　落叶乔木，高达 15m。树皮厚，褐色，不裂，有圆形突起皮孔；小枝粗壮，淡黄色或灰黄色；顶芽大，窄卵状圆锥形，无毛。叶片大，常集生于枝顶，长圆状倒卵形，长 20~30cm，宽 8~17cm，先端短急尖或圆钝，基部楔形，全缘，上面绿色，无毛，下面灰绿色，有白粉，被灰色平伏柔毛；叶柄长 2.5~5cm，粗壮，托叶痕长约为叶柄的 2/3。花大，直径约 15cm，与叶同放，白色，芳香；花梗粗短，被柔毛；花被片 9~12（17），厚肉质，外轮 3 片淡绿色，内 2 轮白色。聚合果长圆状卵形，长 9~15cm，基部宽圆；蓇葖具长 3~4mm 的短喙。花期 4—5 月，果期 9—10 月。

生境分布　产于龙井坑、松坑口、大中坑、华竹坑、石子排、大蓬等地，生于海拔 1200m 以下的山坡林中或栽培于村庄旁。

药用价值　树皮或根皮入药，具有燥湿消痰、下气除满的功效，用于治疗湿滞伤中、脘痞吐泻、食积气滞、腹胀便秘、痰饮咳喘。果实入药，具有消食、理气、散结的功效，用于治疗消化不良、胸脘胀闷、鼠瘘。花入药，具有理气、化湿的功效，用于治疗胸脘痞闷胀满、纳谷不香。种子入药，具有理气、温中、消食的功效，用于治疗胃部膨胀、消化不良、鼠瘘。

附　　注　国家二级重点保护野生植物；《中华人民共和国药典（2020 年版）》《浙江省中药炮制规范（2015 年版）》收录。

69 **凹叶厚朴** *Magnolia officinalis* Rehd. et Wils. subsp. *biloba* (Rehder et E. H. Wilson) Y. W. Law **木兰属**

别　名 温朴

形态特征 落叶乔木，高达 15m，胸径达 40cm。树皮较厚朴稍薄，淡褐色。叶互生，因节间短而常集生于枝梢，革质，狭倒卵形，长 15~30cm，宽 8~17cm，先端有凹缺成 2 钝圆浅裂片（但在幼苗或幼树中先端圆），基部楔形，侧脉 15~25 对，下面灰绿色，幼时有毛；叶柄长 2.5~5cm，生白色毛。花和叶同时开放，白色，有芳香；花被片 9~12，披针状倒卵形或长披针形；雄蕊多数；心皮多数，柱头尖而稍弯。聚合果圆柱状卵形，长 11~16cm；蓇葖木质，有短尖头。种子倒卵形。花期 4—5 月，果期 9—10 月。

生境分布 产于龙井坑、松坑口、大中坑、华竹坑、半坑、石子排、毛竹岗、大蓬、洪岩顶等地，生于海拔 500~1200m 的山坡阔叶林中。

药用价值 树皮或根皮入药，具有燥湿消痰、下气除满的功效，用于治疗湿滞伤中、脘痞吐泻、食积气滞、腹胀便秘、痰饮咳喘。花入药，具有芳香化湿、理气宽中的功效，用于治疗胸脘痞闷胀满、纳谷不香。

附　注 国家二级重点保护野生植物；《中华人民共和国药典（2020 年版）》《浙江省中药炮制规范（2015 年版）》收录。

70 红毒茴 *Illicium lanceolatum* A. C. Sm.　　　　　　　八角属

别　　名 披针叶茴香、莽草

形态特征 常绿灌木或小乔木，高 3~10m。树皮浅灰色至灰褐色。叶互生或稀疏地簇生于小枝近先端或排成假轮生，革质，披针形、倒披针形或倒卵状椭圆形，长 5~15cm，宽 1.5~4.5cm，先端尾尖或渐尖，基部窄楔形，中脉在叶面微凹陷，叶下面稍隆起，网脉不明显；叶柄纤细，长 7~15mm。花腋生或近顶生，单生或 2~3 朵，红色、深红色；花梗纤细，长 15~50mm；花被片 10~15，肉质，外轮花被片椭圆形或长圆状倒卵形，长 8~12.5mm，宽 6~8mm；雄蕊 6~11 枚；心皮 10~14 枚。聚合果有蓇葖 10~14，蓇葖顶端有长 3~7mm 的钩状尖头；果梗长可达 5.5~8cm。花期 5—6 月，果期 8—10 月。

生境分布 产于华竹坑、龙井坑、大南坑、洪岩顶、里东坑、雪岭等地，生于阴湿沟谷、山坡林下和溪流沿岸。

药用价值 根、根皮入药，具有散瘀镇痛、祛风除湿的功效，用于治疗跌打损伤、风湿性关节炎、腰腿痛。

附　　注 《浙江省中药炮制规范（2015 年版）》收录。

71 南五味子 *Kadsura longipedunculata* Finet et Gagnep. 南五味子属

别　名　五味子

形态特征　常绿木质藤本。全株无毛。小枝圆柱形，疏生皮孔。叶片椭圆形或椭圆状披针形，长5~13cm，宽2~6cm，先端渐尖或尖，基部楔形，边缘有疏齿，侧脉每边5~7条；叶柄长0.6~2.5cm。花单生于叶腋，雌雄异株；花被片8~17，白色或淡黄色，有香气；雄花花梗长1~4.5cm，雌花花梗长3~15cm。聚合果球形，直径3~5cm，熟时深红色或暗紫色。小浆果倒卵圆形，长8~14mm，外果皮薄革质，干时显出种子。种子肾形，长4~6mm，宽3~5mm。花期6—9月，果期9—12月。

生境分布　产于保护区各地，生于海拔1000m以下的山坡、溪涧林中、林缘或灌丛中。

药用价值　根、根皮与茎入药，具有活血理气、祛风活络、消肿镇痛的功效，用于治疗溃疡病、胃肠炎、中暑腹痛、月经不调、风湿性关节炎、跌打损伤。

附　注　《浙江省中药炮制规范（2015年版）》收录。

72 **鹅掌楸** *Liriodendron chinense* (Hemsl.) Sarg. **鹅掌楸属**

别　名　马褂木

形态特征　落叶大乔木，高达 40m。树皮灰白色，纵裂；小枝灰色或灰褐色。叶片马褂状，长 4~12（~18）cm，近基部每边具 1 侧裂片，先端具 2 浅裂，下面苍白色，叶柄长 4~8（~16）cm。花杯状，直径约 5cm；花被片 9，外轮 3 片绿色，萼片状，向外弯垂，内 2 轮 6 片，直立，花瓣状，倒卵形，长 3~4cm，绿色，内面具黄色纵条纹；花药长 10~16mm，花丝长 5~6mm，花期时雌蕊群超出花被之上；心皮黄绿色。聚合果长 7~9cm，具翅的小坚果长约 6mm，先端钝或钝尖，具种子 1~2 颗。花期 5 月，果期 9—10 月。

生境分布　产于大中坑、石子排、里东坑等地，生于海拔 700~900m 的山坡或山谷林中。

药用价值　根、树皮入药，具有祛风除湿、止咳的功效，用于治疗风湿性关节炎、风寒咳嗽。

附　注　国家二级重点保护野生植物。

73 野含笑 *Michelia skinneriana* Dunn

含笑属

别　　名　含笑

形态特征　常绿乔木，高达 15m。树皮灰白色，平滑，芽、幼枝、叶柄、叶下面中脉、花梗均密被褐色长柔毛。叶片革质，窄倒卵状椭圆形、倒披针形或窄椭圆形，长 5~12cm，宽 1.5~4cm，先端尾状渐尖，基部楔形，侧脉 10~13 对；叶柄长 2~4mm，托叶痕达叶柄顶端。花单生于叶腋，淡黄色，芳香；花被片 6 片，倒卵形，长 1.6~2cm，外轮 3 片，基部被褐色毛；雄蕊长 6~10mm；雌蕊群长约 6mm，心皮密被褐色毛，雌蕊群梗长 4~7mm，密被褐色毛。聚合果长 4~7cm，常因部分心皮不发育而弯曲，具细长的梗；蓇葖近球形，熟时黑色，长 1~1.5cm，具短尖的喙。花期 5—6 月，果期 8—9 月。

生境分布　产于雪岭，生于海拔 800m 以下的山谷密林中。

药用价值　花入药，具有芳香化湿的功效，用于治疗气滞腹胀。

附　　注　浙江省重点保护野生植物。

74 华中五味子 *Schisandra sphenanthera* Rehder et E. H. Wilson 五味子·属

别　名 东亚五味子

形态特征 落叶木质藤本。全株无毛。冬芽、芽鳞具长缘毛；小枝红褐色，具皮孔。叶片纸质，倒卵形、宽倒卵形或倒卵状长椭圆形，长 4~16cm，宽 2~8cm，通常最宽处在中部以上，先端短急尖或渐尖，基部楔形至阔楔形，边缘具疏齿，侧脉 3~6 对，网脉明显；叶柄通常紫红色，长 1~5cm。花常单生于短枝叶腋，雌雄异株；花梗长 2~4.5cm；花被片 5~9，外轮常淡黄绿色，内轮黄色或橘黄色；雄蕊 10~20；雌蕊 15~60。聚合浆果穗状，果梗长 3~13cm；浆果熟时红色。种子椭圆形，长约 4mm，种皮光滑。花期 4~5 月，果期 8—10 月。

生境分布 产于保护区各地，生于海拔 200~1300m 的湿润沟谷、山坡林缘或灌丛中。

药用价值 果实入药，具有收敛、滋补、生津、止泻的功效，用于治疗肺虚咳嗽、津亏口渴、自汗、盗汗、慢性腹泻。

附　注 《中华人民共和国药典（2020 年版）》《浙江省中药炮制规范（2015 年版）》收录。

樟科 Lauraceae

75 樟 *Cinnamomum camphora* (L.) J. Presl　　　　　　　　　　　　　**樟属**

别　　名　香樟、樟树

形态特征　常绿大乔木，高达 30m。小枝光滑无毛。叶互生，薄革质，卵形或卵状椭圆形，长 6~12cm，宽 2.5~5.5cm，先端急尖，基部宽楔形至近圆形，边缘呈微波状起伏，上面绿色至黄绿色，有光泽，背面灰绿色，薄被白粉，两面无毛或背面幼时略被微柔毛，离基三出脉，近基部第 1 或 2 对侧脉长而显著，侧脉及支脉脉腋在上面显著隆起，在背面有明显腺窝，窝内常被柔毛；叶柄细，长 2~3cm，无毛。花序生于当年生枝叶腋，长 3.5~7cm，无毛或在节上被灰白色至黄褐色微柔毛；花淡黄绿色，有清香；花梗长 1~2mm，无毛；花被裂片椭圆形，长约 2mm，外面无毛，里面密被短柔毛。果近球形，直径 6~8mm，熟时紫黑色；果托杯状，长约 5mm，顶端截平，直径约 4mm。花期 4—5 月，果期 8—11 月。

生境分布　产于和平、东坑口等地，生于低海拔阔叶林中或林缘，村庄旁常有栽培。

药用价值　根入药，具有祛风除瘀、活血、清热的功效，用于治疗感冒头痛、风湿骨痛、跌打损伤、克山病。木材入药，具有祛风湿、行气血、利关节的功效，用于治疗心腹胀痛、脚气、痛风、疥癣、跌打损伤。树皮入药，具有行气、镇痛、祛风湿的功效，用于治疗吐泻、胃痛、风湿痹痛、脚气、疥癣、跌打损伤。果实入药，具有散寒祛湿、行气镇痛的功效，用于治疗吐泻、胃寒腹痛、脚气、肿毒。

附　　注　《中华人民共和国药典（2020 年版）》《浙江省中药炮制规范（2015 年版）》收录。

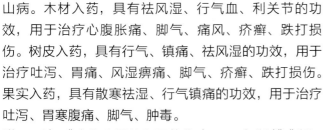

(76) 浙江樟 *Cinnamomum chekiangense* Nakai 樟属

别　　名　浙江桂

形态特征　常绿乔木，高达 15m。树皮灰褐色，平滑至近圆形块片剥落，有芳香及辛辣味；小枝绿色至暗绿色，幼时被细短柔毛，渐变无毛。叶互生或近对生，薄革质，长椭圆形、长椭圆状披针形至狭卵形，长 6~14cm，宽 1.7~5cm，先端长渐尖至尾尖，基部楔形，上面深绿色，有光泽，无毛，背面微被白粉及细短柔毛，后变几无毛，离基三出脉，侧脉自叶基部 0.2~1cm 处斜向生出，在两面隆起，网脉不明显；叶柄长 0.7~1.7cm，被细柔毛。花序腋生，长 1.5~5cm；花序梗几无至长约 3cm，与花梗均被黄白色短伏毛，具花 2~5 朵；花梗长 5~17mm；花黄绿色，花被裂片长椭圆形，长约 5mm，两面均被毛。果卵圆形至长卵形，长约 1.5cm，直径约 7mm，蓝黑色，微被白粉；果托碗状，长 5~6mm，边缘常具 6 圆齿。花期 4—5 月，果期 10 月。

生境分布　产于高峰、里东坑、徐罗、雪岭等地，生于海拔 600m 以下的山坡、沟谷阔叶林中。

药用价值　树皮、根、根皮入药，具有行气健胃、驱寒镇痛的功效，用于治疗风湿痹痛、创伤出血。

附　　注　《中国生物多样性红色名录》易危（VU）。*Flora of China* 将浙江樟并入天竺桂 *C. japonicum*。

77 乌药 *Lindera aggregata* (Sims) Kosterm. **山胡椒属**

别　　名　天台乌药

形态特征　常绿灌木，高可达 5m。根膨大如纺锤状，外皮淡紫红色，内皮白色；小枝幼时密被金黄色绢毛，后渐变无毛。叶互生，革质，卵形、卵圆形至近圆形，长 3~5（~7）cm，宽 1.5~4cm，先端尾尖，基部圆形至宽楔形，上面绿色有光泽，背面灰白色，幼时密被灰黄色伏柔毛，后渐脱落，三出脉，在上面凹下，背面隆起；叶柄长 0.5~1cm，幼时被毛，后渐脱落。伞形花序生于两年生枝叶腋；花序梗极短或无，花梗被柔毛；花黄绿色，雄花较雌花大；花被裂片外被白色柔毛，里面无毛。果卵形至椭球形，长 0.6~1cm，直径 0.4~0.7cm，熟时亮黑色。花期 3—4 月，果期 9—11 月。

生境分布　产于保护区各地，生于向阳坡地、山谷或疏林灌丛中。

药用价值　块根入药，具有顺气镇痛、温肾散寒的功效，用于治疗胸腹胀痛、气逆喘急、膀胱虚冷、遗尿尿频、疝气、痛经。

附　　注　《中华人民共和国药典（2020 年版）》《浙江省中药炮制规范（2015 年版）》收录。

78 山鸡椒　*Litsea cubeba* (Lour.) Pers.　　　　　　　　**木姜子属**

别　　名　山苍子

形态特征　落叶灌木或小乔木，高 8~10m。树皮幼时黄绿色，光滑，老时灰褐色；小枝绿色，细瘦，无毛。叶互生，薄纸质，披针形或长圆状披针形，长 4~11cm，宽 1.5~3cm，先端渐尖，基部楔形，上面绿色，背面粉绿色，两面无毛，侧脉 6~10 对；叶柄长 5~15mm，微带红色。花蕾形成于秋季，于翌年早春先叶开放；伞形花序单生或簇生，发自枝上部叶腋；花序梗长 6~10mm；总苞片 4 枚；每一花序具花 4~6 朵；花黄白色，花被裂片 6，宽卵形至椭圆形，长约 2mm；雌花较小。果球形，直径 4~6.5mm，熟时紫黑色；果梗长 3~5mm，先端稍膨大，疏被毛。花期 2—3 月，果期 9—10 月。

生境分布　产于保护区各地，生于向阳山坡、灌丛、疏林、路旁、沟边。

药用价值　果实入药，具有温中散寒、行气镇痛的功效，用于治疗胃寒呕逆、脘腹冷痛、寒疝腹痛、寒湿郁滞、小便浑浊。根、根状茎入药，具有祛风除湿、理气镇痛的功效，用于治疗感冒、风湿痹痛、胃痛、脚气。叶入药，具有理气散结、解毒消肿、止血的功效，用于治疗痈疽肿痛、乳痈、蛇虫咬伤、外伤出血、脚肿、慢性气管炎。

附　　注　《中华人民共和国药典（2020 年版）》《浙江省中药炮制规范（2015 年版）》收录。

罂粟科 Papaveraceae

79 夏天无　*Corydalis decumbens* (Thunb.) Pers.　　　　紫堇属

别　　名　伏生紫堇、野元胡

形态特征　多年生草本，高 10~30cm。块茎不规则球形或椭球形，长 5~15mm，新块茎常叠生于老块茎上，块茎周围着生须根；茎细弱，常 2~4 条簇生，不分枝。基生叶 1~2 枚，叶柄长 6~16cm，叶片近正三角形，长 4~6cm，叶二回三出全裂，末回裂片狭倒卵形，长 10~17mm，有短柄；茎生叶 2~3 枚，较小，具柄。总状花序长 3.5~6cm，具 3~10 花；苞片卵圆形，全缘，长 5~8mm；花梗短于或稍长于苞片；花近白色至淡粉红色、红紫色、淡蓝色，上花瓣长 1.8~2.1cm，距圆筒形，长 6~8mm，稍短于瓣片，蜜腺体细长，不膨大，长约 4mm；柱头与花柱成"丁"字形着生。蒴果条形，长 13~20mm，宽 1~1.5mm，具 1 列种子。种子亮黑色，扁球形，表面具龙骨状突起和泡状小突起。花期 3—4 月，果期 5 月。

生境分布　产于苏州岭、龙井坑、高峰、雪岭等地，生于山坡或路边。

药用价值　块茎入药，具有活血通络、行气镇痛的功效，用于治疗中风偏瘫、跌打损伤、风湿性关节炎、坐骨神经痛。

附　　注　《浙江省中药炮制规范（2015 年版）》收录。

十字花科 Cruciferae

80 荠　*Capsella bursa-pastoris* (L.) Medik.　　　　　　荠属

别　　名　荠菜

形态特征　一年生或二年生草本，高 20~50cm，稍有分枝毛或单毛。茎直立，不分枝或有分枝。基生叶莲座状，大头羽状分裂，长可达 10cm，顶生裂片较大，侧生裂片较小，狭长，先端渐尖，浅裂或有不规则粗锯齿，具长叶柄；茎生叶长圆形或狭披针形，长 1~3.5cm，宽 2~7mm，基部抱茎，边缘有缺刻或锯齿，两面有细毛或无毛。总状花序顶生和腋生；花小，白色，直径 2mm。短角果倒三角形或倒心形，长 5~8mm，宽 4~7mm，扁平，先端微凹，有极短的宿存花柱。种子 2 行，长椭圆形，长 1mm，淡褐色。花期 3—5 月，果期 5—7 月。

生境分布　保护区各地广布，生于荒地、路边、村旁。

药用价值　全草入药，具有凉血止血、清热利尿的功效，用于治疗肾结核尿血、产后子宫出血、月经过多、咯血、原发性高血压、感冒发热、肾炎水肿、泌尿系统结石、乳糜尿、肠炎。花序入药，具有凉血止血、清热利湿的功效，用于治疗痢疾、崩漏、尿血、咯血、衄血、小儿乳积、赤白带下。种子入药，具有祛风明目的功效，用于治疗目痛、青盲翳障。

附　　注　《浙江省中药炮制规范（2015 年版）》收录。

81 萝卜 *Raphanus sativus* L.

萝卜属

别　　名 莱菔

形态特征 一年生或二年生草本，高 20~100cm。直根肉质，长圆形、球形或圆锥形，外皮绿色、白色或红色。茎直立，粗壮，中空，无毛，稍具粉霜。基生叶和下部茎生叶大头羽状半裂，长 8~30cm，宽 3~5cm，顶裂片卵形，侧裂片 4~6 对，长圆形，有钝齿，疏生粗毛，上部茎生叶长圆形，有锯齿或近全缘。总状花序顶生及腋生；花白色或粉红色，直径 1.5~2cm；花梗长 5~15mm；萼片长圆形，长 5~7mm；花瓣倒卵形，长 1~1.5cm，具紫纹，下部有长 5mm 的爪。长角果圆柱形，长 3~6cm，宽 10~12mm，在种子之间缢缩，并形成海绵质横隔；先端喙长 1~1.5cm；果梗长 1~1.5cm。种子 1~6 个，卵形，微扁，长约 3mm，红棕色，有细网纹。花期 4—5 月，果期 5—6 月。

生境分布 保护区村庄旁常见栽培。

药用价值 叶入药，具有消食、理气的功效，用于治疗胸膈痞满、食滞不消、泻痢、喉痛、乳肿、乳汁不通。地上全草入药，具有消食止渴、祛热解毒的功效，用于治疗胸中满闷、两胁作胀，化积滞，解酒毒。种子入药，具有消食除胀、降气化痰的功效，用于治疗饮食停滞、脘腹胀痛、大便秘结、积滞泻痢、痰壅咳喘。

附　　注 《中华人民共和国药典（2020 年版）》《浙江省中药炮制规范（2015 年版）》收录。

⑧② 蔊菜　*Rorippa indica* (L.) Hiern

薔菜属

别　名　印度蔊菜

形态特征　一年生或二年生草本，高 20~40cm。茎直立，单一或分枝，表面具纵沟，无毛或具疏毛。叶互生；基生叶及茎下部叶具长柄，叶形多变化，通常大头羽状分裂，长 4~10cm，宽 1.5~2.5cm，顶端裂片大，卵状披针形，边缘具不整齐牙齿，侧裂片 1~5 对；茎上部叶片宽披针形或匙形，边缘具疏齿，具短柄或基部耳状抱茎。总状花序顶生或侧生，花小，多数；萼片 4，卵状长圆形，长 3~4mm；花瓣 4，黄色，匙形，基部渐狭成短爪，与萼片近等长；雄蕊 6，2 枚稍短。长角果线状圆柱形，短而粗，长 1~2cm，宽 1~1.5mm，直立或稍内弯，成熟时果瓣隆起；果梗纤细，长 3~5mm，斜生或近水平展开。种子每室 2 行，多数，细小，卵圆形而扁，一端微凹，表面褐色，具细网纹。花期 4—6 月，果期 6—8 月。

生境分布　保护区各地常见，生于路旁、田边、河边、屋边墙脚等处。

药用价值　全草入药，具有止咳化痰、清热解毒、消炎镇痛、通经活血的功效，用于治疗感冒发热、咳嗽、喉咙痛、麻疹透发不畅、风湿性关节炎、闭经，外敷治疮疖痈肿、背疽。

附　注　《浙江省中药炮制规范（2015 年版）》收录。

伯乐树科 Bretschneideraceae

⑧ 伯乐树 *Bretschneidera sinensis* Hemsl. 伯乐树属

别　名　钟萼木

形态特征　落叶乔木，高 10~20m。小枝稍粗壮，幼时密被棕色糠秕状短毛，后渐脱落，具淡褐色皮孔，叶痕大，半圆形；芽大，宽卵形，芽鳞红褐色。奇数羽状复叶互生，有小叶 3~15 枚；小叶对生，狭椭圆形、长圆形至长圆状披针形，长 9~20cm，宽 3.5~8cm，先端渐尖，基部楔形至宽楔形，稀近圆形，偏斜，全缘，上面黄绿色，无毛，下面粉白色，密被棕色短柔毛，叶脉两面均隆起，侧脉和细脉两面均清晰；小叶有短柄，被棕色柔毛。总状花序顶生，长约 20cm；花序梗和花梗密被棕色短柔毛；花萼钟形，长 1.2~1.7cm，外面密被棕色短柔毛；花瓣粉红色，5 枚，长约 2cm，着生于萼筒上部；雄蕊 8 枚；子房 3 室，每一室 2 颗胚珠。蒴果椭圆球形或近球形，木质，红褐色，被极短密毛，成熟时 3 瓣开裂。种子近球形。花期 4—5 月，果期 9—10 月。

生境分布　产于龙井坑、大南坑、松坑口、毛竹岗、大中坑、华竹坑、大凹里、半坑、石子排等地，生于海拔 500~1000m 的山谷溪边或山坡下部阔叶林中。

药用价值　树皮入药，具有活血祛风的功效，用于治疗筋骨疼痛。

附　注　国家二级重点保护野生植物；《中国生物多样性红色名录》近危（NT）。

景天科 Crassulaceae

⑧⑧ 垂盆草 *Sedum sarmentosum* Bunge **景天属**

别　名　佛指甲

形态特征　多年生草本。不育枝及花茎细，匍匐而节上生根，长 10~25cm。花茎直立，高达 15cm。3 叶轮生；叶片倒披针形至长圆形，长 15~28mm，宽 3~7mm，先端近急尖，基部急狭，有距。聚伞花序顶生，有 3~5 分枝；花稀疏，无梗；萼片 5，披针形至长圆形，长 3.5~5mm，先端钝，基部无距；花瓣 5，黄色，披针形至长圆形，长 5~8mm，先端有稍长的短尖；雄蕊 10，较花瓣短，鳞片 10，楔状四方形，长 0.5mm，先端稍有微缺；心皮 5，长圆形，长 5~6mm，略叉开，有长花柱。种子卵形，长 0.5mm。花期 5—7 月，果期 8 月。

生境分布　产于深坑、雪岭、库坑、高滩、龙井坑、苏州岭等地，生于山坡岩石上。

药用价值　全草入药，具有清利湿热、解毒的功效，用于治疗湿热黄疸、小便不利、痈肿疮疡、急性肝炎、慢性肝炎。

附　　注　《中华人民共和国药典（2020 年版）》《浙江省中药炮制规范（2015 年版）》收录。

虎耳草科 Saxifragaceae

㉟ 大落新妇 *Astilbe grandis* Stapf ex E. H. Wils. **落新妇属**

别　名 大花落新妇、华南落新妇

形态特征 多年生草本，高 0.4~1.2m。根状茎粗壮；地上茎直立，通常不分枝，被褐色长柔毛和腺毛。二至三回三出复叶至羽状复叶；叶柄长 3.5~32.5cm，与小叶柄均多少被腺毛；小叶片卵形、狭卵形至长圆形，长 1.3~9.8cm，宽 2~7cm，先端短渐尖至渐尖，边缘有重锯齿，基部心形、偏斜圆形至楔形，腹面被糙伏腺毛，背面沿脉生短腺毛；小叶柄长 0.2~2.2cm。圆锥花序顶生，通常塔形，长 16~40cm；花密集，花序轴与花梗均被腺毛；小苞片狭卵形，长约 2.1mm；花梗长 1~1.2mm；萼片 5，卵形、阔卵形至椭圆形，长 1~2mm，宽 1~1.2mm；花瓣 5，白色或紫色，线形，长 2~4.5mm，宽 0.2~0.5mm；雄蕊 10；心皮 2，仅基部合生。蓇葖果长约 5mm。花期 6—7 月，果期 8—9 月。

生境分布 产于大龙岗、徐福年、狮子岭、棋盘山等地，生于林下、灌丛或沟谷阴湿处。

药用价值 全草入药，具有祛风、清热、止咳的功效，用于治疗风热感冒、头身疼痛、咳嗽。根状茎入药，具有活血镇痛、祛风除湿、强筋健骨、解毒的功效，用于治疗闭经、症瘕、跌打损伤、睾丸炎、毒蛇咬伤等。

附　注《浙江省中药炮制规范（2015 年版）》收录。

86 中国绣球 *Hydrangea chinensis* Maxim.　　　　　　　　　　**绣球属**

别　　名　伞形绣球

形态特征　落叶灌木，高 0.5~2m。小枝红褐色或褐色，初时被短柔毛，后渐变无毛，老后树皮呈薄片状剥落。叶对生；叶片长圆形或狭椭圆形，长 6~12cm，宽 2~4cm，先端渐尖，基部楔形，边缘近中部以上具疏钝齿或小齿，两面被疏短柔毛或仅脉上被毛，侧脉 6~7 对；叶柄长 0.5~2cm，被短柔毛。伞状或伞房状聚伞花序顶生，长和宽 3~7cm，先端截平或微拱；分枝 5，被短柔毛；不育花萼片 3~4，椭圆形、卵圆形；孕性花萼筒杯状，长约 1mm，宽约 1.5mm，萼齿披针形或三角状卵形；花瓣黄色，椭圆形或倒披针形，长 3~3.5mm，先端略尖，基部具短爪；雄蕊 10~11 枚，近等长；子房近半下位，花柱 3~4，结果时长 1~2mm，直立或稍扩展，柱头通常增大成半环状。蒴果卵球形。种子淡褐色，椭圆形、卵形或近圆形，长 0.5~1mm，具网状脉纹。花期 5—6 月，果期 9—10 月。

生境分布　产于保护区各地，生于山谷、溪边林下或山坡、山顶灌丛或草丛中。

药用价值　根入药，具有利尿、抗疟、祛瘀镇痛、活血的功效，用于治疗跌打损伤、骨折。

附　　注　《浙江省中药炮制规范（2015 年版）》收录。

87 虎耳草 *Saxifraga stolonifera* Curtis　　　　　　　　　　　　　　　虎耳草属

别　　名　石荷叶

形态特征　多年生草本，高14~45cm。匍匐茎细长，分枝，红紫色。叶基生；叶片肾形，长1.7~7.5cm，宽2.4~12cm，不明显地9~11浅裂，基部心形或截形，边缘有牙齿，两面有长伏毛，下面常红紫色；叶柄长3~21cm，与茎均有伸展的长柔毛。圆锥花序稀疏，长达30cm；花梗长5~10mm，有短腺毛；花不整齐；萼片5，稍不等大，卵形，长1.8~3.5mm；花瓣5，白色，3枚小，卵形，长2.8~4mm，有红斑点，下面2枚大，披针形，长0.8~1.5cm；雄蕊10；心皮2，合生。蒴果宽卵形，长4~5mm，顶端呈喙状2深裂。花期4—8月，果期6—10月。

生境分布　产于高滩、深坑、龙井坑、雪岭等地，生于山坡阴湿处、溪边石缝及林下。

药用价值　全草入药，具有清热凉血、消肿解毒的功效，用于治疗小儿惊风、肺痈、咳嗽、咯血、风火牙痛、瘰疬、冻疮、湿疹、皮肤瘙痒。

附　　注　《浙江省中药炮制规范（2015年版）》收录。

金缕梅科 Hamamelidaceae

88 枫香树 *Liquidambar formosana* Hance **枫香树属**

别　名　枫香、枫树

形态特征　落叶大乔木，高达40m。树干通直，树皮灰褐色，不规则深纵裂；小枝有毛；芽卵形，长约1cm，芽鳞有树脂，具光泽。叶片扁卵形，长6~12cm，宽9~17cm，常为掌状3浅裂至中裂（萌芽枝叶片常为5~7裂），中央裂片较长，先端尾状渐尖，基部心形或截平，下面有短毛或仅在脉腋有毛，掌状脉通常3条；叶柄长3~10cm；托叶长1~2cm。雄花短穗状花序多个排成总状，雄蕊多数，花丝不等长；雌花24~43朵花排成头状花序，萼齿4~7，针形，花后增长。果序球形，直径3~4cm；蒴果木质，密生宿存花柱和刺状萼齿。种子多数，褐色，多角形或有窄翅。花期3—4月，果期9—11月。

生境分布　产于保护区各地，生于海拔700m以下的山地向阳处、林中或村旁。

药用价值　果实入药，具有祛风活络、利水通经的功效，用于治疗关节痹痛、麻木拘挛、水肿胀满、乳少闭经。根入药，具有解毒消肿、祛风镇痛的功效，用于治疗痈疽疔疮、风湿痹痛、牙痛、湿热泄泻、痢疾、小儿消化不良。树皮入药，具有除湿止泻、祛风止痒的功效，用于治疗泄泻、痢疾、大风癞疮、痒疹。叶入药，具有行气镇痛、解毒、止血的功效，用于治疗胃脘疼痛、伤暑腹痛、痢疾、泄泻、痈肿疮疡、湿疹、咯血、创伤出血。树脂入药，具有活血镇痛、解毒、生肌、凉血的功效，用于治疗跌打损伤、痈疽肿痛、吐血、衄血、外伤出血。

附　注　《中华人民共和国药典（2020年版）》《浙江省中药炮制规范（2015年版）》收录。

⑧⑨ 檵木 *Loropetalum chinense* (R. Br.) Oliv. 檵木属

别　　名 坚漆

形态特征 落叶灌木，有时为小乔木，高 1~8m。多分枝，小枝有锈色星状毛。单叶互生；叶片革质，卵形，长 1.5~5cm，宽 1~2.5cm，先端急尖或钝，基部圆钝或微心形，偏斜，全缘，上面粗糙，略有粗毛或秃净，下面沿脉密生星状毛，稍带灰白色，细脉明显；叶柄被星状毛。花两性；3~8 朵簇生成头状花序；花序梗长约 1cm，被毛；花瓣 4，白或淡黄色，条形，长 1~2cm，宽 1~1.5mm；雄蕊 4，花丝极短，花药卵形。蒴果近卵球形，长约 1cm，被黄褐色星状毛；萼筒环位于蒴果的上部。种子圆卵形，长4~5cm，黑色，发亮。花期 3—4 月，果期 8—10 月。

生境分布 保护区各地常见，生于海拔 1200m 以下的向阳山坡、沟谷林缘、林下及山脊岗地灌丛中。

药用价值 花入药，具有清暑解热、止咳、止血的功效，用于治疗咳嗽、咯血、遗精、烦渴、鼻衄、血痢、泄泻、妇女血崩。根入药，具有止血、活血、收敛固涩的功效，用于治疗咯血、吐血、便血、外伤出血、崩漏、产后恶露不尽、风湿性关节炎、跌打损伤、泄泻、痢疾、赤白带下、脱肛。叶入药，具有清热止泻、活血止血的功效，用于治疗暑热泻痢、扭闪伤筋、创伤出血、目痛、喉痛。

附　　注 《浙江省中药炮制规范（2015 年版）》收录。

杜仲科 Eucommiaceae

⑩ 杜仲 *Eucommia ulmoides* Oliv.　　　　　　　　　　　　**杜仲属**

别　名 檰

形态特征 落叶乔木，高达 20m。树皮灰褐色，纵裂，与根皮、枝皮、叶片、果实均含橡胶，折断有白色细丝相连。嫩枝有黄褐色柔毛，后脱落变无毛；老枝有明显的皮孔。叶互生；叶片椭圆形至椭圆状卵形，长 6~16cm，宽 4~9cm，先端渐尖，基部宽楔形或近圆形，边缘有细锯齿，上面暗绿色，下面淡绿色，初有褐色柔毛，后仅沿叶脉有毛，侧脉、网脉在上面下陷，下面隆起；叶柄长 1~2cm，散生柔毛。花单性异株；雄花簇生，花梗长约 3mm，苞片倒卵状匙形，长 6~8mm，雄蕊 5~10，花药条形，长约 1cm，药隔突出，花丝极短；雌花单生，花梗长约 8mm，苞片倒卵形，子房无毛，先端 2 裂。翅果扁平，长椭圆形，长 3~3.5cm，宽 1~1.3cm，种子位于中央。种子扁平，条形。花期 3—4 月，果期 9—11 月。

生境分布 产于东坑口、安民关、雪岭、里东坑等地，常栽于屋旁。

药用价值 树皮入药，具有补肝肾、强筋骨、安胎的功效，用于治疗肾虚腰痛、筋骨无力、妊娠漏血、胎动不安、高血压。叶入药，具有补肝肾、强筋骨、降血压的功效，用于治疗腰背疼痛、足膝酸软乏力、原发性高血压。

附　注 浙江省重点保护野生植物；《中国生物多样性红色名录》易危（VU）；《中华人民共和国药典（2020 年版）》《浙江省中药炮制规范（2015 年版）》收录。

蔷薇科 Rosaceae

91 **龙芽草** *Agrimonia pilosa* Ledeb. **龙芽草属**

别　　名　仙鹤草

形态特征　多年生草本，高 30~120cm。茎、叶柄、叶轴、花序轴均被展开的长柔毛和短柔毛。根多呈块茎状，木质化。叶具小叶 7~9 片，稀 5 片，大小极不相等；叶柄被疏长柔毛和短柔毛；小叶片倒卵形、倒卵状椭圆形或倒卵状披针形，长 1.5~5cm，宽 1~2.5cm，边缘具锯齿，叶面被疏柔毛，稀脱落近无毛，叶背沿脉或脉间疏被伏生柔毛，稀近无毛，具黄色透明小腺点；茎上部托叶镰刀形，稀卵形，边缘有尖锐锯齿或分裂，稀全缘；茎下部托叶卵状披针形。穗状总状花序，顶生；花序轴和花梗均被柔毛；苞片常 3 深裂，小苞片卵形；萼片三角状卵形；花瓣长圆形，黄色；雄蕊 8～15。瘦果陀螺状，被疏柔毛，顶端有数层钩刺，成熟后靠合。花果期 5—12 月。

生境分布　产于保护区各地，生于溪边、路旁、草地、灌丛、林缘及疏林下。

药用价值　全草入药，具有收敛止血、截疟、止痢、解毒的功效，用于治疗咯血、吐血、崩漏下血、疟疾、血痢、脱力劳伤、痈肿疮毒、阴痒带下。

附　　注　《中华人民共和国药典（2020 年版）》《浙江省中药炮制规范（2015 年版）》收录。

92 桃 *Amygdalus persica* L.   **桃属**

别　名　桃树、毛桃

形态特征　落叶乔木，高 3~8m。小枝细长，无毛，绿色，向阳处红色，具大量小皮孔；冬芽圆锥形，常 2~3 个簇生。叶片长圆披针形、椭圆披针形或倒卵状披针形，长 7~15cm，宽 2~3.5cm，先端渐尖，基部宽楔形，上面无毛，下面在脉腋间具少数短柔毛或无毛，边缘具细锯齿，齿端具腺体或无腺体；叶柄粗壮，长 1~2cm，常具 1 至数枚腺体，有时无腺体。花单生，先于叶开放，直径 2.5~3.5cm；花梗极短；萼片卵形至长圆形，外被短柔毛；花瓣 5，长圆状椭圆形至宽倒卵形，粉红色，罕为白色；雄蕊 50；子房被短柔毛。果卵形、宽椭圆形或扁圆形，直径 5~7cm，外面密被短柔毛；果核大，椭圆形或近圆形。花期 3—4 月，果期 6—9 月。

生境分布　产于保护区各地，生于山坡或溪边。

药用价值　根或根皮入药，具有清热利湿、活血镇痛、消痈肿的功效，用于治疗黄疸、吐血、衄血、闭经、痈肿、痔疮、风湿痹痛、跌打劳伤疼痛、腰痛、痧气腹痛。花入药；具有泻下通便、利水消肿的功效，用于治疗水肿、腹水、便秘。树脂入药，具有和血、通淋、止痢的功效，用于治疗砂淋、血淋、痢疾、腹痛、糖尿病、乳糜尿。树内白皮入药，具有清热利水、解毒、杀虫的功效，用于治疗水肿、痧气腹痛、肺热喘闷、痈疽、瘰疬、湿疮、风湿性关节炎、牙痛、疮痈肿毒、湿癣。种子入药，具有破血行瘀、润燥滑肠的功效，用于治疗闭经、症瘕、热病蓄血、风痹、疟疾、跌打损伤、瘀血肿痛、血燥便秘。

附　注　《中华人民共和国药典（2020 年版）》《浙江省中药炮制规范（2015 年版）》收录。

93 梅 *Armeniaca mume* Sieb.

杏属

别　名　梅花、梅树

形态特征　落叶小乔木，高 4~8m。小枝绿色，光滑无毛。叶片卵形或椭圆形，长 4~8cm，宽 2.5~5cm，先端尾尖，基部宽楔形至圆形，边缘常有细密锯齿，幼嫩时两面被短柔毛，成长时逐渐脱落；叶柄长 1~2cm，幼时具毛，常有腺体。花单生或有时 2 朵簇生，直径 2~2.5cm，具香味，先于叶开放；花梗短，长 1~3mm；花萼红褐色、绿色或绿紫色；萼筒宽钟形；花瓣倒卵形，白色至粉红色；子房密被柔毛。果实近球形，直径 2~3cm，黄色或绿白色，被柔毛，味酸；果核椭圆形，先端圆形而有小突尖头，基部渐狭成楔形，两侧微扁，表面具蜂窝状孔穴。花期 2—3 月，果期 5—6 月。

生境分布　保护区偶见栽于屋旁。

药用价值　根入药，具有祛风除湿、清热解毒的功效，用于治疗风痹、休息痢、胆囊炎、瘰疬。带叶枝条入药，具有理气安胎的功效，用于治疗妇女小产。种仁入药，具有祛暑清络、益肝明目、清热化湿的功效，用于治疗霍乱、烦热、视物不清。花蕾入药，具有开郁和中、化痰、解毒的功效，用于治疗郁闷心烦、肝胃气痛、梅核气、瘰疬疮毒。叶入药，具有清热解毒、涩肠止痢的功效，用于治疗痢疾、崩漏。

附　注　《中华人民共和国药典（2020 年版）》《浙江省中药炮制规范（2015 年版）》收录。

94 野山楂　*Crataegus cuneata* Sieb. et Zucc.　　　　　山楂属

别　　名　山里红

形态特征　落叶灌木，高达 1.5m。分枝密，通常具细刺，刺长 5~8mm；小枝细弱，圆柱形，有棱，幼时被柔毛，散生长圆形皮孔。叶片宽倒卵形至倒卵状长圆形，长 2~6cm，宽 1~4.5cm，先端急尖，基部楔形，下延连于叶柄，边缘有不规则重锯齿，先端常有 3 或稀 5~7 浅裂，上面无毛，有光泽，下面具稀疏柔毛，沿叶脉较密，以后脱落；叶柄两侧有叶翼；托叶镰刀状，边缘有齿。伞房花序，直径 2~2.5cm，具花 5~7 朵；花序梗和花梗均被柔毛，花梗长约 1cm；苞片披针形；花直径约 1.5cm；萼筒钟状，外被长柔毛，萼片三角卵形；花瓣近圆形或倒卵形，长 6~7mm，白色，基部有短爪；雄蕊 20；花柱 4~5。果实近球形或扁球形，直径 1~1.2cm，红色或黄色，常具有宿存反折萼片。花期 5—6 月，果期 9—11 月。

生境分布　产于保护区各地，生于山坡、沟边。

药用价值　果实入药，具有消食积、化瘀滞的功效，用于治疗饮食积滞、脘腹胀痛、泄泻痢疾、血瘀痛经、闭经、产后腹痛、恶露不尽。

附　　注　《浙江省中药炮制规范（2015 年版）》收录。

95 蛇莓 *Duchesnea indica* (Andrews) Focke　　　　**蛇莓属**

别　　名　蛇果草

形态特征　多年生草本。根状茎短，粗壮；匍匐茎多数，长 30~100cm，有柔毛。三出复叶；小叶片倒卵形至菱状长圆形，长 2~3.5cm，宽 1~3cm，先端圆钝，边缘有钝锯齿，两面皆有柔毛，或上面无毛，具小叶柄；叶柄长 1~5cm，有柔毛；托叶窄卵形至宽披针形，长 5~8mm。花单生于叶腋，直径 1.5~2.5cm；花梗长 3~6cm，有柔毛；萼片卵形，长 4~6mm，先端锐尖，外面有散生柔毛；副萼片倒卵形，长 5~8mm，比萼片长，先端常具 3~5 锯齿；花瓣倒卵形，长 5~10mm，黄色，先端圆钝；雄蕊 20~30；心皮多数，离生；花托在果期膨大，海绵质，鲜红色，有光泽，直径 10~20mm，外面有长柔毛。瘦果卵形，长约 1.5mm，光滑或具不显明突起，鲜时有光泽。花期 6—8 月，果期 8—10 月。

生境分布　产于保护区各地，生于山坡、草地、耕地等潮湿的地方。

药用价值　全草入药，具有清热、凉血、消肿、解毒的功效，用于治疗热病、惊痫、咳嗽、吐血、咽喉肿痛、痢疾、痈肿、疔疮、蛇虫咬伤、烧伤烫伤。根入药，具有清热泻火、解毒消肿的功效，用于治疗热病、小儿惊风、目赤红肿、腮腺炎、牙龈肿痛、咽喉肿痛、热毒疮疡。

附　　注　《浙江省中药炮制规范（2015 年版）》收录。

96 枇杷 *Eriobotrya japonica* (Thunb.) Lindl. 枇杷属

形态特征 常绿小乔木，高可达 10m。小枝粗壮，密生锈色或灰棕色茸毛。叶片革质，披针形、倒披针形、倒卵形或椭圆长圆形，长 12~30cm，宽 3~9cm，先端急尖或渐尖，基部楔形或渐狭成叶柄，上部边缘有疏锯齿，上面光亮，多皱，下面密生灰棕色茸毛，侧脉 11~21 对；叶柄长 6~10mm，被灰棕色茸毛。圆锥花序顶生，长 10~19cm，具多花；花序梗和花梗密生锈色茸毛，花梗长 2~8mm；花直径 12~20mm；萼筒浅杯状，长 4~5mm，萼片三角卵形，长 2~3mm，萼筒及萼片外面有锈色茸毛；花瓣白色，长圆形或卵形，长 5~9mm，宽 4~6mm，基部具爪，有锈色茸毛；雄蕊 20，远短于花瓣；花柱 5，离生，柱头头状，子房先端有锈色柔毛，5 室，每一室有 2 胚珠。果实球形或长圆形，直径 2~5cm，黄色或橘黄色，外有锈色柔毛，后脱落。花期 10—12 月，果期翌年 5—6 月。

生境分布 保护区偶见栽于屋旁。

药用价值 果实入药，具有润肺、止渴、下气的功效，用于治疗肺痿咳嗽、吐血、衄血、燥渴、呕逆。种子入药，具有化痰止咳、疏肝理气的功效，用于治疗咳嗽、疝气、水肿、瘰疬。根入药，具有清肺止咳、下乳、祛湿的功效，用于治疗虚痨咳嗽、乳汁不通、风湿痹痛。花入药，具有疏风止咳、通鼻窍的功效，用于治疗感冒咳嗽、鼻塞流涕、虚劳久嗽、痰中带血。茎干的韧皮部入药，具有降逆和胃、止咳、止泻、解毒的功效，用于治疗呕吐、呃逆、久咳、久泻、痈疡肿痛。叶入药，具有清肺止咳、降逆止呕的功效，用于治疗肺热咳嗽、气逆喘急、胃热呕逆、烦热口渴。

附 注 《中华人民共和国药典（2020 年版）》《浙江省中药炮制规范（2015 年版）》收录。

枇杷属

97 石楠 *Photinia serrulata* Lindl.

石楠属

别　名　石南

形态特征　常绿灌木或小乔木，高 6~12m。小枝光滑，无毛。叶片革质，长椭圆形、长倒卵形或倒卵状椭圆形，长 9~22cm，宽 2.5~6.5cm，先端尾尖，基部宽楔形至圆形，疏生细腺锯齿，近基部全缘，幼时沿中脉至叶柄有茸毛，后脱落至两面无毛；叶柄长 2~4cm。复伞房花序顶生，花密集；花序梗和花梗无毛；花直径 6~8mm；萼片三角形，长约 1mm，无毛；花瓣白色，近圆形；雄蕊 20，花药带紫色；子房顶端有毛，花柱 2 或 3 裂，基部合生。果近球状，直径 3~6mm，成熟时红色，后变紫褐色。花期 4—5 月，果期 10 月。

生境分布　产于保护区各地，生于山坡阔叶林中及山谷、溪边林缘。

药用价值　根和叶入药，具有祛风镇痛的功效，用于治疗头风头痛、腰膝无力、风湿筋骨疼痛。果实入药，具有祛风湿、消积聚的功效，用于治疗风湿痹痛。

附　注　《浙江省中药炮制规范（2015年版）》收录。

98 **月季花** *Rosa chinensis* Jacq.　　　　　　　　　　　　　　　　**蔷薇属**

别　　名　月季

形态特征　常绿或半常绿灌木，高 1~2m。小枝粗壮，圆柱形，具钩状皮刺或无刺。小叶 3~5，稀 7，连叶柄长 5~11cm；小叶片宽卵形至卵状长圆形，长 2.5~6cm，宽 1~3cm，先端长渐尖或渐尖，基部近圆形或宽楔形，边缘有锐锯齿，两面近无毛，上面暗绿色，常带光泽，下面颜色较浅，顶生小叶片有柄，侧生小叶片近无柄，总叶柄较长，有散生皮刺和腺毛；托叶大部贴生于叶柄，分离部分耳状，边缘常有腺毛。花数朵集生于枝端或叶腋；花梗长 2.5~6cm；萼片卵形，先端尾状渐尖，有时呈叶状，边缘常有羽状裂片，稀全缘，外面无毛，内面密被长柔毛；花冠直径 4~5cm，花瓣红色、粉红色至白色，倒卵形，先端有凹缺，基部楔形；花柱离生，伸出萼筒口外。果卵球形或梨形，长 1~2cm，成熟时红色。花期 4—9 月，果期 6—11 月。

生境分布　保护区内偶见栽于屋旁。

药用价值　花入药，具有活血调经、散毒消肿的功效，用于治疗月经不调、痛经、痈疖肿毒、淋巴结结核。根入药，具有活血调经、消肿散结、涩精止带的功效，用于治疗月经不调、痛经、闭经、血崩、跌打损伤、瘰疬、遗精、带下。叶入药，具有活血消肿的功效，用于治疗瘰疬、跌打创伤、血瘀肿痛。

附　　注　《中华人民共和国药典（2020 年版）》《浙江省中药炮制规范（2015 年版）》收录。

99 小果蔷薇 *Rosa cymosa* Tratt.

蔷薇属

别　　名 山木香

形态特征 攀援灌木，高 2~5m。小枝圆柱形，无毛或稍有柔毛，具钩状皮刺。小叶 3~5，稀 7，连叶柄长 5~10cm；小叶片卵状披针形或椭圆形，稀长圆披针形，长 2.5~6cm，宽 8~25mm，先端渐尖，基部近圆形，边缘有紧贴或尖锐细锯齿，两面无毛，上面亮绿色，下面颜色较淡，中脉突起，沿脉有稀疏长柔毛；小叶柄和叶轴无毛或有柔毛，有稀疏皮刺和腺毛；托叶膜质，离生，线形，早落。复伞房花序，顶生；花梗长约 1.5cm，幼时密被长柔毛，老时逐渐脱落；萼片卵形，先端渐尖，常有羽状裂片，外面近无毛，内面被稀疏白色茸毛；花直径 2~2.5cm，花瓣白色，倒卵形，先端凹，基部楔形；花柱离生，稍伸出花托口外，与雄蕊近等长，密被白色柔毛。果球形，直径 4~7mm，成熟时红色至黑褐色。花期 5—6 月，果期 7—11 月。

生境分布 产于保护区各地，生于山坡、路旁、溪边、沟谷林缘、疏林下或灌丛中。

药用价值 根入药，具有祛风除湿、收敛固脱的功效，用于治疗风湿性关节炎、跌打损伤、腹泻、脱肛、子宫脱垂。叶入药，具有解毒消肿的功效，用于治疗痈疖疮疡、烧伤烫伤。

附　　注 《浙江省中药炮制规范（2015 年版）》收录。

100 金樱子 *Rosa laevigata* Michx. 蔷薇属

别　　名 刺梨子

形态特征 常绿攀援灌木，高可达 5m。小枝粗壮，无毛，散生扁弯皮刺。复叶通常具小叶 3，稀 5，连叶柄长 5~10cm；小叶片革质，椭圆状卵形、倒卵形或披针状卵形，长 2~6cm，宽 1.2~3.5cm，先端急尖或圆钝，稀尾状渐尖，边缘有锐锯齿，上面无毛，有光泽，下面幼时沿中肋有腺毛；小叶柄和叶轴有皮刺和腺毛；托叶披针形，基部与叶柄合生，边缘有细齿，齿尖有腺体。花单生于叶腋；花梗长 1.8~2.5cm，与萼筒密被刺毛和腺毛；萼片卵状披针形，先端呈叶状，边缘羽状浅裂或全缘，常有刺毛和腺毛，内面密被柔毛，比花瓣稍短；花冠直径 5~7cm，花瓣白色，宽倒卵形，先端微凹。果梨形、倒卵形，稀近球形，紫褐色，外面密被刺毛，果梗长约 3cm。花期 4—6 月，果期 7—11 月。

生境分布 产于保护区各地，生于山坡、田边、溪边、谷地疏林下或灌丛中。

药用价值 根或根皮入药，具有收敛固涩、止血敛疮、祛瘀活血、镇痛、杀虫的功效，用于治疗滑精、遗尿、痢疾、泄泻、咯血、便血、崩漏、带下、脱肛、子宫下垂、风湿痹痛、跌打损伤、疮疡、烫伤、牙痛、胃痛、蛔虫症、诸骨哽喉、乳糜尿。花入药，具有涩肠、固精、缩尿、止带、杀虫的功效，用于治疗久泻久痢、遗精、尿频、带下、绦虫病、蛔虫病、蛲虫病、须发早白。嫩叶入药，具有清热解毒、活血止血、止带的功效，用于治疗痈肿疔疮、烫伤、痢疾、闭经、崩漏、带下、创伤出血。果实入药，具有固精缩尿、涩肠止泻的功效，用于治疗遗精滑精、遗尿尿频、崩漏带下、久泻久痢。

附　　注 《中华人民共和国药典（2020 年版）》《浙江省中药炮制规范（2015 年版）》收录。

101 掌叶覆盆子　*Rubus chingii* Hu　悬钩子属

别　　名　掌叶复盆子

形态特征　藤状灌木，高 1.5~3m。枝无毛，具皮刺。单叶互生；叶片近圆形，直径 4~9cm，两面仅沿叶脉有柔毛或几无毛，基部心形，边缘掌状 5 深裂，稀 3 或 7 裂，裂片椭圆形或菱状卵形，先端渐尖，基部狭缩，顶生裂片与侧生裂片近等长或稍长，具重锯齿，掌状 5 脉；叶柄长 2~4cm，微具柔毛或无毛，疏生小皮刺；托叶线状披针形，基部与叶柄合生。花单生于侧枝顶端或叶腋；花梗长 2~4cm；萼筒毛较稀或近无毛；萼片卵形或卵状长圆形，先端具尖头，外面密被短柔毛；花冠直径 2.5~4cm，花瓣椭圆形或卵状长圆形，白色，先端圆钝，长 1~1.5cm。果实近球形，成熟时红色，直径 1.5~2cm，密被灰白色柔毛。花期 3—4 月，果期 5—6 月。

生境分布　产于保护区各地，生于山坡疏林、灌丛。

药用价值　果实入药，具有益肾固精、缩尿、养肝明目的功效，用于治疗遗精滑精、遗尿尿频、阳痿早泄、目暗昏花。叶入药，具有养肝明目、镇痛的功效，用于治疗眼睑赤烂、泪多、视物昏花、牙痛。根入药，具有明目、止呕的功效，用于治疗呕逆、目翳。

附　　注　《中华人民共和国药典（2020 年版）》《浙江省中药炮制规范（2015 年版）》收录。

102 茅莓 *Rubus parvifolius* L.　　　　　　　　　　　　　　　**悬钩子属**

别　　名　薅田藨

形态特征　落叶蔓生状灌木，高 0.5~2m。枝、叶柄、小叶柄、花序梗、花梗和花萼外面被柔毛、稀疏钩状小皮刺或针刺。复叶具小叶 3（5）；托叶线形，长 5~7mm，基部与叶柄合生，被柔毛；小叶片菱状宽卵形或倒卵形，长 2.5~6cm，宽 2~6cm，顶端圆钝或急尖，基部圆形或宽楔形，边缘具不整齐或缺刻状的粗圆重锯齿，叶面疏被柔毛，叶背密被灰白色茸毛，沿叶脉疏生小针刺；顶生小叶柄长达 2cm。

伞房花序顶生或腋生，稀顶生花序呈短总状，被柔毛和细刺；花梗长 0.5~1.5cm；苞片线形，有柔毛；花萼外面密被柔毛和疏密不等的针刺；萼片卵状披针形或披针形；花冠直径约 1cm，花瓣卵圆形或长圆形，粉红至紫红色，基部具爪。果实卵球形，直径 1~1.5cm，红色，无毛或具稀疏柔毛。花期 5—6 月，果期 7—8 月。

生境分布　产于保护区各地，生于低山丘陵、山坡、路边。

药用价值　根、茎、叶入药，具有清热凉血、散结、镇痛、利尿消肿的功效，用于治疗感冒发热、咽喉肿痛、咯血、吐血、痢疾、肠炎、肝炎、肝脾肿大、肾炎水肿、尿路感染、结石、月经不调、赤白带下、风湿骨痛、跌打肿痛，外用治湿疹、皮炎。

附　　注　《浙江省中药炮制规范(2015 年版)》收录。

豆科 Leguminosae

(103) 合欢 *Albizia julibrissin* Durazz. 合欢属

别　　名 绒树

形态特征 落叶乔木，高可达 16m。树冠展开，形如巨伞。小枝微具棱，仅嫩时有毛。二回羽状复叶；羽片 4~12（~20）对，总叶柄下部及叶轴顶端各有 1 椭球形腺体；托叶心状披针形，明显比小叶小，早落；小叶 10~30 对；小叶片菜刀形，长 6~13mm，宽 1~4mm，先端有小尖头，叶缘及下面中脉有短柔毛，中脉紧靠上缘。头状花序多个排成伞房状圆锥花序；花序梗长约 3cm，花序轴常呈“之”字形曲折；花萼绿色，5 浅裂，长 3~4mm；花冠淡黄绿色，长 8~10mm，5 裂；雄蕊多数，花丝基部连合，上部粉红色。荚果扁平带状，长 8~17cm，宽 1.5~2.5cm。种子褐色，椭圆形，扁平。花期 6—9 月，果期 9—12 月。

生境分布 产于保护区各地，生于山坡、溪沟边疏林中或林缘。

药用价值 花序入药，具有解郁安神、理气开胃、消风明目、活血镇痛的功效，用于治疗忧郁失眠、胸闷纳呆、风火眼疾、视物不清、腰痛、跌打伤痛。树皮入药，具有解郁安神、活血消肿的功效，用于治疗心神不安、忧郁失眠、肺痈疮肿、跌打伤痛。

附　　注 《中华人民共和国药典（2020 年版）》收录。

104 **土圞儿** *Apios fortunei* Maxim.

土圞儿属

别　名 九子羊

形态特征 多年生缠绕草本。块根宽椭球形或纺锤形。茎被倒向的短硬毛。羽状复叶具小叶3~7枚；叶柄长2.5~7cm；托叶宽条形；顶生小叶宽卵形至卵状披针形，长4~10cm，宽2~6cm，先端渐尖或尾状，基部圆形或宽楔形，两面有糙伏毛，脉上尤密；侧生小叶常为斜卵形。总状花序长8~20cm；花萼钟形，长约5mm，淡黄绿色；旗瓣宽倒卵形，长、宽近相等，淡绿色或黄绿色，翼瓣最短，长7~8mm，淡紫色，龙骨瓣长约1.2cm，初时内卷成1管，先端弯曲，后旋卷，黄绿色；雄蕊二体；子房无柄，条形，疏被白色短毛，花柱长而卷曲。荚果条形，长5~8cm，被短柔毛，有多数种子。花期6—8月，果期9—10月。

生境分布 产于高滩、龙井坑，生于向阳山坡林缘和灌草丛中，常缠绕在其他植物上。

药用价值 块根入药，具有消肿解毒、祛痰止咳的功效，用于治疗感冒咳嗽、咽喉肿痛、疝气、痈肿、瘰疬。

附　注 《浙江省中药炮制规范（2015年版）》收录。

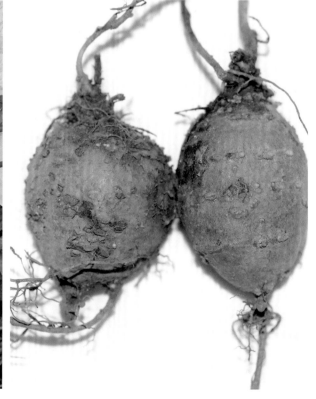

105 落花生　*Arachis hypogaea* L.

落花生属

别　　名　花生

形态特征　一年生草本，高 30~80cm。根部有丰富的根瘤。茎基部匍匐，多分枝，具棱，被棕色长柔毛。小叶通常 4 枚，长圆形或倒卵形，长 2~4cm，宽 1.3~2.5cm，先端圆钝或急尖，两面无毛，叶柄长 3~6cm；托叶条状披针形，长 1.5~3cm，部分与叶柄合生成鞘状抱茎。花单生或数朵聚生于叶腋；托管长达 2.5cm，萼齿二唇形，长 6mm；花冠黄色，旗瓣近圆形，长 8~9mm，龙骨瓣先端具喙，与翼瓣均短于旗瓣；雄蕊 9，合生，1 枚退化。荚果于地下成熟，不裂，长圆状圆柱形，长 1~5cm，具网纹，有 1~5 粒种子。花期 6—7 月，果期 9—10 月。

生境分布　保护区村庄常见栽培。

药用价值　种子入药，具有健脾养胃、润肺化痰的功效，用于治疗脾虚不运、反胃不舒、乳妇奶少、脚气、肺燥咳嗽、大便燥结。茎、叶入药，具有清热解毒、宁神降压的功效，用于治疗跌打损伤、痈肿疮毒、失眠、高血压。豆荚入药，具有敛肺止咳的功效，用于治疗久咳气喘、咳痰带血。种皮入药，具有止血、散瘀、消肿的功效，用于治疗血友病、类血友病、血小板减少性紫癜、肝病出血症、术后出血、癌肿出血、胃出血、肠出血、肺出血、子宫出血等。

附　　注　《浙江省中药炮制规范（2015 年版）》收录。

106 **锦鸡儿** *Caragana sinica* (Buc'hoz) Rehder

锦鸡儿属

别　名　土黄芪

形态特征　灌木，高 1~2m。树皮深褐色；小枝黄褐或灰色，有棱，无毛。托叶三角形，硬化成针刺，长 5~7mm；叶轴脱落或硬化成针刺，针刺长 7~15（~25）mm；一回羽状复叶有小叶 2 对，顶端 1 对通常较大；小叶片厚革质或硬纸质，倒卵形或长圆状倒卵形，长 1~3.5cm，宽 5~15mm，先端圆形或微缺，具刺尖或无刺尖，基部楔形或宽楔形。花两性，单生于叶腋，长 2.5~3cm；花梗长 0.8~1.5cm，中部具关节；花萼钟状，绿色，萼齿宽三角形，基部呈短囊状；花冠黄色带红，凋谢前呈红褐色，长 2~3cm，旗瓣基部带红色，翼瓣长圆形，龙骨瓣紫色；花药黄色；子房条形。荚果稍扁，长 3~3.5cm，宽约 0.5cm，无毛。花期 4—5 月，果期 5—8 月。

生境分布　产于东坑口、周村、雪岭、龙井坑等地，生于山坡、山谷、路旁灌丛中或栽培。

药用价值　根入药，具有滋补强壮、活血调经、祛风利湿的功效，用于治疗原发性高血压、头昏头晕、耳鸣眼花、体弱乏力、月经不调、赤白带下、乳汁不足、风湿性关节炎、跌打损伤。花入药，具有祛风活血、止咳化痰的功效，用于治疗头晕耳鸣、肺虚咳嗽、小儿消化不良。

附　注　《浙江省中药炮制规范（2015 年版）》收录。

锦鸡儿属

107 决明 *Cassia tora* L. 决明属

别　名　决明子

形态特征　一年生半灌木状草本，高 1~2m。羽状复叶具小叶 6 枚，顶端 1 对较大，每对小叶间的叶轴上各有 1 枚钻形腺体，小叶倒卵形或倒卵状长圆形，长 1.5~6.5cm，宽 0.8~3cm，先端圆钝，有小尖头，基部不对称，常于傍晚闭合。花通常 2 朵腋生；萼齿 5；花瓣黄色，倒卵形或宽椭圆形，长约 13mm，最下 2 枚稍长，具瓣柄及明显脉纹；雄蕊 10，上方 3 枚不育，花药大，长 2~4mm；子房被白色柔毛。荚果细长，近四棱柱形，长 8~16cm，直径约 4mm，顶端有长喙，种子多数。种子绿褐色，有光泽，近菱形，两侧各有 1 条灰褐色斜凹纹。花期 6—9 月，果期 10—12 月。

生境分布　周村、雪岭、双溪口等地偶见栽培或逸生。

药用价值　种子入药，具有清热明目、润肠通便的功效，用于治疗目赤涩痛、多泪、头痛眩晕、目暗不明、大便秘结。

附　注　《中华人民共和国药典（2020 年版）》收录。

108 **中南鱼藤** *Derris fordii* Oliv. **鱼藤属**

别　　名　霍氏鱼藤、毒鱼藤

形态特征　常绿攀援状灌木。奇数羽状复叶长 15~28cm；小叶 2~3 对，厚纸质或薄革质，卵状椭圆形、卵状长椭圆形或椭圆形，长 4~13cm，宽 2~6cm，先端渐尖，略钝，基部圆形，两面无毛，侧脉 6~7 对，纤细两面均隆起；小叶柄长 4~6mm，黑褐色。圆锥花序腋生，稍短于复叶；花序轴和花梗有极稀少的黄褐色短硬毛；花数朵生于短小枝上；小苞片 2，长约 1mm，生于花萼的基部，外被微柔毛；小苞片 2 枚，钻形，有毛；花萼钟状，萼齿 5，三角形，极短，被棕色短柔毛及红色腺点或腺条；花冠白色，无毛，旗瓣有短柄，翼瓣一侧有耳，龙骨瓣与翼瓣近等长，基部有尖耳；雄蕊 10，单体；子房无柄，有黄色长柔毛。荚果长圆形，长 4~9cm，宽 1.5~2.3cm，扁平，腹缝翅宽 2~3mm，背缝翅宽不及 1mm；有 1~2 粒种子。种子浅灰色，长约 1.4cm。花期 6 月，果期 11—12 月。

生境分布　产于龙井坑，生于沟谷溪边。

药用价值　茎、叶入药，具有解毒杀虫的功效，用于治疗疮毒、皮炎、皮肤湿疹、跌打肿痛、关节疼痛。

附　　注　浙江省重点保护野生植物。

109 小槐花 *Desmodium caudatum* (Thunb.) DC.　　　山蚂蝗属

别　　名　草鞋板、拿身草

形态特征　灌木，高 0.5~4m。羽状三出复叶；叶柄
两侧具狭翅；小叶披针形、宽披针形或长椭圆形，稀
稀椭圆形，长 2.5~9cm，宽 1~4cm，先端渐尖或尾
尖，稀钝尖，基部楔形或宽楔形，稀圆形，上面疏被
短柔毛，下面毛稍密，两面脉上的毛较密。总状花序
腋生或顶生；花序轴密被毛；花萼狭钟状，裂齿 5，上
方 2 枚几合生，下方 3 枚披针形，密被毛；花冠绿白
或淡黄白色，长约 7mm，旗瓣长圆形，先端圆钝，
翼瓣狭小，基部有瓣柄，龙骨瓣狭长圆形，基部亦
有瓣柄；雄蕊 10；子房条形，密被绢毛。荚果带状，
长 4~8cm，宽 3~4mm，有 4~8 荚节，两缝线均缢
缩成浅波状，密被棕色钩状毛。花期 7—9 月，果期
9—11 月。

生境分布　产于保护区各地，生于山坡、山沟疏林下、
灌草丛中或空旷地。

药用价值　根或全株入药，具有清热解毒、祛风利湿
的功效，用于治疗感冒发烧、胃肠炎、痢疾、小儿疳
积、风湿性关节炎，外用治毒蛇咬伤、痈疖疔疮、乳
腺炎。

附　　注　《浙江省中药炮制规范（2015 年版）》收录。

110 **大豆** *Glycine max* (L.) Merr.　　　　　　　　　　　　　　**大豆属**

别　名　黄豆

形态特征　一年生草本，高 30~90cm。茎粗壮，直立，或上部近缠绕状，上部多少具棱，密被褐色长硬毛。羽状三出复叶；托叶卵形，渐尖；顶生小叶片菱状卵形，长 7~13cm，宽 3~6cm，先端渐尖，基部宽楔形或圆形，两面被毛；侧生小叶片斜卵形，较小。总状花序腋生，有 2~10 花；花小，长 5~8mm；花萼钟状，萼齿 5，披针形，最下 1 齿最长；花冠白色或淡紫色，略长于花萼，旗瓣倒卵形，先端微凹，基部渐狭成瓣柄，翼瓣具耳及瓣柄，龙骨瓣斜倒卵形，具短瓣柄；雄蕊二体；子房无柄。荚果条状长圆形，长 2~7cm，宽 1~1.5cm，略弯曲，有 2~5 粒种子。种子因品种不同而呈不同形状和不同颜色（青绿色、棕色、黄色及黑色等）。花期 4—9 月，果期 5—10 月。

生境分布　保护区村庄旁有栽培。

药用价值　发芽种子入药，具有清热、除湿、解表的功效，用于治疗暑湿发热、麻疹不透、胸闷不舒、骨节疼痛、水肿胀满。成熟种子入药，具有解表、除烦、宣发郁热的功效，用于治疗感冒、寒热头痛、烦躁胸闷、虚烦不眠。

附　　注　《中华人民共和国药典（2020 年版）》《浙江省中药炮制规范（2015 年版）》收录。

111 野大豆 *Glycine soja* Sieb. et Zucc. 大豆属

别　名 捞豆

形态特征 一年生缠绕草本，长达 4m。茎细长，密被棕黄色倒向伏贴长硬毛。羽状 3 小叶；托叶宽披针形，被黄色硬毛；顶生小叶片卵形至线形，长 2.5~8cm，宽 1~3.5cm，先端急尖，基部圆形，两面密被伏毛；侧生小叶片较小，基部偏斜，小托叶狭披针形。总状花序腋生，长 2~5cm；花小，长 5~7mm；花萼钟形，密被棕黄色长硬毛，萼齿 5 枚，披针状钻形，与萼筒近等长；花冠淡紫色，稀白色，旗瓣近圆形，翼瓣倒卵状长椭圆形，龙骨瓣较短，基部一侧有耳；雄蕊近单体；子房无柄，密被硬毛。荚果线形，长 1.5~3cm，宽 4~5mm，扁平，略弯曲，密被棕褐色长硬毛，成熟时 2 瓣开裂，有 2~4 粒种子。种子黑色，椭圆形或肾形，稍扁平。花期 6—8 月，果期 9—10 月。

生境分布 产于和平、高峰、大蓬、徐罗、东坑口等地，生于向阳山坡灌丛中或林缘、路边、田边。

药用价值 种子入药，具有益肾、止汗的功效，用于治疗头晕、目昏、风痹汗多。

附　注 国家二级重点保护野生植物；《浙江省中药炮制规范（2015 年版）》收录。

112 **长萼鸡眼草** *Kummerowia stipulacea* (Maxim.) Makino **鸡眼草属**

别　名　短萼鸡眼草

形态特征　一年生草本，高 10~25cm。茎匍匐平卧，分枝多而展开，茎及分枝均被向上的毛。小叶 3 枚，倒卵形或椭圆形，长 7~20mm，宽 3~12mm，先端圆或微凹，具短尖，基部楔形，上面无毛，下面中脉及叶缘有白色长硬毛，侧脉平行；托叶 2，宿存。花 1~2 朵簇生于叶腋；花梗有白色硬毛，有关节；小苞片小，3 枚；萼钟状，萼齿 5，卵形，在果期长为果之 1/2；花冠上部暗紫色，龙骨瓣较长。荚果卵形，长约 4mm，有 1 粒种子。种子黑色，平滑。花期 7—9 月，果期 10—11 月。

生境分布　产于保护区各地，生于路边、草地、田边及杂草丛中。

药用价值　全草入药，具有清热解毒、健脾利尿、除火毒的功效，用于治疗黄疸、水肿、跌打损伤、痢疾、脱肛、夜盲症。

附　注　《浙江省中药炮制规范（2015 年版）》收录。

113 鸡眼草 *Kummerowia striata* (Thunb.) Schindl. **鸡眼草属**

别　名　公母草

形态特征　一年生草本，高 10~30cm。茎匍匐平卧，分枝纤细直立，茎及分枝均被向下的毛。小叶 3 枚，倒卵状长椭圆形或长椭圆形，有时倒卵形，长 5~15mm，宽 3~8mm，先端圆钝，有小尖头，基部楔形，两面沿中脉及叶缘被长柔毛，侧脉密而平行；托叶淡褐色，干膜质，有明显脉纹和长缘毛，宿存。花 1~3 朵腋生；小苞片 4，1 枚生于花梗关节下，其余生于花萼下面，具 5~7 脉；萼齿 5，卵形，宿存，边缘及外面有毛；花冠紫红色，长 5~7mm，有时退化成无瓣花。荚果宽卵形，长约 4mm，扁平，顶端有尖喙，常为宿萼所包或稍伸出宿萼外，有细柔毛，不开裂，有 1 粒种子。花期 7—9 月，果期 10—11 月。

生境分布　保护区各地常见，生于路边、草地、田边及杂草丛中。

药用价值　全草入药，具有清热解毒、活血、利湿止泻的功效，用于治疗胃肠炎、痢疾、肝炎、夜盲症、尿路感染、跌打损伤、疔疮疖肿。

附　注　《浙江省中药炮制规范（2015年版）》收录。

114 扁豆　*Lablab purpureus* (L.) Sweet Hort. 　　　　　　　　**扁豆属**

别　　名　白扁豆

形态特征　多年生缠绕藤本。全株几无毛，茎长可达 6m，常呈淡紫色。顶生小叶三角状宽卵形，长 6~12cm，长、宽近相等，先端渐尖、尾状或急尖，基部近截形，两面疏被毛；侧生小叶斜卵形或斜三角状宽卵形。总状花序腋生，长 15~25cm，具花 2~20 朵，每节着花 2~5 朵；花萼钟状，长约 8mm，萼齿 5；花冠白色或紫红色，长 1.5~1.8cm，旗瓣基部两侧有 2 个附属体，下延为 2 耳，翼瓣宽，有截平的耳，龙骨瓣有囊状附属体，具喙，弯曲几成直角，均有瓣柄；子房被绢毛，基部有腺体，花柱近顶部有白色髯毛。荚果扁平，绿色或紫色，长 6~9cm，宽约 2.5cm，顶端有弯喙，有 2~5 粒种子。种子椭球形，扁平，长约 8mm，白色或紫黑色。花期 7—11 月，果期 9—12 月。

生境分布　保护区各地常见栽培。

药用价值　种子入药，具有健脾和中、消暑化湿的功效，用于治疗暑湿吐泻、脾虚呕逆、食少久泻、水停消渴、赤白带下、小儿疳积。根入药，具有消暑、化湿、止血的功效，用于治疗暑湿泄泻、痢疾、淋浊、带下、便血、痔疮、漏管。花入药，具有解暑化湿、止泻、止带的功效，用于治疗中暑发热、呕吐泄泻、赤白带下。藤茎入药，具有化湿和中的功效，用于治疗暑湿吐泻不止。叶入药，具有消暑利湿、解毒消肿的功效，用于治疗暑湿吐泻、疮疖肿毒、蛇虫蛟伤。种皮入药，具有健脾、化湿的功效，用于治疗痢疾、腹泻、脚气浮肿。

附　　注　《中华人民共和国药典（2020 年版）》《浙江省中药炮制规范（2015 年版）》收录。

115 草木犀　*Melilotus officinalis* (L.) Pall.

草木犀属

别　　名　草木樨、黄香草木樨

形态特征　一年生或二年生草本，高可达 2m。全草有香气。茎直立，多分枝，具棱纹，无毛。羽状三出复叶；小叶椭圆形、长椭圆形至倒披针形，长 1~2.5cm，宽 5~12mm，先端钝圆，基部楔形，边缘具细齿，上面近无毛，下面疏被伏贴毛；托叶镰刀状条形，长 5~8mm，边缘非膜质，全缘或基部具 1 个细齿。总状花序腋生，长 4~10cm，花梗下弯；花较大，长 3.5~7mm；萼齿 5 枚，披针形，与萼筒近等长，疏被毛；花冠黄色，旗瓣较翼瓣长或近等长，翼瓣、龙骨瓣具耳及细长瓣柄。荚果倒卵形或卵球形，长 3~5mm，有网纹，黑褐色，无毛，种子 1~2 粒。种子黄褐色，卵形，光滑，长 2.5mm。花期 5—7 月，果期 8—9 月。

生境分布　产于周村，生于路边及旷野上。

药用价值　根入药，具有清热解毒的功效，用于治疗暑湿胸闷。全草入药，具有芳香化浊、截疟的功效，用于治疗暑湿胸闷、口臭、头胀、头痛、疟疾、痢疾。

附　　注　《浙江省中药炮制规范（2015 年版）》收录。

116 花榈木 *Ormosia henryi* Prain

红豆属

别　　名　花梨木、毛叶红豆

形态特征　常绿乔木，高达 16m。树皮青灰色，光滑；幼枝密被灰黄色茸毛；裸芽。奇数羽状复叶，小叶 5~9 枚，叶轴密被茸毛，无托叶；小叶片革质，椭圆形、长圆状倒披针形或长椭圆状卵形，长 6~17cm，宽 2~8cm，先端急尖或短渐尖，基部圆或宽楔形，全缘，下面密被灰黄色毡毛状茸毛，小叶柄被茸毛。圆锥花序顶生或腋生，或总状花序腋生；花序梗、花梗及花萼均密被灰黄色茸毛；萼筒短，倒圆锥形，萼齿 5 枚，卵状三角形，与萼筒近等长；花冠黄白色，旗瓣有瓣柄；雄蕊 10 枚，分离；子房边缘具疏长毛，近无柄。荚果长圆形，木质，长 7~11cm，宽 2~3cm，扁平稍有喙，无毛，有 2~7 粒种子，种子间横隔明显。种子鲜红色，椭圆形，长 8~15mm，种脐较小，长约 3mm。花期 6—7 月，果期 10—11 月。

生境分布　产于松坑口、东坑口等地，生于山坡林中或林缘。

药用价值　根、根皮、茎、叶入药，具有活血化瘀、祛风消肿的功效，用于治疗跌打损伤、腰肌劳损、风湿性关节炎、产后血瘀疼痛、赤白带下、腮腺炎、丝虫病，根皮外用治骨折，叶外用治烧伤烫伤。

附　　注　国家二级重点保护野生植物；《中国生物多样性红色名录》易危（VU）。

117 野葛 *Pueraria lobata* (Willd.) Ohwi 葛属

别　　名　葛藤、葛麻姆

形态特征　半木质藤本。块根肥厚。茎粗壮，密被棕褐色粗毛。羽状三出复叶；顶生小叶宽卵形或斜卵形，通常 3 裂，长 9~18cm，宽 6~12cm，先端渐尖，基部圆形，全缘，上面疏被长伏毛，后渐脱落，下面被绢质柔毛，侧生小叶较小，斜卵形；叶柄长 4~12cm；托叶较大，盾状着生，小托叶钻状。

花序总状或圆锥状，腋生，长 15~30cm，花序轴上的节较密，每节簇生 3 朵花；苞片远长于小苞片，脱落；花萼钟形，长 8~10mm，被黄褐色毛，萼齿 5，披针形；花冠紫色，长 15~18mm，旗瓣倒卵形，基部具短耳；子房被毛。荚果条形，长 4~9cm，宽 8~11mm，扁平，密被锈色展开的长硬毛，通常不开裂；含种子 10 粒以下。花期 7~9 月，果期 9—11 月。

生境分布　产于保护区各地，生于山坡草地、沟边、路边或疏林中。

药用价值　根入药，具有解肌退热、生津、透疹、升阳止泻的功效，用于治疗外感发热头痛、项背强痛、口渴、消渴、麻疹不透、热痢、泄泻、高血压、颈项强痛。种子入药，具有健脾止泻、解酒的功效，用于治疗泄泻、痢疾、饮酒过度。花入药，具有解酒醒脾、止血的功效，用于治疗伤酒、烦热口渴、头痛头晕、脘腹胀满、呕逆吐酸、不思饮食、吐血、肠风下血。藤茎入药，具有清热解毒、消肿的功效，用于治疗喉痹、疮痈疔肿。

附　　注　《中华人民共和国药典（2020 年版）》《浙江省中药炮制规范（2015 年版）》收录。

118 苦参 *Sophora flavescens* Aiton　　　　　　　　　　　　　　　　**槐属**

别　　名　牛人参

形态特征　草本或亚灌木，稀呈灌木状，高达 2m。根圆柱状，有刺激性气味，味极苦而持久。茎具条棱，幼时疏被柔毛，后无毛。奇数羽状复叶，长 20~35cm，有小叶 11~35 枚；托叶早落；小叶片披针形或条状披针形，稀椭圆形，长 3~4cm，宽 1.2~2cm，先端渐尖，基部楔形，上面有疏毛或无毛，下面密生伏贴柔毛。总状花序顶生，长 15~25cm，具多数花；花萼钟状，偏斜，萼齿短三角形，被伏贴柔毛；花冠黄白色，长约 1.5cm；花丝有毛，基部稍合生；子房密被淡黄色柔毛。荚果革质，近圆柱形，长 5~10cm，种子间微缢缩，呈不明显串珠状，顶端具长 1~1.5cm 的喙，疏生短柔毛，有 2~8 粒种子。种子棕褐色，卵圆形，长约 6mm。花期 5—7 月，果期 7—9 月。

生境分布　产于周村、双溪口、龙井坑、雪岭等地，生于向阳山坡草丛、路边、溪沟边。

药用价值　根入药，具有清热燥湿、杀虫、利尿的功效，用于治疗热痢、便血、黄疸尿闭、赤白带下、阴肿阴痒、湿疹、湿疮、皮肤瘙痒、疥癣麻风，外治滴虫性阴道炎。种子入药，具有清热解毒、通便、杀虫的功效，用于治疗急性菌痢、大便秘结、蛔虫病。

附　　注　《中华人民共和国药典（ 2020 年版 ）》收录。

119 山绿豆 *Vigna minima* (Roxb.) Ohwi et Ohashi 豇豆属

别　　名 贼小豆

形态特征 一年生缠绕草本。茎柔弱、细长，近无毛或有稀疏硬毛。羽状 3 小叶；叶柄长 2~8cm；托叶线状披针形，盾状着生；顶生小叶片卵形至线形，形状变化大，长 2~8cm，宽 0.4~3cm，先端急尖或稍钝，基部圆形或宽楔形，仅下面脉上有毛；侧生小叶片基部常偏斜；小托叶披针形。总状花序腋生，花序梗较叶柄长；小苞片线形或线状披针形，常较花萼短；花萼钟状，萼齿 5 枚，上方 2 齿合生，下方 3 齿较长；花冠黄色，旗瓣宽卵形，长 1~1.2cm，有耳及短瓣柄，翼瓣斜卵状长圆形，具耳及细瓣柄，龙骨瓣淡黄色或绿色，先端卷曲，具长距状附属体及细瓣柄；子房圆柱形，花柱顶部内侧有白色髯毛。荚果短圆柱形，长 3~5.5cm，直径约 4mm，厚约 2mm，无毛，有 10 余粒种子。种子褐红色，长圆形，种脐突起。花期 8—10 月，果期 10—11 月。

生境分布 产于高峰、大坑，生于山坡草丛中及溪边。

药用价值 种子入药，具有清湿热、利尿、消肿的功效，用于治疗小便不利、水肿、风湿痹痛。

附　　注 浙江省重点保护野生植物。

120 **野豇豆** *Vigna vexillata* (L.) Rich. **豇豆属**

别　名 山土瓜

形态特征 多年生缠绕草本。主根圆柱形或圆锥形，肉质，外皮橙黄色。茎略具线纹，幼时有棕色粗毛。羽状 3 小叶；叶柄长 2~4cm；托叶狭卵形至披针形，盾状着生；顶生小叶片变化大，宽卵形、菱状卵形至披针形，长 4~8cm，宽 2~4.5cm，先端急尖至渐尖，基部圆形或近截形，两面被淡黄色糙毛，小叶柄长 1~1.2cm；侧生小叶片基部常偏斜，小叶柄极短。花 2~4 朵着生在花序上部，花序梗长 8~30cm；花梗极短，被棕褐色粗毛；花萼钟状，长 8~10mm，萼齿 5 枚，披针形或狭披针形；花冠紫红色至紫褐色，旗瓣近圆形，长约 2cm，先端微凹，有短瓣柄，翼瓣弯曲，基部一侧有耳，龙骨瓣先端喙状，有短距状附属体及瓣柄；子房被毛，花柱弯曲，内侧被髯毛。荚果圆柱形，长 9~11cm，直径

5~6mm，被粗毛，顶端具喙。种子黑色，长圆形或近方形，长约 4mm，有光泽。花期 8—9月，果期 10—11 月。

生境分布 产于高峰、大坑、兰头等地，生于山坡林缘或路边草丛中。

药用价值 根入药，具有清热解毒、消肿镇痛、利咽喉的功效，用于治疗风火牙痛、咽喉肿痛、腮腺炎、疮疖、小儿麻疹、余毒不尽、胃痛、腹胀、便秘、跌打肿痛、骨折。

附　注 浙江省重点保护野生植物。

酢浆草科 Oxalidaceae

121 **酢浆草** *Oxalis corniculata* L.   酢浆草属

别　　名 三叶草

形态特征 多年生草本，高 10~35cm。根状茎稍肥厚，无地下球茎；地上茎细弱，多分枝，直立或匍匐，匍匐茎节上生根。叶基生或在茎上互生；小叶 3，小叶片倒心形，长 4~16mm，宽 4~22mm，先端凹入，基部宽楔形，两面被柔毛或表面无毛，沿脉被毛较密，边缘具伏贴缘毛。叶柄基部具关节；托叶小，长圆形或卵形，边缘密被长柔毛，基部与叶柄合生，或同一植株下部托叶明显而上部托叶不明显。花单生或数朵集生为近伞形花序，腋生，花序梗与叶近等长；花梗长 4~15mm，果后延伸；小苞片 2，披针形；萼片 5，披针形或长圆状披针形，宿存；花瓣 5，黄色，长圆状倒卵形；雄蕊 10，5 长 5 短；子房长圆形，5 室，被短伏毛，花柱 5，柱头头状。果梗下弯至水平；蒴果长圆柱形，具 5 棱。种子长卵球形，具横向肋状网纹。花果期 2—9 月。

生境分布 产于保护区各地，生于房前屋后、路边田野等处。

药用价值 全草入药，具有清热利湿、解毒消肿的功效，用于治疗感冒发热、肠炎、尿路感染、尿路结石、神经衰弱，外用治跌打损伤、毒蛇咬伤、痈肿疮疖、脚癣、湿疹、烧伤烫伤。

附　　注 《浙江省中药炮制规范（2015 年版）》收录。

牻牛儿苗科 Geraniaceae

122 野老鹳草 *Geranium carolinianum* L. 老鹳草属

别　　名　鹭嘴草、福雀草

形态特征　一年生草本，高 20~60cm。茎直立，被倒向短柔毛。茎生叶互生或最上部叶对生；托叶披针形或三角状披针形，外被短柔毛；叶柄被倒向短柔毛；叶片圆肾形，长 2~3cm，宽 4~6cm，基部心形，掌状 5~7 深裂至近基部，裂片楔状倒卵形或菱形，下部楔形，全缘，上部羽状深裂，小裂片条状矩圆形，先端急尖，被短伏毛。花序腋生和顶生，腋生花序每一花序梗具 2 花，顶生花序常数个集生而呈伞状花序；花淡紫红色，直径 5~8mm；萼片长卵形或近椭圆形，长 5~7mm，宽 3~4mm，先端急尖，具尖头，外被短柔毛或沿脉被展开的糙柔毛和腺毛；花瓣倒卵形，稍长于萼，先端圆形，基部宽楔形；雄蕊稍短于萼片，中部以下被长糙柔毛；雌蕊稍长于雄蕊，密被糙柔毛。蒴果长约 2cm，被短糙毛，果瓣由喙上部先裂向下卷曲。花期 4—7 月，果期 5—9 月。

生境分布　保护区各地广布，生于荒野、路旁、田园或沟边。

药用价值　地上部分入药，具有祛风湿、通经络、止泻泄的功效，用于治疗风湿痹痛、麻木拘挛、筋骨酸痛、泄泻痢疾。

附　　注　《中华人民共和国药典（2020 年版）》收录。

芸香科 Rutaceae

123 **朵椒** *Zanthoxylum molle* Rehd.   **花椒属**

别　　名　朵花椒

形态特征　落叶乔木，高 4~10m。茎干有锥形鼓钉状突起大皮刺；着花小枝顶部及花序轴散生较多的短直刺；嫩枝暗紫红色，横切面木质部狭窄，髓部甚大且中空。奇数羽状复叶互生，长 30~80cm，有小叶 13~19 枚；叶轴、叶柄均呈紫红色；叶柄长 10~15cm；小叶片宽卵形至卵状长圆形，长 8~14cm，宽 3.5~6.5cm，先端短骤尖，基部圆形、宽楔形或微心形，全缘或在中部以上有细小圆齿，齿缝有油点，边缘稍向下反卷，上面散生不明显油点，下面苍绿色或灰绿色，密被毡状茸毛，中脉紫红色，侧脉 12~18 对。伞房状圆锥花序顶生；花序梗被短柔毛和短刺；花单性；萼片 5 枚，被短睫毛；花瓣白色，5 枚，长 2.5mm，与萼片两者先端均有 1 粒透明油点；雄花有雄蕊 5 枚，药隔顶端有 1 粒深色油点；雌花有心皮 5 枚，花柱短，柱头头状。蓇葖果紫红色，具细小明显的腺点；果梗紫红色。花期 7—8 月，果期 9—10 月。

生境分布　产于高峰，生于海拔 200~700m 山坡疏林或灌木丛中。

药用价值　果皮入药，具有散寒利湿的功效，用于治疗关节痛、脘腹冷痛、吐泻。根入药，具有祛风镇痛的功效，用于治疗积劳损伤、腹痛、酸痛麻木。树皮入药，具有祛风湿、通经络的功效，用于治疗风湿痹痛、腰膝酸痛。

附　　注　《中国生物多样性红色名录》易危（VU）。

124 青花椒 *Zanthoxylum schinifolium* Sieb. et Zucc. **花椒属**

别　　名　崖椒

形态特征　落叶灌木，高 1~3m。茎枝有短皮刺，刺基部两侧压扁状；嫩枝暗紫红色。小叶 7~19，对生，叶轴基部的常互生；小叶片纸质，宽卵形至披针形、阔卵状菱形，长 5~10（~25）mm，宽 4~6（~15）mm，先端急尖或钝，顶端无凹缺，基部圆或宽楔形，两侧常对称，上面在放大镜下可见细短毛或毛状突起，下面无毛，叶缘有细裂齿，齿缝处油点明显，余处不明显。花序顶生，花或多或少；花被片分化，2 轮排列，萼片和花瓣均 5；花瓣淡黄白色，长约 2mm；雄花的雄蕊 5，退化雌蕊甚短，2~3 浅裂；雌花心皮 3，稀 4 或 5。

蓇葖果红棕色，干后暗苍绿色或褐黑色，直径 4~5mm，顶端无喙，油点小。种子直径 3~4mm。花期 7—9 月，果期 9—12 月。

生境分布　产于洪岩顶，生于林中。

药用价值　果皮、种子入药，具有温中镇痛、杀虫止痒的功效，用于治疗脘腹冷痛、呕吐泄泻、虫积腹痛、蛔虫病，外治湿疹瘙痒。

附　　注　《中华人民共和国药典（2020 年版）》收录。

苦木科 Simaroubaceae

125 **臭椿** *Ailanthus altissima* (Mill.) Swingle 臭椿属

别　名 樗树、白椿

形态特征 落叶乔木，高可达 20m。树皮平滑而有直纹；嫩枝叶揉碎后具特殊气味；小枝有髓，初时被黄色或黄褐色柔毛，后脱落。奇数羽状复叶，长 30~60cm；小叶 13~25，对生或近对生；小叶片卵状披针形，纸质，长 7~14cm，宽 2~4.5cm，先端长渐尖，基部偏斜，两侧各具 1~3 粗钝齿，齿背有 1 腺体，上面深绿色，背面灰绿色。花小，淡绿色，集成圆锥花序，长 10~30cm。翅果扁平，梭状长椭球形，成熟时黄褐色，内有 1 种子，位于翅果的中央。花期 4—5 月，果期—10 月。

生境分布 产于保护区各地，生于阳坡疏林中、林缘，或栽于村庄旁。

药用价值 根皮或干皮入药，具有清热燥湿、收涩止带、止泻、止血的功效，用于治疗赤白带下、湿热泻痢、久泻久痢、便血、崩漏。叶入药，具有清热燥湿、杀虫的功效，用于治疗湿热滞下、泄泻、痢疾、湿疹、疮疥、疔肿。果实入药，具有清热利尿、镇痛、止血的功效，用于治疗胃痛、便血、尿血，外用治阴道滴虫。

附　注 《中华人民共和国药典（2020年版）》《浙江省中药炮制规范（2015年版）》收录。

126 苦木 *Picrasma quassioides* (D. Don) Benn. 苦树属

别　　名 苦树

形态特征 落叶小乔木，高达 10m。树皮紫褐色，平滑，有灰色斑纹；小枝有白色皮孔；叶和树皮均极苦。奇数羽状复叶，长 15~30cm；小叶 9~15；小叶片卵状披针形或广卵形，先端渐尖，基部楔形，除顶生叶外，其余小叶基部均不对称，边缘具不整齐的钝锯齿，叶面无毛，背面仅幼时沿中脉和侧脉有柔毛，后变无毛；叶柄脱落后留有明显的半圆形或圆形叶痕。花雌雄异株，组成腋生复聚伞花序，花序轴密被黄褐色微柔毛；花绿色；萼片（4）5，外面被黄褐色微柔毛；花瓣与萼片同数，卵形或阔卵形；雄花雄蕊长为花瓣的 2 倍，雌花雄蕊短于花瓣；心皮 2~5，分离，每一心皮具 1 粒胚珠。核果卵球形，1~5 个并生，成熟后蓝绿色，长 6~8mm，萼片宿存。花期 4—5 月，果期 6—9 月。

生境分布 产于深坑、华竹坑、高峰等地，生于湿润且肥沃的山坡、山谷及村边。

药用价值 树皮、木材、叶、根或根皮入药，具有清热解毒、燥湿杀虫的功效，用于治疗上呼吸道感染、肺炎、急性胃肠炎、痢疾、胆道感染、疮疖、疥癣、湿疹、烧伤烫伤、毒蛇咬伤。

附　　注 《中华人民共和国药典（2020 年版）》收录。

楝科 Meliaceae

127 苦楝 *Melia azedarach* L. 楝属

别　　名 楝树、楝

形态特征 落叶乔木，高 15~20m。树皮灰褐色，浅纵裂；分枝广展；小枝有叶痕。二至三回奇数羽状复叶，长 20~50cm；小叶对生；小叶片卵圆形至椭圆形，顶生 1 片通常略大，长 3~7cm，宽 2~3cm，基部偏斜，边缘有钝锯齿，深浅不一。圆锥花序约与复叶等长，花芳香；花萼 5 深裂，裂片卵形或长圆状卵形；花瓣淡紫色，倒卵状匙形，长约 1cm，两面均被微柔毛；雄蕊 10，花丝合成管，紫色，管口有 10 个具 2 或 3 齿裂的狭裂片；子房 5 或 6 室。核果球形至椭球形，成熟时淡黄色，长 1~2cm，直径 8~15mm，内果皮木质，坚硬，具钝脊和浅凹窝。花期 4—5 月，果期 10—12 月。

生境分布 产于保护区各地，生于向阳旷地、路边。

药用价值 叶入药，具有清热燥湿、杀虫止痒、行气镇痛的功效，用于治疗湿疹瘙痒、疮癣疥癞、蛇虫咬伤、滴虫性阴道炎、疝气疼痛、跌打肿痛。树皮、根皮入药，具有清热、燥湿、杀虫的功效，用于治疗蛔虫病、蛲虫病、风疹、疥癣。果实入药，具有行气镇痛、杀虫的功效，用于治疗脘腹胁肋疼痛、疝痛、虫积腹痛、头癣、冻疮。

附　　注 《中华人民共和国药典（2020 年版）》收录。

大戟科 Euphorbiaceae

128 铁苋菜 *Acalypha australis* L. 铁苋菜属

别　　名　海蚌含珠

形态特征　一年生草本，高 20~50cm。茎自基部分枝，伏生向上的白色硬毛。叶片卵形至卵状披针形，长 3~9cm，宽 1~4cm，先端渐尖或钝尖，基部渐狭或宽楔形，边缘具圆锯，上面无毛，下面沿中脉具柔毛，基出脉 3，侧脉 3 对；叶柄长 1~5cm，具短柔毛；托叶披针形，长 1.5~2mm，具短柔毛。穗状花序腋生，稀顶生，长 1.5~5cm，花序梗长 0.5~3cm；雄花花萼 4 裂，雄蕊 7 或 8；雌花苞片 1 或 2（4），卵状心形，花后增大，边缘具三角形齿，花萼 3 裂，子房具疏毛，花柱 3，枝状 5~7 分裂。蒴果三角状半球形，直径约 3mm，外面被毛。种子褐色，卵球形，直径约 2mm。花果期 4—12 月。

生境分布　产于保护区各地，生于低山坡、沟边、路旁及田野中。

药用价值　全草入药，具有清热解毒、利湿、收敛止血的功效，用于治疗肠炎、痢疾、吐血、衄血、便血、尿血、崩漏，外治痈疖疮疡、皮炎湿疹。

附　　注　《浙江省中药炮制规范（2015 年版）》收录。

地锦草 *Euphorbia humifusa* Willd. **大戟属**

别　名 地锦

形态特征 一年生草本，高达 30cm。具白色乳汁。根纤细。茎匍匐，基部以上多分枝，常红色或淡红色，无毛。叶 2 列对生；叶片椭圆形，长 5~10mm，宽 3~6mm，先端钝圆，基部偏斜，略渐狭，边缘中部以上具细锯齿，叶面绿色或淡红色，两面疏被柔毛；叶柄长 1~2mm。花序单生于叶腋，具长 1~3mm 的梗；总苞陀螺状，高与直径各约 1mm，边缘 4 裂，裂片三角形；腺体 4，椭球形，边缘具白色或淡红色肾形附属物。雄花多数，近与总苞边缘等长；雌花 1，子房柄伸出至总苞边缘，子房无毛，花柱 3，分离，柱头 2 裂。蒴果三棱状卵球形，长约 2mm，直径约 2.2mm，无毛，花柱宿存。种子三棱状卵球形，长 1~1.3mm，直径 0.8~0.9mm，灰色，每个棱面无横沟。花果期 5—10 月。

生境分布 产于周村、安民关、高滩、双溪口等地，生于平原荒地、路旁、田间。

药用价值 全草入药，具有清热解毒、凉血止血的功效，用于治疗痢疾、泄泻、咯血、尿血、便血、崩漏、疮疖痈肿。

附　注 《中华人民共和国药典（2020年版）》《浙江省中药炮制规范（2015年版）》收录。

130　续随子　*Euphorbia lathylris* L.

大戟属

别　　名　千金子、拒冬实

形态特征　二年生草本，高达 1m。具白色乳汁。全株无毛。茎直立，粗壮，基部单一，略带紫红色，顶部多分枝，灰绿色。叶交互对生，茎下部密集，茎上部稀疏；叶片条状披针形，长 6~10cm，宽 4~10mm，先端渐尖，基部心形，多少抱茎，全缘；无叶柄。总苞叶 2，卵状长三角形，长 3~8cm，宽 2~4cm，先端渐尖或急尖，基部近截平或半抱茎，全缘；多歧聚伞花序顶生，伞辐 2~4；腺体 4，新月形，两端具短角，暗褐色；雄花多数，伸出总苞边缘；雌花 1，子房柄几与总苞近等长，花柱 3，分离，柱头 2 裂。蒴果三棱状球形，直径约 1cm，光滑，成熟时不开裂。种子卵球状，长 6~8mm，褐色或灰褐色，无皱纹，具黑褐色斑点。花期 4—7 月，果期 6—9 月。

生境分布　产于高峰，栽于屋旁或逸为野生。

药用价值　叶入药，具有祛斑、解毒的功效，用于治疗白癜、面皯、蝎螫。种子入药，具有逐水消肿、破血消瘀的功效，用于治疗水肿、痰饮、积滞胀满、二便不通、血瘀闭经，外治顽癣、疣赘。茎中的白色乳汁入药，具有去斑解毒、敛疮的功效，用于治疗白癜、蛇咬伤。

附　　注　《中华人民共和国药典（2020 年版）》收录。

131 斑地锦　*Euphorbia maculata* L.

大戟属

别　　名　地锦草

形态特征　一年生草本。具白色乳汁。根纤细；茎匍匐，被白色疏柔毛。叶 2 列对生；叶片长椭圆形至肾状长圆形，长 6~12mm，宽 2~4mm，先端钝，基部偏斜，不对称，边缘中部以上常具细小疏锯齿，上面绿色，中部常具紫色斑点，两面无毛；叶柄长约 1mm。花序单生于叶腋，具长 1~2mm 的柄；总苞狭杯状，高 0.7~1mm，直径约 0.5mm，外部具白色疏柔毛，边缘 5 裂，裂片三角状圆形；腺体 4，黄绿色，边缘具白色附属物；雄花 4 或 5，微伸出总苞外；雌花 1，子房柄被柔毛，子房密被柔毛；花柱短，近基部合生，柱头 2 裂。蒴果三角状卵球形，长约 2mm，直径约 2mm，全面密被柔毛，成熟时完全伸出总苞外。种子卵状四棱形，长约 1mm，直径约 0.7mm，灰色或灰棕色，每个棱面具 5 个横沟。花果期 4—9 月。

生境分布　产于保护区各地，生于路旁、田埂及荒地。

药用价值　全草入药，具有止血、清湿热、通乳的功效，用于治疗黄疸、泄泻、疳积、血痢、尿血、血崩、外伤出血、乳汁不多、痈肿疮毒。

附　　注　《中华人民共和国药典（2020 年版）》《浙江省中药炮制规范（2015 年版）》收录。

132 **大戟** *Euphorbia pekinensis* Rupr. 　　　　　　　　　　　　　　**大戟属**

别　名 京大戟

形态特征 多年生草本，高达 1m。具白色乳汁。
主根圆锥形，长 20~30cm，直径 6~14mm；茎单
生或自基部多分枝，每个分枝上部又 4 或 5 分枝，
被柔毛至无毛。叶互生；叶片椭圆形，稀披针形或
披针状椭圆形，先端尖或渐尖，基部楔形至近圆形，
边缘全缘，两面无毛或叶背具柔毛；无柄。总苞叶
4~7，长椭圆形；伞辐 4~7；苞叶 2，近圆形；花
序单生于二歧分枝顶端，基部无柄；总苞杯状，高
约 3.5mm，边缘 4 裂，裂片半圆形，边缘具不明
显的缘毛；腺体 4，半球形或肾球形，淡褐色，侧
生于总苞边缘；雄花多数，伸出总苞外；雌花 1，子
房密被瘤状突起，花柱 3，分离。蒴果三棱状球
形，长约 4.5mm，密被瘤状突起。种子卵球形，长
1.8~2.5mm，暗褐色，微光亮，腹面具浅色条纹。
花期 5—8 月，果期 6—9 月。

生境分布 产于里东坑、雪岭，生于山坡疏林下、
路旁。

药用价值 根入药，具有泻水逐饮、消肿散结的功
效，用于治疗水肿、胸腹积水、痰饮积聚、二便不
利、痈肿、瘰疬。

附　注《中华人民共和国药典（2020 年版）》《浙
江省中药炮制规范（2015 年版）》收录。

133 叶下珠 *Phyllanthus urinaria* L.

叶下珠属

别 名 阴阳草、假油树

形态特征 一年生草本，高 10~60cm。茎直立，常带紫红色，基部多分枝，分枝较短且几平展。叶片长圆形，长 7~18mm，宽 4~7mm，先端钝或有小尖头，基部圆形或宽楔形，常偏斜，下面灰绿色，近边缘有 1~3 列短粗毛，侧脉 4 或 5 对；叶柄极短；托叶三角状披针形。花单性同株，几无花梗；雄花 2 或 3 朵簇生于小枝上部叶腋，萼片 6，雄蕊 3，花丝全部合生成柱状，花盘腺体 6，分离；雌花单生于小枝中下部叶腋，萼片 6，花盘圆盘状，子房近球形，3 室，花柱分离，顶端 2 裂。蒴果扁球形，直径约 2.5mm，红色，近无梗，表面有鳞片状突起，萼片宿存。种子三角状卵形，长约 1.2mm，表面有横纹。花期 5—7 月，果期 7—11 月。

生境分布 保护区各地广布，生于山坡、田间、路旁草丛中。

药用价值 全草入药，具有清热利尿、明目、消积的功效，用于治疗肾炎水肿、尿路感染、结石、肠炎、痢疾、小儿疳积、眼角膜炎、黄疸型肝炎，外用治青竹蛇咬伤。

附 注 《浙江省中药炮制规范（2015 年版）》收录。

漆树科 Anacardiaceae

134 南酸枣 *Choerospondias axillaris* (Roxb.) B. L. Burtt et A. W. Hill　　**南酸枣属**

别　　名 酸枣

形态特征 落叶乔木，高 8~25m。树皮灰褐色，长片状剥落；小枝粗壮，紫褐色，具明显皮孔。奇数羽状复叶长 25~40cm，叶轴无毛，叶柄基部略膨大；小叶 7~13，膜质至纸质，卵形、卵状披针形、卵状长圆形，长 4~12cm，宽 2~4.5cm，先端长渐尖，基部阔楔形，偏斜，全缘或幼株叶缘具粗锯齿。雄花序长 4~10cm，被微柔毛或近无毛；苞片小；花萼杯状，5 钝裂，裂片长约 1mm，边缘具紫红色腺状睫毛；花瓣长圆形，具褐色脉纹，开花时外卷；雄蕊与花瓣近等长；雄花无不育雌蕊；雌花单生于上部叶腋，较大。核果卵球形，成熟时暗黄色，直径约 2cm，顶端有 4~5 个小孔。花期 4—5 月，果期 10 月。

生境分布 产于保护区各地，生于山坡、丘陵或沟谷林中。

药用价值 树皮入药，具有解毒、收敛、镇痛、止血的功效，用于治疗烧伤烫伤、外伤出血、牛皮癣。

附　　注 《中华人民共和国药典（2020 年版）》收录。

135 **盐肤木** *Rhus chinensis* Mill.　　　　　　　　　　　　　　　**盐肤木属**

别　　名　盐麸木、五倍子树

形态特征　落叶灌木或小乔木，高 2~10m。小枝、叶柄及花序密被锈色柔毛；小枝具圆形小皮孔。奇数羽状复叶互生，长 20~45cm；叶轴具宽的叶状翅；小叶 5~13，自下而上逐渐增大，卵形、椭圆状卵形、长圆形，长 6~12cm，宽 3~7cm，先端急尖，基部圆形，顶生小叶基部楔形，边缘具粗锯齿或圆齿，叶面暗绿色，叶背粉绿色，被白粉，叶背被锈色柔毛，脉上较密，侧脉和细脉在叶面凹陷，在叶背突起。圆锥花序宽大，多分枝，雄花序长 30~40cm，雌花序较短；花瓣白色，倒卵状长圆形，外卷；子房卵形，密被白色微柔毛。核果扁球形，直径 4~5mm，被具节柔毛和腺毛，成熟时红色。花期 8—9 月，果期 10 月。

生境分布　保护区各地常见，生于向阳山坡、林缘、沟谷和灌丛中。

药用价值　根入药，具有祛风湿、利水消肿、活血散毒的功效，用于治疗风湿痹痛、水肿、咳嗽、跌打肿痛、乳痈、癣疮。根白皮入药，具有清热利湿、解毒散瘀的功效，用于治疗黄疸、水肿、风湿痹痛、小儿疳积、疮疡肿毒、跌打损伤、毒蛇咬伤。树白皮入药，具有清热解毒、活血止痢的功效，用于治疗血痢、痈肿、疮疥、蛇犬咬伤。果实入药，具有生津润肺、降火化痰、敛汗止痢的功效，用于治疗痰嗽、喉痹、黄疸、盗汗、痢疾、顽癣、痈毒、头风白屑。花入药，具有清热解毒、敛疮的功效，用于治疗疮疡久不收口、小儿鼻下两旁生疮、色红瘙痒、渗液浸淫糜烂。叶入药，具有化痰止咳、收敛、解毒的功效，用于治疗毒蛇咬伤、跌打损伤。

附　　注　《中华人民共和国药典（2020 年版）》《浙江省中药炮制规范（2015 年版）》收录。

冬青科 Aquifoliaceae

136 **冬青** *Ilex chinensis* Sims 冬青属

别　　名 四季青、冬青木

形态特征 常绿乔木，高达 15m。树皮灰黑色；小枝圆柱形，有细棱，皮孔不明显。叶互生；叶片薄革质，狭卵形至长圆形，长 7~11cm，宽 2.5~4cm，先端渐尖，基部宽楔形，边缘具疏浅钝齿，中脉在上面平坦，下面隆起，侧脉 7~9 对，在两面较明显；叶柄长 5~15mm。复聚伞花序单生于叶腋，无毛；花淡紫或紫红色，4~5 数；雄花花萼裂片宽三角形，花瓣卵圆形，雄蕊短于花瓣；雌花花萼、花瓣与雄花相似。果椭球形，熟时鲜红色，直径 8~10mm；分核 4~5，长椭球形，背面具 1 条纵沟。花期 4—6 月，果期 10—12 月。

生境分布 产于保护区各地，生于海拔 1300m 以下的山坡、沟谷常绿阔叶林中。

药用价值 树皮、根皮入药，具有凉血解毒、止血止带的功效，用于治疗烫伤、月经过多、赤白带下。叶入药，具有凉血止血的功效，用于治疗外伤出血。果实入药，具有补肝肾、祛风湿、止血敛疮的功效，用于治疗须发早白、风湿痹痛、消化性溃疡出血、痔疮、溃疡不敛。

附　　注 《中华人民共和国药典（2020年版）》《浙江省中药炮制规范（2015年版）》收录。

137 枸骨　*Ilex cornuta* Lindl. et Paxt.　　　　冬青属

别　　名　枸骨冬青、八角刺

形态特征　常绿灌木或小乔木，高 2~8m。幼枝具纵脊及沟，沟内被微柔毛或变无毛；老枝灰白色，无皮孔。叶片厚革质，四角状长圆形，长 4~7cm，宽 2~3cm，先端尖刺状，向下反折，基部截形或宽楔形，边缘稍反卷，每边具 1~3 枚宽大刺齿（有时全缘），齿端外展，顶刺通常反折；侧脉 5~6 对，两面明显；叶柄长 2~8mm。花序簇生于叶腋；雄花花萼裂片宽三角形，花瓣长圆状卵形，黄色，雄蕊与花瓣近等长；雌花的花萼、花瓣与雄花相似，子房长圆状卵球形。果球形，熟时鲜红色，直径 7~10mm；分核 4，表面具皱洼穴，背面有 1 纵沟。花期 3—4 月，果期 10—12 月。

生境分布　产于保护区各地，生于溪边阔叶林或灌丛中。

药用价值　根皮入药，具有祛风镇痛的功效，用于治疗风湿性关节炎、腰肌劳损、头痛、牙痛、黄疸型肝炎。树皮入药，具有补肝肾、强腰膝的功效，用于治疗肝血不足、肾痿。叶入药，具有清热养阴、平肝、益肾的功效，用于治疗肺痨咯血、骨蒸潮热、头晕目眩、高血压。果实入药，具有补肝肾、强筋活络、固涩下焦的功效，用于治疗体虚低热、筋骨疼痛、崩漏、带下、泄泻。

附　　注　《中华人民共和国药典（2020 年版）》《浙江省中药炮制规范（2015 年版）》收录。

138 大叶冬青 *Ilex latifolia* Thunb. 冬青属

别　　名　苦丁茶

形态特征　常绿乔木，高达 18m。树皮灰黑色；小枝粗壮，具纵棱及槽。叶片厚革质，长圆形至近卵形，长 8~25cm，宽 4.5~8cm，先端急尖或钝尖，基部宽楔形至近圆形，边缘有疏锯齿，中脉在上面凹陷，下面隆起，侧脉 7~9 对，在上面明显，下面不明显；叶柄长 1.5~2.5cm。花序簇生，圆锥状，有主轴；雄花花序每一分枝具多朵花，花萼裂片卵圆形，花瓣长圆形，基部稍联合，雄蕊与花瓣近等长；雌花花序每一分枝具花 1~3 朵，花瓣卵形，子房卵球形。果球形，熟时鲜红色，直径 6~8mm；分核 4，长椭球形，背面有 3 条纵脊。花期 4—5 月，果期 10—12 月。

生境分布　产于大南坑、华竹坑、非连排、雪岭等地，生于山坡、山谷阔叶林中。

药用价值　叶入药，具有散风热、清头目、除烦渴的功效，用于治疗头痛、齿痛、目赤、聤耳、热病烦渴、痢疾。

附　　注　《浙江省中药炮制规范（2015年版）》收录。

139 毛冬青 *Ilex pubescens* Hook. et Arn.

冬青属

别　　名　密毛假黄杨

形态特征　常绿灌木，高达 4m。小枝细长，近四棱形，密被展开粗毛。叶片厚纸质，椭圆形或长卵形，长 2~6cm，宽 1~2.5cm，先端急尖或短渐尖，基部钝，边缘具短芒状细齿，叶两面被长硬毛，沿脉更密，中脉在上面平坦或稍凹陷，下面隆起，侧脉 4~5 对；叶柄长 3~4mm，被毛。花序簇生，密被长硬毛；雄花聚伞花序簇生，花淡紫色，花萼裂片卵状三角形，花瓣卵状长圆形或倒卵形；雌花单花簇生，稀 3 花，花萼裂片宽卵形，花瓣长圆形。果球形，直径 3~4mm，熟时红色，密被长硬毛；分核 6，稀 5 或 7，椭球形，背面具纵宽的单沟，两侧面平滑。花期 4—5 月，果期 10—12 月。

生境分布　产于保护区各地，生于海拔 800m 以下的山坡、沟谷林中或林缘。

药用价值　根入药，具有清热解毒、活血通络的功效，用于治疗风热感冒、肺热咳喘、咽痛、乳蛾、牙龈肿痛、胸痹心痛、中风偏瘫、血栓闭塞性脉管炎、丹毒、烧伤烫伤、痈疽、中心性视网膜炎。叶入药，具有清热凉血、解毒消肿的功效，用于治疗烫伤、外伤出血、痈肿疔疮、走马牙疳。

附　　注　《浙江省中药炮制规范（2015 年版）》收录。

140 铁冬青 *Ilex rotunda* Thunb. 冬青属

别　名　救必应

形态特征　常绿乔木，高可达 20m。树皮灰色至灰黑色；幼枝具棱，常呈紫色。叶互生；叶片薄革质，倒卵形至椭圆形，长 4~10cm，宽 2~4cm，先端渐尖，基部楔形，全缘，小树及萌芽枝有时疏生小齿，中脉在上面凹入，下面隆起，侧脉 7~8 对，两面较明显；叶柄长 1~2cm，常为紫色。聚伞花序单生于叶腋；花白色或淡紫色；雄花花萼裂片三角形，花瓣长圆形，开放时反折，雄蕊明显露出；雌花花萼裂片三角形，花瓣倒卵状长圆形，子房卵状圆锥形。果近球形，熟时鲜红色，直径 6~8mm；分核 5~7，椭球形，背面具 3 条线纹和 2 条浅沟。

花期 4—5 月，果期 9—12 月，可宿存于树上至翌年 3 月。

生境分布　产于华竹坑、交溪口、库坑、深坑、龙井坑，生于海拔 800m 以下的山坡林中。

药用价值　树白皮、根、叶入药，具有清热解毒、消肿镇痛的功效，用于治疗感冒、扁桃体炎、咽喉肿痛、急性胃肠炎、风湿骨痛，外用治跌打损伤、痈疖疮疡、外伤出血、烧伤烫伤。

附　注　《中华人民共和国药典（2020 年版）》收录。

卫矛科 Celastraceae

141 卫矛 *Euonymus alatus* (Thunb.) Sieb. 卫矛属

别 名 鬼箭羽

形态特征 落叶灌木，高达 3m。全株无毛。小枝四棱形，棱上常有 4 列扁平、宽大的木栓翅。叶对生；叶片纸质，倒卵形、菱状倒卵形或椭圆形，长 2~7cm，宽 1~3.5cm，先端急尖，基部楔形至近圆形，边缘具细锯齿，侧脉 6~8 对，网脉明显；叶柄极短或几无。聚伞花序腋生，有 3~5 花，花序梗长 0.5~3cm；花 4 数，淡黄绿色；花盘肥厚方形；雄蕊具短花丝，生于花盘边缘。蒴果棕褐色带紫，深裂几至基部，通常仅 1~2 分果发育。每一裂瓣具种子 1~2，紫棕色，有橙红色假种皮包裹。花期 5—6 月，果期 7—12 月。

生境分布 产于高峰、龙井坑、交溪口、松坑等地，生于沟谷、山坡阔叶林中以及林缘。

药用价值 根入药，具有行血通经、散瘀镇痛的功效，用于治疗月经不调、产后瘀血腹痛、跌打损伤肿痛。翅状物的枝条或翅状附属物入药，具有破血通经、解毒消肿、杀虫的功效，用于治疗症瘕结块、心腹疼痛、闭经、痛经、崩中漏下、产后瘀滞腹痛、恶露不下、疝气、历节痹痛、疮肿、跌打伤痛、虫积腹痛、烧伤烫伤、毒蛇咬伤。

附 注 《浙江省中药炮制规范（2015 年版）》收录。

142 雷公藤 *Tripterygium wilfordii* Hook. f. 雷公藤属

别　名　水莽、黄藤草

形态特征　藤本灌木，高1~3m。小枝棕红色，具4~6细棱，被密毛及细密皮孔。叶互生；叶片椭圆形、倒卵椭圆形、长方椭圆形或卵形，长4~7.5cm，宽3~4cm，先端急尖或短渐尖，基部阔楔形或圆形，边缘有细锯齿，侧脉4~7对，达叶缘后稍上弯；叶柄长5~8mm，密被锈色毛。圆锥聚伞花序较窄小，长5~7cm，宽3~4cm，通常有3~5分枝，花序、分枝及小花梗均被锈色毛，花序梗长1~2cm，小花梗细，长达4mm；花白色，直径4~5mm；萼片先端急尖；花瓣长方卵形，边缘微蚀。翅果长圆状，长1~1.5cm，直径1~1.2cm，中央果体较大，占全长的1/2~2/3，中央脉及侧脉共5条，小果梗细圆，长达5mm。种子细柱状，长达10mm。花期5—7月，果期9—10月。

生境分布　产于深坑、徐罗坑、松坑口，生于山坡林中或路旁。

药用价值　根、叶、花入药，具有祛风除湿、活血通络、消肿镇痛、杀虫解毒的功效，用于治疗类风湿性关节炎、风湿性关节炎、肾小球肾炎、肾病综合征、红斑狼疮、口眼干燥综合征、白塞病、湿疹、银屑病、麻风病、疥疮、顽癣。

附　　注　《浙江省中药炮制规范（2015年版）》收录。

凤仙花科 Balsaminaceae

143 凤仙花 *Impatiens balsamina* L. **凤仙花属**

别　　名 急性子

形态特征 一年生草本，高 60~100cm。茎粗壮，肉质，直立，不分枝或有分枝，下部节常膨大。叶互生，下部者有时对生，上部者常集生于茎顶；叶片椭圆状长圆形、长圆形、披针形或倒披针形，长 5~12cm，宽 1.5~3cm，先端渐尖，基部楔形下延，边缘有圆锯齿，两面无毛，侧脉 5~7 对；叶柄长 0.8~1.5cm，常有 1~3 对黑褐色的无柄腺体。花常 2 或 3 朵簇生于上部叶腋，无花序梗，粉红色或红色，稀白色，单瓣或重瓣；花梗长 1~1.5cm，密被柔毛；萼片 3，侧生萼片 2，卵形或卵状椭圆形，长 2~3mm，被柔毛；雄蕊 5，花药卵球形，顶端钝；子房纺锤形，密被柔毛。蒴果宽纺锤形，长 1~2cm，密被柔毛。种子多数，圆球形，褐色，长 2~3mm。花果期 5—9 月。

生境分布 保护区内有栽培，常栽于屋旁。

药用价值 根入药，具有活血、通经、软坚、消肿的功效，用于治疗风湿筋骨疼痛、跌打肿痛、咽喉骨哽。花入药，具有活血通经、祛风镇痛、解毒的功效，用于治疗闭经、跌打损伤、瘀血肿痛、风湿性关节炎、痈疽疔疮、蛇咬伤、手癣。种子入药，具有破血软坚、消积的功效，用于治疗症瘕痞块、闭经、噎膈。

附　　注 《中华人民共和国药典（2020 年版）》《浙江省中药炮制规范（2015 年版）》收录。

鼠李科 Rhamnaceae

144 **枳椇** *Hovenia dulcis* Thunb.　　　　　　　　　　　　　　　　　**枳椇属**

别　名 拐枣、鸡爪梨

形态特征 落叶乔木，高达 20m。小枝无毛，褐色或黑紫色，或密被黄褐色茸毛。叶互生；叶片纸质，椭圆状卵形、卵形或宽椭圆状卵形，长 7~17cm，宽 4~11cm，先端短渐尖或渐尖，基部圆形或微心形，边缘具不整齐锯齿，三出脉，两面无毛或下面仅沿脉被疏短柔毛；叶柄长 2~4.5cm。聚伞圆锥花序顶生或腋生，花序轴和花梗均无毛；萼片卵状三角形，具纵条纹或网状脉，无毛；花瓣倒卵状匙形，黄绿色，长 2.4~2.6mm，宽 1.8~2.1mm；子房球形，花柱 3 浅裂，无毛。浆果状核果近球形，熟时黑色，直径 6.5~7.5mm，无毛；花序轴果期膨大。种子深栗色或黑紫色，直径 5~5.5mm。花期 4—6 月，果期 6—10 月。

生境分布 产于高峰、库坑、里东坑等地，生于山坡、谷地阔林中。

药用价值 根入药，具有祛风活络、止血、解酒的功效，用于治疗风湿筋骨痛、劳伤咳嗽、咯血、小儿惊风、醉酒。树皮入药，具有活血、舒筋、消食、疗痔的功效，用于治疗盘脉拘挛、食积、痔疮。树干中流出之液汁入药，具有辟秽除臭的功效，用于治疗狐臭。叶入药，具有清热解毒、除烦止渴的功效，用于治疗风热感冒、醉酒烦渴、呕吐、大便秘结。果实或种子入药，具有解酒毒、止渴除烦、止呕、利大小便的功效，用于治疗醉酒、烦渴、呕吐、二便不利。

附　注 《浙江省中药炮制规范（2015 年版）》收录。

葡萄科 Vitaceae

145 **异叶蛇葡萄** *Ampelopsis heterophylla* Sieb. et Zucc.　　**蛇葡萄属**

别　　名　赤葛藤

形态特征　落叶木质藤本。小枝圆柱形，有纵棱纹，被疏柔毛；卷须2~3叉分枝，相隔2节间断，与叶对生。叶为单叶，心形或卵形，长3.5~14cm，宽3~11cm，3~5深裂，缺裂宽阔，裂口凹圆，中间2缺裂较深，下方两侧缺裂较浅，少数叶片浅裂或不分裂，上面鲜绿色，光亮，无毛，下面淡绿色，脉上稍有毛；叶柄长1~7cm，被疏柔毛。聚伞花序与叶对生或假顶生，花序梗长1~2.5cm，疏被柔毛；花梗长1~3mm，疏生短柔毛。浆果近球形，直径5~8mm，有种子2~4粒。种子长椭球形，顶端近圆形。花期4—6月，果期7—10月。

生境分布　保护区各地广布，生于沟谷林下或山坡灌丛中，攀援于树冠或灌木、岩石上。

药用价值　根皮入药，具有清热补虚、散瘀通络、解毒的功效，用于治疗产后心烦口渴、中风半身不遂、跌打损伤、痈肿恶疮。

附　　注　《浙江省中药炮制规范（2015年版）》收录。

146 乌蔹莓　*Cayratia japonica* (Thunb.) Gagnep.　　　　乌蔹莓属

别　名　五爪龙

形态特征　多年生草质藤本。小枝具纵棱，连同叶柄、小叶柄、小叶片两面中脉、花序梗、花序均无毛或疏被微柔毛；卷须2（3）分枝。鸟足状5小叶复叶；中央小叶片较大，薄纸质，椭圆形或狭卵形，长2.5~8cm，宽2~3.5cm，先端急尖或短渐尖，基部楔形或宽楔形，边缘每侧有6~12（15）个锯齿，侧脉5~9对；叶柄长1.5~10cm，中央小叶柄长0.5~2.5cm，侧生小叶无柄或有短柄。花序腋生或假顶生，复二歧聚伞花序，直径6~15cm；花序梗长1~13cm；花4数；花瓣先端无小角状突起；花盘橙黄色，花后通常转粉红色，稀转白色。浆果近球形，成熟时由绿色转黑色，有光泽，直径约1cm。种子腹穴沟状，口部呈倒卵状披针形。花期5—6月，果期8—10月。

生境分布　生于山坡路边草丛或灌丛中。

药用价值　全草入药，具有解毒消肿、活血散瘀、利尿、止血的功效，用于治疗咽喉肿痛、目翳、咯血、血尿、痢疾，外用治痈肿、丹毒、腮腺炎、跌打损伤、毒蛇咬伤。

附　　注　《浙江省中药炮制规范（2015年版）》收录。

147 **三叶崖爬藤** *Tetrastigma hemsleyanum* Diels et Gilg **崖爬藤属**

别　　名 三叶青、金线吊葫芦

形态特征 多年生常绿草质藤本。块根卵形或椭圆形，表面深棕色，里面白色；茎下部节上生根；一年生小枝纤细，直径 1~1.5mm，有细纵棱纹，无毛或被疏柔毛；卷须不分枝。掌状 3 小叶复叶；中央小叶片稍大，狭卵形至披针形，长 3~7cm，宽 1.5~2.5cm，先端渐尖，有小尖头，基部楔形或圆形，侧生小叶基部不对称，边缘疏生具腺头小锯齿或齿突，上面暗绿色，两面无毛，侧脉 5 或 6 对，在下面微隆起；叶柄长 1.3~3.5cm。聚伞花序腋生或假顶生，花序梗短于叶柄，被短柔毛，下部有节，节上有苞片，或假顶生而基部无节和苞片；花梗长 2~2.5mm，有短硬毛；花瓣无毛，先端有小角。浆果近球形，直径约 6mm，有种子 1 粒。种子倒卵状椭球形。花期 4—5 月，果期 10—11 月。

生境分布 产于挑米坑、华竹坑、半坑、交溪口等地，生于阴湿的岩石上或阔叶林下、林缘。

药用价值 根入药，具有清热解毒、活血祛风的功效，用于治疗高热惊厥、肺炎、哮喘、肝炎、风湿、月经不调、咽痛、瘰疬、痈疔疮疖、跌打损伤。

附　　注 浙江省重点保护野生植物；《浙江省中药炮制规范（2015 年版）》收录。

锦葵科 Malvaceae

148 木芙蓉 *Hibiscus mutabilis* L.　　　　　　　　　　**木槿属**

别　　名　芙蓉花

形态特征　落叶灌木或小乔木，高达 5m。小枝、叶柄、花梗、副萼和花萼均密被星状毛和短柔毛。叶片宽卵形至圆卵形、心形，直径 10~15cm，常掌状 5~7 浅裂，裂片三角形，先端渐尖，边缘具钝圆锯齿，主脉 5~11 条，上面疏被星状毛，下面密被星状细茸毛；叶柄长 5~20cm；托叶披针形，长 5~8mm，早落。花大，单生于枝端叶腋，花梗长 5~12cm，近顶端具关节；副萼片 8，条形，长 10~16mm，基部合生；花萼钟形，长 2.5~3cm，裂片 5，卵形，渐尖；花冠初开时白色或淡红色，后变深红色，直径约 8cm，花瓣近圆形，长 4~5cm，基部具髯毛；雄蕊柱长 2.5~3cm，无毛；花柱枝 5，疏被柔毛。蒴果扁球形，直径约 2.5cm，被淡黄色刚毛和绵毛。种子肾形，长约 2mm，黑褐色，背部被长柔毛。花期 8—11 月，果期 10—12 月。

生境分布　保护区各地有栽培，常栽于屋旁。

药用价值　根入药，具有清热解毒、消肿排脓、止血的功效，用于治疗痈肿、秃疮、臁疮、咳嗽气喘、赤白带下。花入药，具有清热、凉血、消肿、解毒的功效，用于治疗痈肿、疔疮、烫伤、肺热咳嗽、吐血、崩漏、赤白带下。叶入药，具有凉血、解毒、消肿、镇痛的功效，用于治疗痈疽、蛇丹、烫伤、目赤肿痛、跌打损伤。

附　　注　《中华人民共和国药典（2020 年版）》《浙江省中药炮制规范（2015 年版）》收录。

149 木槿　*Hibiscus syriacus* L. 　　　　木槿属

别　　名　朝开暮落花

形态特征　落叶灌木，高 2~4m。小枝密被黄色星状茸毛。叶片菱形至三角状卵形，长 3~10cm，宽 2~5cm，具深浅不同的 3 裂或不裂，先端渐尖或钝，基部楔形，边缘具不整齐齿缺，主脉 3~5 条，下面沿叶脉微被毛或近无毛；叶柄长 5 ~ 25mm，上面被星状柔毛；托叶条形，长约 6mm。花单生于枝端叶腋，花梗长 4~14mm，被星状短茸毛；副萼片 6~8，条形，长 6~15mm，基部合生；花萼钟形，长 14~20mm，密被星状短茸毛，裂片 5，三角形；花冠钟形，直径 5~6cm，淡紫色、白色或红色，中央深色，花瓣倒卵形，长 3.5~4.5cm，外面疏被纤毛和星状长柔毛；雄蕊柱长约 3cm；花柱光滑无毛。蒴果卵圆形，直径约 12mm，密被黄色星状茸毛。种子肾形，淡褐色，背部被黄白色长柔毛。花期 6—10 月，果期 8—12 月。

生境分布　保护区有栽培，栽于路旁或逸为野生。

药用价值　根入药，具有清热解毒、利湿、消肿的功效，用于治疗咳嗽、肺痈、肠痈、肠风泻血、痔疮肿痛、赤白带下、疥癣。花入药，具有清热凉血、解毒消肿的功效，用于治疗痢疾、痔疮出血、赤白带下，外用治疮疖痈肿、烫伤。茎皮或根皮入药，具有清热利湿、杀虫止痒的功效，用于治疗痢疾、赤白带下，外用治阴囊湿疹体癣、脚癣。叶入药，具有清热解毒的功效，用于治疗赤白痢疾、肠风、痈肿疮毒。果实入药，具有清肺化痰、止头痛、解毒的功效，用于治疗痰喘咳嗽、支气管炎、偏正头痛、黄水疮、湿疹。

附　　注　《浙江省中药炮制规范（2015 年版）》收录。

梧桐科 Sterculiaceae

(150) 梧桐 *Firmiana platanifolia* (L. f.) Marsili 梧桐属

别　　名 青桐

形态特征 落叶乔木，高达 16m。树皮青绿色，平滑。叶心形，掌状 3~5 裂，直径 15~30cm，裂片三角形，先端渐尖，基部心形，两面均无毛或略被短柔毛，基出脉 7 条，叶柄与叶片近等长。圆锥花序顶生，长 20~50cm；花萼淡黄绿色，5 深裂几达基部，萼片向外卷曲，长 7~9mm，外被淡黄色短柔毛；雄花花药 15 个聚集成头状，退化子房甚小；雌花无花瓣，子房圆球形，被毛。蓇葖果膜质，成熟前开裂成叶状，长 6~11cm，宽 1.5~2.5cm。种子球形，褐色，有皱纹，直径约 7mm。花期 6 月，果期 10—11 月。

生境分布 保护区偶见栽培，有时呈野生状态。

药用价值 树白皮入药，具有祛风、除湿、活血、镇痛的功效，用于治疗风湿痹痛、跌打损伤、月经不调、痔疮、丹毒。根入药，具有祛风湿、和血脉、通经络的功效，用于治疗风湿性关节炎、肠风下血、月经不调、跌打损伤。花入药，具有利湿消肿、消热解毒的功效，用于治疗水肿、小便不利、无名肿毒、创伤红肿、头癣、烧伤烫伤。叶入药，具有祛风除湿、清热解毒的功效，用于治疗风湿疼痛、麻木、痈疮肿毒、痔疮、臁疮、创伤出血、原发性高血压。种子入药，具有顺气、和胃、消食的功效，用于治疗伤食、胃痛、疝气、小儿口疮。

附　　注 《浙江省中药炮制规范（2015 年版）》收录。

猕猴桃科 Actinidiaceae

151 软枣猕猴桃 *Actinidia arguta* (Sieb. et Zucc.) Planch. ex Miq. **猕猴桃属**

别　名　藤梨

形态特征　落叶藤本。小枝幼时被毛，老枝无毛或疏被暗灰色皮屑状毛；髓淡褐色，片层状。叶片纸质，宽卵形至长圆状卵形，长 8~12cm，宽 5~10cm，先端具短尖头，基部圆形、楔形或心形，有时歪斜，干后上面非黑褐色，侧脉 6 或 7 对，边缘具细密锐齿，齿尖不内弯，下面无白粉，仅脉腋具髯毛；叶柄长 3~7cm，常紫红色。聚伞花序一或二回分歧，具 1~7 花，微被短茸毛；萼片 5，稀 4 或 6，具缘毛，早落；花瓣 5，稀 4 或 6，绿白色，倒卵圆形，无毛，芳香；花药暗紫色；子房瓶状球形，无毛。果圆球形至圆柱形，暗紫色，长 2~3cm，具喙或喙不显著，无毛和斑点。种子长约 2.5mm。花期 5—6 月，果期 8—10 月。

生境分布　产于洪岩顶、大龙岗，生于海拔 600~1500m 的山坡疏林中或林缘。

药用价值　果入药，具有滋阴清热、除烦止渴的功效，治疗热病津伤、阴血不足、烦渴引饮、砂淋、维生素 C 缺乏症、牙龈出血、肝炎等。

附　注　国家二级重点保护野生植物。

152 中华猕猴桃 *Actinidia chinensis* Planch.

猕猴桃属

别　　名　藤梨

形态特征　落叶藤本。小枝粗壮，幼时密被短茸毛或锈褐色长刺毛；髓白色，片层状或幼时实心。叶片厚纸质，宽倒卵形、宽卵形或近圆形，长6~12cm，宽6~13cm，先端突尖、微凹或截平，基部钝圆、截平或浅心形，边缘具刺毛状小齿，侧脉5~8对，上面无毛或仅脉上有少量糙毛，下面密被灰白色或淡棕色星状茸毛；叶柄长3~6cm，密被锈色柔毛。聚伞花序，雄花序通常3花，雌花多单生，稀2~3；花序梗长0.5~1.5cm，连同苞片、萼片均被茸毛；萼片（3）5（7）；花瓣（3）5（7），白色，后变淡黄色，宽倒卵形，清香；花药黄色；子房球形，被茸毛，花柱狭条形。果球形、卵状球形或圆柱形，长4~5cm，被短茸毛，熟时变无毛或几无毛，黄褐色，具斑点。种子直径约2.5mm。花期5月，果期8—9月。

生境分布　生于海拔1300m以下的山坡、沟谷林中、林缘，常攀附于树冠、岩石上。

药用价值　果实入药，具有调理中气、生津润燥、解热除烦、通淋的功效，用于治疗烦热、消渴、消化不良、食欲不振、呕吐、黄疸、砂淋、痔疮、烧伤烫伤。根皮入药，具有清热解毒、活血消肿、祛风利湿的功效，用于治疗风湿性关节炎、跌打损伤、丝虫病、痢疾、瘰疬、痈疖肿毒、水肿。

附　　注　国家二级重点保护野生植物；《浙江省中药炮制规范（2015年版）》收录。

153 **毛花猕猴桃** *Actinidia eriantha* Benth. **猕猴桃属**

别　　名　毛羊桃、毛冬瓜

形态特征　落叶藤本。小枝、叶柄、花序和萼片均密被灰白色或灰黄色星状茸毛，老枝常残存皮屑状毛；髓白色，片层状。叶片厚纸质，卵圆形至宽卵形，长 6~15cm，宽 4~9.5cm，先端短尖至短渐尖，基部截形或圆楔形，稀近心形，边缘具硬尖小齿，侧脉 6~8（10）对，上面散生脱落性糙伏毛，下面密被灰白色星状茸毛；叶柄长 1.5~3cm。聚伞花序有 3~7 花；花序梗长 5~10mm；萼片 2~3；花瓣 5，桃红色、淡红紫色或紫红色，倒卵形；花药黄色；子房球形，密被白色茸毛，花柱长 3~4mm。果圆柱形、卵状圆柱形，长 3~4.5cm，密被灰白色长茸毛，宿存萼片反折。种子长约 2mm。花期 5—6 月，果期 10—11 月。

生境分布　产于保护区各地，生于海拔 1000m 以下的山地林下或灌丛中。

药用价值　根、根皮入药，具有解毒消肿、清热利湿的功效，用于治疗热毒痈肿、乳痈、肺热失音、湿热痢疾、淋浊、带下、风湿痹痛、胃癌、食管癌、乳癌、跌打损伤。叶入药，具有解毒消肿、祛瘀镇痛、止血敛疮的功效，用于治疗痈疽肿毒、乳痈、跌打损伤、骨折、刀伤、冻疮溃破。

附　　注　《浙江省中药炮制规范（2015 年版）》收录。

154 长叶猕猴桃 *Actinidia hemsleyana* Dunn　　　　猕猴桃属

别　　名　粗齿猕猴桃

形态特征　落叶大藤本。枝、叶柄和叶片下面中脉通常有红棕色或黑褐色刚毛，有时变无毛；芽或小枝基部常有 1 丛棕色长柔毛；髓褐色，片层状。叶互生；叶片纸质，卵状椭圆形、宽卵圆形、长圆状披针形或倒披针形，长 5~18.5cm，宽 3~11.5cm，先端短尖或钝，基部楔形或圆形，两侧常不对称，边缘具稀疏突尖状小齿，或上部具波状粗齿，上面淡绿色，下面绿色至淡绿色，被白粉；叶柄长 1~4cm。聚伞花序 1~3 花，花序梗长 5~10mm；苞片钻形，密被黄褐色短茸毛；花绿白色至淡红色，直径达 16mm，花梗长 8~12mm；萼片 5，与花梗均密被黄褐色茸毛；花瓣 5，无毛；雄蕊、子房均密被黄色长糙毛。果长圆状圆柱形，长 2.5~3cm，幼时密被黄色长柔毛，成熟时毛逐渐脱落，有多数疣状斑点，基部具宿存、反折的萼片。花期 5—6 月，果期 7—9 月。

生境分布　产于洪岩顶、龙井坑、半坑、里东坑、徐罗等地，生于海拔 400~900m 的山地水沟边及山坡林下。

药用价值　果实入药，具有清热解毒、除湿的功效，用于治疗疖肿。

附　　注　《中国生物多样性红色名录》易危（VU）。

155 小叶猕猴桃 *Actinidia lanceolata* Dunn　　　　　　　**猕猴桃属**

形态特征　落叶藤本。小枝及叶柄密被棕褐色短茸毛，皮孔可见；老枝灰黑色，无毛；髓褐色，片层状。叶互生；叶片纸质，披针形、倒披针形至卵状披针形，长 3.5~12cm，宽 2~4cm，先端短尖至渐尖，基部楔形至圆钝，上面无毛或被粉末状毛，下面密被极短的灰白色或褐色星状毛，稀无毛，侧脉 5~6 对，横脉明显；叶柄长 8~20mm。聚伞花序有 3~7 花，花序梗长 3~10mm；苞片小，钻形，与花序梗均密被锈褐色茸毛；花淡绿色，稀白色或黄白色，直径 8mm；萼片 3~4，被锈褐色短茸毛；花瓣 5；雄蕊多数；子房密被短茸毛。果小，卵球形，长 5~10mm，熟时褐色，有明显斑点，基部具宿存、反折的萼片。花期 5—6 月，果期 10—11 月。

生境分布　产于保护区各地，生于海拔 200~700m 的山坡或山沟林下灌丛中。

药用价值　根入药，具有行血、补精的功效，用于治疗筋骨酸痛、精血不足。

附　　注　《中国生物多样性红色名录》易危（VU）。

156 安息香猕猴桃 *Actinidia styracifolia* C. F. Liang 猕猴桃属

形态特征 落叶藤本。幼枝密被黄褐色短茸毛，老枝变无毛或残存白色皮屑状短茸毛，皮孔不明显；髓白色，片层状。叶互生；叶片纸质，椭圆状卵形或倒卵形，长 6~11.5cm，宽 4.5~6.5cm，先端急尖至短渐尖，基部宽楔形，边缘具突尖状小齿，上面幼时生短糙伏毛，下面密被灰白色星状短茸毛，脉上的毛带淡褐色，侧脉通常 7 对，横脉和网状小脉均明显；叶柄长 12~20mm，密被黄褐色短茸毛。聚伞花序二回分歧，有花 5~7 朵；花序梗长 4~8mm；苞片钻形，与花序梗均密被黄褐色短茸毛；雄花橙黄色，直径 8~10mm；萼片通常 2~3，外侧密被黄褐色短茸毛，内侧毛被稀疏；花瓣 5，长圆形或长圆状倒卵形。果实圆柱形或近球形，长 1~1.6cm，密被茸毛。花期 5—7 月，果期 9—10 月。

生境分布 产于高峰，生于低海拔沟谷、溪边灌丛中。

药用价值 根、果实入药，具有清热解毒、消肿的功效，用于治疗消化不良、食欲不振、烦热、消渴。

附 注 《中国生物多样性红色名录》易危（VU）。

157 对萼猕猴桃 *Actinidia valvata* Dunn

猕猴桃属

别　　名 猫人参

形态特征 落叶藤本。着花小枝淡绿色，无毛或有微柔毛，皮孔不明显；老枝紫褐色，有细小白色皮孔；髓白色，实心，有时片层状。叶互生；叶片纸质或膜质，长卵形至椭圆形，长 3.5~10cm，宽 3~6cm，先端短渐尖或渐尖，基部楔形或圆截形，稀下延，边缘有细锯齿至粗大的重锯齿，上面绿色，下面淡绿色，有时上部或全部变淡黄色斑块，两面均无毛；叶柄淡红色，无毛，长 1.5~2cm。花序具（1）2~3 花，花序梗长 0.5~1cm；苞片钻形；花白色，芳香，直径 1.5~2cm；萼片 2~3，镊合状排列；花瓣 5~9，倒卵圆形，先端钝。果卵球形或长圆状圆柱形，长 2~2.5cm，无毛，无斑点，顶端有尖喙，基部有反折的宿存萼片，成熟时黄色或橘红色，具辣味。花期 5 月，果期 10 月。

生境分布 产于龙井坑、洪岩顶等地，生于海拔 300~1000m 的山沟边、岩隙旁或林下灌丛中。

药用价值 根入药，具有清热解毒、消肿的功效，用于治疗呼吸道感染、白带异常、痈肿疮疖、麻风病。

附　　注《中国生物多样性红色名录》近危（NT）;《浙江省中药炮制规范（2015 年版）》收录。

山茶科 Theaceae

158 山茶　*Camellia japonica* L.　　　　　　　　　山茶属

别　　名　红山茶

形态特征　常绿灌木或小乔木，高达 9m。小枝红褐色，无毛。叶革质，椭圆形，长 5~10cm，宽 2.5~5cm，先端略尖，或急短尖而有钝尖头，基部阔楔形，上面深绿色，发亮，下面浅绿色，侧脉 7~8 对，两面无毛，边缘具细锯齿；叶柄长 8~15mm，无毛。花 1~2 朵顶生，红色或稍淡，漏斗形，直径 5~6cm，无梗；苞片及萼片共 9~13，淡绿色而边缘带褐色，两面均被白色绢毛，花后渐脱落；花瓣 5~7，近圆形至倒卵圆形，长 3~4cm，先端圆而微凹，基部合生；雄蕊无毛，花丝白色，外轮花丝下部与花冠基部合生，与花冠离生部分向上连生成达于中部以上的长筒；子房及花柱无毛，花柱先端 3 浅裂，超出雄蕊群或略内藏。蒴果球形，直径 3~4cm，3 瓣裂，果瓣厚，内含 2~3 粒种子。花期 1—4 月，果期 9—10 月。

生境分布　保护区村庄有栽培。

药用价值　根入药，具有散瘀消肿、消食的功效，用于治疗跌打损伤、食积腹胀。花入药，具有收敛凉血、止血的功效，用于治疗吐血、衄血、便血、血崩，外用治烧伤烫伤、创伤出血。叶入药，具有清热解毒、止血的功效，用于治疗痈疽肿毒、烧伤、出血。种子入药，具有去油垢的功效，用于治疗头发油腻。

附　　注　浙江省重点保护野生植物。

159 茶 *Camellia sinensis* (L.) Kuntze 　　　　　　　山茶属

别　　名　茶树

形态特征　常绿灌木，高 1~6m。小枝有细柔毛。叶片椭圆形至长椭圆形，有的上半部略宽，长 4~12cm，宽 2~5cm，先端短急尖，常钝或微凹，基部楔形，侧脉 5~7 对，上面深绿色，无毛，下面淡绿色，疏生平伏柔毛或几无毛，边缘有锯齿；叶柄长 3~8mm，无毛。花 1~3 朵腋生或顶生，白色，芳香，直径 2.5~3.5cm，花梗长 4~6（~10）mm，向上渐增粗，下弯；苞片 2，早落；萼片 5~6，内面被短绢毛，具缘毛，宿存；花瓣 5~8，几圆形，稍连生，先端内凹；雄蕊多数，外轮花丝连合成短筒，并与花瓣合生；子房密生柔毛，花柱无毛，先端 3 裂。蒴果近球形或三角状球形，直径 2~2.5cm，3 瓣裂，果瓣厚约 1mm，内具中轴及 1~3 粒扁球形种子。花期 10—11 月，果期翌年 10—11 月。

生境分布　产于保护区各地，生于山坡林下或灌丛中，常成片栽培。

药用价值　芽、叶入药，具有清头目、除烦渴、消食、利尿、解毒的功效，用于治疗头痛、目昏、嗜睡、心烦口渴、食积痰滞、疟疾、痢疾。根入药，具有清热生津、杀虫止痒的功效，用于治疗口疮、牛皮癣。果实入药，具有化痰止咳的功效，用于治疗痰喘、咳嗽。

附　　注　国家二级重点保护野生植物；《浙江省中药炮制规范（2015 年版）》收录。

藤黄科 Guttiferae

160 **地耳草** *Hypericum japonicum* Thunb. ex Murray　　　　　**金丝桃属**

别　名　田基黄、七层塔、千重楼

形态特征　一年生或多年生草本。全株无毛。茎高 6~40cm，直立或外倾或匍匐在地而在基部生根，纤细，具明显 4 棱。叶片卵圆形，长 0.3~1.5cm，宽 1.5~8mm，先端钝，基部抱茎，全面散布微细透明腺点；无叶柄。聚伞花序顶生；花黄色，直径约 6mm；萼片卵状披针形，长 4~5mm；花瓣与萼片几等长，宿存；雄蕊 5~30 枚，不成束，宿存；子房 1 室，花柱 3，分离，柱头头状。蒴果椭球形，长约 4mm，成熟时开裂。种子圆柱形，淡黄色，有细蜂窝纹。花期 5—7 月，果期 7—9 月。

生境分布　产于保护区各地，生于沟边、路边、田野较潮湿处。

药用价值　全草入药，具有清热利湿、解毒消肿、散瘀镇痛的功效，用于治疗肝炎、早期肝硬化、阑尾炎、眼结膜炎、扁桃体炎，外用治疮疖肿毒、带状疱疹、毒蛇咬伤、跌打损伤。

附　注　《浙江省中药炮制规范（2015 年版）》收录。

堇菜科 Violaceae

161 **戟叶堇菜** *Viola betonicifolia* J. E. Smith **堇菜属**

别　　名 尼泊尔堇菜

形态特征 多年生草本，高 6~20cm。根状茎短，灰棕色或棕褐色。叶柄在花期长 2~10cm，果期长可达 15cm，上部具狭翼；叶基生，叶片三角状披针形或箭状披针形，长 2.5~5cm，宽 1~2cm，果期叶片增大，先端钝尖，基部箭状心形、浅心形或变近截形，边缘具浅波状齿，下部的锯齿较深而密，有时两面具紫褐色的小点或下面呈紫色；托叶大部与叶柄合生，披针形，具紫褐色斑点，分离部分有疏齿。花梗短于叶，苞片位于花梗的中下部至中上部；萼片卵状披针形，附器短，长 1~1.5mm，末端截平或有钝齿；花瓣蓝紫色，稀淡紫色或紫白色，侧瓣内侧有须毛，下瓣连距长 10~15mm，距筒粗壮，长 2~4mm；子房无毛，柱头顶面微凹，前方具短喙。蒴果椭球形，长 7~10mm。花期 3—4 月，果期 5—8 月。

生境分布 产于保护区各地，生于田边、路旁、山坡草地及溪边。

药用价值 全草入药，具有清热解毒、散瘀消肿的功效，用于治疗疮疡肿毒、喉痛、乳痈、肠痈、黄疸、目赤肿痛、跌打损伤、刀伤出血。

附　　注 《浙江省中药炮制规范（2015 年版）》收录。

162 **七星莲** *Viola diffusa* Ging. **董菜属**

别　名　蔓茎堇菜

形态特征　多年生匍匐草本。全株密被长柔毛，稀近无毛。根状茎短，具多条白色细根及纤维状根。基生叶丛生，呈莲座状，匍匐枝上叶互生；托叶中部以下与叶柄合生，披针形，边缘常有睫毛状齿；叶柄长 1~5cm，有翼；叶片卵形或长圆状卵形，长 2~5cm，宽 1~3.5cm，先端钝或急尖，基部截形或楔形，下延于叶柄上部，边缘具浅钝锯齿。花梗等长或短于叶，苞片位于花梗的中部或中上部；萼片披针形，边缘和中脉上具睫毛，附器短，长 0.5~1mm，末端圆钝或截形而具 2 钝齿，具缘毛；花瓣白色或具紫色脉纹，侧瓣内侧有短须毛，下瓣长仅及上、侧瓣的 1/3~1/2，连距长 8~11mm，距囊状，长约 1.5mm；子房无毛，柱头顶面微凹，两侧具薄边，前方具不明显的短喙。蒴果椭球形，长 5~7mm。花期3—5 月，果期 5—9 月。

生境分布　产于保护区各地，生于路边、沟旁及山坡林下阴湿处。

药用价值　全草入药，具有清热解毒、消肿排脓的功效，用于治疗肝炎、百日咳、目赤肿痛，外用治急性乳腺炎、疔疮、痈疖、带状疱疹、毒蛇咬伤、跌打损伤。

附　　注　《浙江省中药炮制规范（2015 年版）》收录。

163 长萼堇菜 *Viola inconspicua* Blume   **堇菜属**

别　　名 地丁草

形态特征 多年生草本，高6~18cm。根状茎极短，具黄白色的主根。叶柄在花期长2.5~6cm，果期长可达14cm，上部具狭翼；叶基生；叶片三角状卵形，长2~5cm，宽2~3cm，果期增大，先端急尖，基部宽心形，边缘具浅钝锯齿，上面有时散生乳头状白点；托叶大部与叶柄合生，披针形，具紫褐色斑点，分离部分近全缘或具疏细齿；苞片位于花梗的中部至中上部；萼片披针形，附器3长2短，长附器末端有小齿，果期增大，可与萼片等长；花瓣淡紫色，侧瓣内侧无须毛，下瓣连距长约12mm，距粗筒状，长2.5~3mm；子房无毛，柱头顶面微凹，两侧具薄边，前方具短喙。蒴果椭球形，长8~10mm。花期3—4月，果期5—10月。

生境分布 保护区各地常见，生于路旁、沟边及山地疏林下。

药用价值 全草入药，具有热解毒、凉血消肿、利湿化瘀的功效，用于治疗疔疮痈肿、咽喉肿痛、乳痈、湿热黄疸、目赤目翳、肠痈下血、跌打损伤、外伤出血、妇女产后瘀血腹痛、蛇虫咬伤。

附　　注 《浙江省中药炮制规范（2015年版）》收录。

164 紫花地丁　*Viola philippica* Cav.　　董菜属

别　　名　光瓣堇菜

形态特征　多年生草本，高5~18cm。根状茎粗短，具黄白色的主根。叶多数基生，呈莲座状；叶片舌形、卵状披针形或长圆状披针形，长2~7cm，宽1~2cm，果期则变为三角状卵形或三角状披针形，宽可达4cm，先端钝至渐尖，基部截形或微心形，边缘具浅钝齿；托叶大部与叶柄合生，披针形，淡绿色或苍白色，分离部分具疏齿；叶柄在花期长1~6cm，果期长可达15cm。花梗在花期等长或长于叶，果期短于叶；苞片位于花梗的中部；萼片卵状披针形，附器短，长约1mm，末端钝或有钝齿；花瓣蓝紫色，侧瓣内侧有须毛至无须毛，下瓣连距长14~18mm，距细管状，长5~7mm，直径1~2mm；子房无毛，柱头顶面微凹，两侧具薄边，前方具短喙。蒴果椭球形，长7~9mm。花期3—4月，果期5—10月。

生境分布　产于保护区各地，生于沟边、路边草地。

药用价值　全草入药，具有清热解毒、凉血消肿的功效，用于治疗疔疮肿毒、痈疽发背、丹毒、毒蛇咬伤。

附　　注　《中华人民共和国药典(2020 年版)》《浙江省中药炮制规范（2015 年版）》收录。

旌节花科 Stachyuraceae

165 中国旌节花　*Stachyurus chinensis* Franch.　　　　　**旌节花属**

别　　名　画眉杠

形态特征　落叶灌木。树皮紫褐色或深褐色，平滑。单叶，互生；叶片卵形、椭圆形至卵状长圆形，稀近圆形或宽卵形，长6~12cm，宽3.5~7cm，先端骤尖至尾尖，基部近圆形，稀心形或微心形，边缘具锯齿，上面幼时沿脉疏被白色茸毛，下面无毛或脉腋具少量簇毛，侧脉5~6对，两面突起；叶柄暗紫色，长1~2.5cm。总状花序腋生，长3~10cm，花梗极短；萼片4；花瓣4，黄绿色，倒卵形，长约6.5mm；雄蕊8，与花瓣近等长；子房瓶状，柱头头状，不裂。浆果球形，直径6~8mm，具短尖头。花期3—4月，果期8—9月。

生境分布　产于保护区各地，生于山谷、沟边、林中或林缘。

药用价值　茎髓入药，具有清热、利尿、下乳的功效，用于治疗小便不利、乳汁不下、尿路感染。

附　　注　《中华人民共和国药典（2020年版）》《浙江省中药炮制规范（2015年版）》收录。

胡颓子科 Elaeagnaceae

 166 胡颓子 *Elaeagnus pungens* Thunb.　　　　　　　**胡颓子属**

别　　名　斑楂

形态特征　常绿直立灌木，高 3~4m。常具棘刺，刺长 2~4cm；幼枝密被脱落性锈褐色鳞片；叶柄、花及果实被锈色鳞片。叶片革质，椭圆形至长圆状椭圆形，长 5~10cm，宽 1.8~5cm，先端锐尖至渐尖，基部钝或近圆形，全缘，常微反卷或多少皱波状，上面具光泽，下面密被银白色或淡黄色鳞片，并散生较大的褐色鳞片，外观呈双色，侧脉 7~9 对，与中脉展开成 50°~60° 的角，干后与网状脉均在上面明显，下面不明显；叶柄长 5~8mm。花银白色或黄白色，1~3 朵生于叶腋锈色的短小枝上；花梗长 3~5mm；萼筒圆筒形或漏斗状圆筒形，长 5~7mm，在子房上端骤缩；花柱无毛，顶端微弯曲，长于雄蕊。果实椭球形，长 12~14mm，熟时红色；果梗长 4~6mm。花期 9—12 月，果期翌年 4—6 月。

生境分布　产于保护区各地，生于山坡杂木林中、向阳的溪谷两旁及村旁路边。

药用价值　果实入药，具有收敛止泻、健脾消食、止咳平喘、止血的功效，用于治疗泄泻、痢疾、食欲不振、消化不良、咳嗽气喘、崩漏、痔疮下血。根入药，具有止咳、止血、祛风、利湿、消积滞、利咽喉的功效，用于治疗咳喘、吐血、咯血、便血、月经过多、风湿性关节炎、泻痢、小儿疳积、咽喉肿痛。叶入药，具有止咳平喘、止血、解毒的功效，用于治疗肺虚咳嗽、气喘、咯血、吐血、外伤出血、痈疽、痔疮肿痛。

附　　注　《浙江省中药炮制规范（2015 年版）》收录。

野牡丹科 Melastomataceae

167 地菍　*Melastoma dodecandrum* Lour.　**野牡丹属**

别　名　地珠

形态特征　常绿匍匐小灌木，长 10~30cm。茎匍匐上升，逐节生根，分枝多，披散，幼时被糙伏毛，以后无毛。叶片坚纸质，卵形或椭圆形，长 1~4cm，宽 0.8~3cm，顶端急尖，基部宽楔形，全缘或具细锯齿，上面近边缘和下面基部脉上疏生糙伏毛，基出脉通常 3；叶柄长 2~6mm，有糙伏毛。聚伞花序有花 1~3 朵，基部具 2 枚叶状总苞；花梗长 2~10mm，被糙伏毛；萼筒长 5~6mm，被糙伏毛；裂片披针形，长 2~3mm，被毛，各裂片间具 1 小裂片；花瓣粉红色、紫红色或白色，长约 1.5cm，具缘毛；长雄蕊药隔基部延长，弯曲；子房下位，顶端具刺毛。果坛状球形，长 8~10mm，直径约 8mm，近顶端略缢缩，熟时紫黑色，肉质不开裂，被短刺。花期 6—8 月，果期 8—11 月。

生境分布　产于保护区各地，生于山坡草丛和疏林下。

药用价值　根入药，具有活血、止血、利湿、解毒的功效，用于治疗痛经、产后腹痛、崩漏、赤白带下、痢疾、瘰疬、牙痛。果实入药，具有补肾养血、止血安胎的功效，用于治疗肾虚精亏、腰膝酸软、血虚萎黄、气虚乏力、经多、崩漏、胎动不安、阴挺、脱肛。

附　注　《浙江省中药炮制规范（2015 年版）》收录。

五加科 Araliaceae

168 楤木 *Aralia chinensis* L. 楤木属

别　　名 鸟不宿

形态特征 落叶灌木或小乔木，高 2~8m。茎疏生粗壮直刺；小枝、叶和花序密被灰色茸毛并疏生细刺。二至三回羽状复叶；羽片有 5~11（13）小叶，基部有 1 对小叶；小叶片卵形至卵状椭圆形，长 3~12cm，宽 2~8cm，基部圆形，上面粗糙，疏生糙毛，下面疏被灰色短柔毛，脉上尤密，边缘具细锯齿，侧脉 7~10 对，顶生小叶柄长 2~3cm。伞形花序组成顶生圆锥花序；顶生伞形花序直径约 1.5cm，花梗长 2~6mm，密生短柔毛；花白色，芳香；萼无毛，具 5 小齿；花瓣 5；雄蕊 5；子房下位，5 室，花柱离生或基部合生。果球形，具 5 棱，直径约 3mm，黑色。花期 6—8 月，果期 9—10 月。

生境分布 保护区各地均有分布，生于灌丛、林缘或林中。

药用价值 茎枝入药，具有祛风、行血的功效，用于治疗风湿痹痛、紫云风、胃痛。树白皮入药，具有补腰肾、壮筋骨、舒筋活血、散瘀镇痛的功效，用于治疗痛风、跌打损伤、风湿痹痛、肾脏病、糖尿病。根或根皮入药，具有祛风湿、利小便、散瘀血、消肿毒的功效，用于治疗风湿性关节炎、肾炎水肿、肝硬化腹水、急性与慢性肝炎、胃痛、淋浊、血崩、跌打损伤、瘰疬、痈肿。花入药，具有消肿镇痛、健脾利水的功效，用于治疗风湿性关节炎、急性与慢性肝炎、跌打损伤、骨折、虚肿、无名肿毒。嫩叶入药，具有利水消肿、解毒止痢的功效，用于治疗肾炎水肿、腹胀、腹泻、痢疾、疔疮肿毒。

附　　注 《浙江省中药炮制规范（2015 年版）》收录。

169 棘茎楤木 *Aralia echinocaulis* Hand.-Mazz. **楤木属**

别　　名 红楤木、鸟不踏、红刺桐

形态特征 落叶灌木或小乔木，高 2~7m。茎干、小枝、叶轴密生红棕色细长针状直刺。二回羽状复叶，羽片有 5~9 小叶，基部有 1 对小叶；小叶片长圆状卵形至披针形，长 5~14cm，宽 2.5~6cm，先端长渐尖，基部圆形至宽楔形，略歪斜，两面无毛，下面灰白色，边缘疏生细锯齿，侧脉 6~9 对，小叶近无柄。伞形花序组成顶生圆锥花序，长 30~50cm，主轴和分枝常带紫褐色，被毛；顶生伞形花序直径 1.5cm，花梗长 5~15（~30）mm；花萼具 5 小齿，淡红色；花瓣 5，白色；雄蕊 5；子房下位，5 室，花柱离生。果球形，具 5 棱，紫黑色。花期 6—7 月，果期 8—9 月。

生境分布 产于高滩、龙井坑、深坑等地，生于山坡疏林中或林缘、山谷灌丛中较阴处。

药用价值 根入药，具有活血破瘀、祛风行气、清热解毒的功效，用于治疗跌打损伤、骨折、骨髓炎、痛疽、风湿痹痛、骨痛。

附　　注 《浙江省中药炮制规范（2015 年版）》收录。

170 吴茱萸五加 *Acanthopanax evodiifolius* Franch. **五加属**

别　名 树三加

形态特征 落叶灌木或小乔木，高 2~10m。树皮灰白色至灰褐色，平滑；小枝暗灰色，具长、短枝。掌状复叶，在长枝上互生，在短枝上簇生，叶柄长 3.5~8cm；小叶 3 枚，小叶片卵形、卵状椭圆形或长椭圆状披针形，长 6~12cm，宽 2.8~8cm，先端短渐尖或长渐尖，基部楔形，两侧小叶片基部歪斜，上面无毛，下面脉腋具簇毛，后渐脱落，侧脉 5~7 对，与网状脉均明显；小叶无柄或具短柄。伞形花序常数个簇生或排列成总状，稀单生；花序梗长 2~8cm，无毛；苞片膜质，线状披针形；花梗长 0.5~1.5cm；花萼几全缘，无毛；花瓣 4，长卵形，绿色，反曲；雄蕊 4；子房 2~4 室，花柱 2~4，仅基部合生。果近球形，直径 5~7mm，具 2~4 浅棱，成熟时黑色。花期 5—6 月，果期 9—10 月。

生境分布 产于大龙岗，生于海拔 1000~1500m 的山冈岩石上或林中。

药用价值 根皮入药，具有祛风利湿、活血舒筋、理气化痰的功效，用于治疗风湿痹痛、腰膝酸痛、水肿、跌打损伤、劳伤咳嗽、哮喘、吐血。

附　注 《中国生物多样性红色名录》易危（VU）。

(171) 细柱五加 *Acanthopanax gracilistylus* W. W. Sm. 五加属

别　　名　五加

形态特征　落叶灌木，高 2~3m。枝蔓生状，无毛，节上常疏生反曲扁刺。小叶常 5 枚，长枝上叶互生，短枝上叶簇生；叶柄长 3~9cm，无毛，常有细刺；小叶片倒卵形至倒披针形，长 3~14cm，宽 1~5cm，先端尖，基部楔形，具细钝齿，两面无毛或疏生刚毛，侧脉 4 或 5 对，下面脉腋具淡棕色簇毛；小叶柄近无。伞形花序常单生；花序梗长 1~5cm；花黄绿色；花梗长 5~10mm；花萼具 5 小齿；花瓣 5，长圆状卵形；雄蕊 5；子房下位，2（3）室，花柱 2（3），离生而展开。果扁球形，直径约 6mm，熟时紫黑色；宿存花柱反曲。花期 4—8 月，果期 6—10 月。

生境分布　产于周村、东坑、龙井坑、雪岭等地，生于林缘、路边或灌丛中。

药用价值　根皮入药，具有祛风湿、补肝肾、强筋骨的功效，用于治疗风湿痹痛、筋骨痿软、小儿行迟、体虚乏力、水肿、脚气。果实入药，具有补肝肾、强筋骨的功效，用于治疗肝肾亏虚、小儿行迟、筋骨痿软。叶入药，具有散风除湿、活血镇痛、清热解毒的功效，用于治疗皮肤风湿、跌打肿痛、疝痛、丹毒。

附　　注　《中华人民共和国药典（2020 年版）》《浙江省中药炮制规范（2015 年版）》收录。

伞形科 Umbelliferae

172 紫花前胡 *Angelica decursiva* (Miq.) Franch. et Sav. 当归属

别　名　独活、土当归

形态特征　多年生草本，高 1~2m。根圆锥状，直径 1~2cm，棕黄色至棕褐色，有强烈气味。茎带暗紫红色，有毛。基生叶和茎下部叶三角形至卵圆形，一至二回三出羽状分裂，一回羽片 3~5，中间裂片和侧生裂片基部连合，沿叶轴呈翅状延长，末回裂片卵形或长圆状披针形，有不整齐锯齿，齿端有尖头，叶柄长 10~30cm，叶鞘宽，叶轴及羽片的柄不弯曲；茎上部叶简化成囊状叶鞘。复伞形花序，花序梗长 3~8cm，有柔毛；总苞片 1 或 2，卵圆形，阔鞘状，宿存，紫色；伞辐 8~20，有毛；小总苞片 3~8，条状披针形；小伞形花序多花，花梗有毛；萼齿明显；花瓣深紫色；花药暗紫色。果实长椭球形，

长 4~7mm，背腹扁压，无毛；背棱线形隆起，尖锐，侧棱狭翅状，非木栓质；每一棱槽内油管 1~3，合生面油管 4~6。花期 8—9 月，果期 9—11 月。

生境分布　产于保护区各地，生于山坡林下、林缘湿润处。

药用价值　根入药，具有散风清热、降气化痰的功效，用于治疗风热咳嗽痰多、痰热喘满、咯痰黄稠。

附　注　《中华人民共和国药典（2020 年版）》收录。

173 积雪草 *Centella asiatica* (L.) Urb. 积雪草属

别　　名　老鸦碗、大叶伤筋草、破铜钱草

形态特征　多年生草本。茎匍匐，细长，节上生根。叶片膜质至草质，圆形、肾形或马蹄形，长1~2.8cm，宽1.5~5cm，边缘有钝锯齿，基部阔心形，两面无毛或在背面脉上疏生柔毛；掌状脉5~7，两面隆起，脉上部分叉；叶柄长1.5~27cm，无毛或上部有柔毛，基部叶鞘透明，膜质。伞形花序梗2~4个，聚生于叶腋，长0.2~1.5cm，有或无毛；苞片通常2，卵形，膜质，长3~4mm，宽2.1~3mm；每一伞形花序有花3~4，聚集成头状，花近无柄；花瓣卵形，紫红色或乳白色，膜质，长1.2~1.5mm，宽1.1~1.2mm；花柱长约0.6mm；花丝短于花瓣，与花柱等长。果实两侧扁压，圆球形，基部心形至截平，长2.1~3mm，宽2.2~3.6mm，每侧有纵棱数条，棱间有明显的小横脉，网状，表面有毛或平滑。花果期4—10月。

生境分布　保护区各地广布，生于山坡、旷野、路边、水沟边等较阴湿处。

药用价值　全草入药，具有清热利湿、解毒消肿的功效，用于治疗湿热黄疸、中暑腹泻、砂淋、血淋、痈肿疮毒、跌打损伤。

附　　注　《中华人民共和国药典（2020年版）》收录。

174 芫荽　*Coriandrum sativum* L.　　　　　　　　　　　　　　芫荽属

别　　名　香菜、香荽、胡荽

形态特征　一年生或二年生草本，高 20~100cm。全株有强烈气味。根纺锤形，细长，有多数纤细的支根。茎圆柱形，直立，多分枝，有条纹，通常光滑。根生叶有柄，柄长 2~8cm；叶片一至二回羽状全裂，羽片广卵形或扇形半裂，长 1~2cm，宽 1~1.5cm，边缘有钝锯齿、缺刻或深裂，上部的茎生叶三至多回羽状分裂，末回裂片狭线形，长 5~10mm，宽 0.5~1mm，先端钝，全缘。复伞形花序，花序梗长 2~8cm；伞辐 3~7；小总苞片 2~5，条形；小伞形花序具花 4~13 朵；萼齿不等大，小的卵状三角形，大的长卵形；花瓣白色或带淡紫色，倒卵形，长 1~1.2mm，顶端有内凹小舌片，辐射瓣长 2~4mm，2 裂；花柱幼时直立，果熟时向外反曲。果实球形；主棱与次棱明显，次棱波形曲折；胚乳腹面内凹。花果期 4—11 月。

生境分布　保护区各地常见栽培。

药用价值　全草与成熟的果实入药，具有发表透疹、健胃的功效，用于治疗麻疹不透、感冒无汗、消化不良、食欲不振。

附　　注　《浙江省中药炮制规范（2015 年版）》收录。

175 川芎 *Ligusticum chuanxiong* S. H. Qiu, Y. Q. Zeng, K. Y. Pan, Y. C. Tang et J. M. Xu

藁本属

别　名　芎劳、小叶川芎

形态特征　多年生草本，高 40~60cm。根状茎发达，形成不规则的结节状拳形团块，具浓烈香气。茎直立，圆柱形，具纵条纹，上部多分枝，下部茎节膨大成盘状。茎下部叶具柄，柄长 3~10cm，基部扩大成鞘；叶片卵状三角形，长 12~15cm，宽 10~15cm，三至四回三出羽状全裂，羽片 4~5 对，卵状披针形，长 6~7cm，宽 5~6cm，末回裂片线状披针形至长卵形，长 2~5mm，宽 1~2mm，具小尖头；茎上部叶渐简化。复伞形花序顶生或侧生；总苞片 3~6，线形；伞辐 7~24；小总苞片 4~8，线形，长 3~5mm，粗糙；萼齿不发育；花瓣白色，倒卵形至心形，长 1.5~2mm，先端具内折小尖头；花柱基圆锥状，花柱 2，长 2~3mm，向下反曲。果实卵球形，两侧扁压，长 2~3mm；果棱 5；主棱槽内油管 3，次棱槽内油管 3~5，合生面油管 6~8。花期 7—8 月，果期 9—10 月。

生境分布　外荒田、高峰等地有栽培。

药用价值　根状茎入药，具有活血行气、祛风镇痛的功效，用于治疗月经不调、闭经痛经、症瘕腹痛、胸胁刺痛、跌打肿痛、头痛、风湿痹痛。

附　　注　《浙江省中药炮制规范（2015 年版）》收录。

176 藁本　*Ligusticum sinense* Oliv.　　　　　　　　　　　　　　　　　藁本属

别　　名　山芎劳、水芹三七

形态特征　多年生草本，高达 1m。根状茎和茎基部节稍膨大，节间短，具浓香。茎圆柱形，中空。基生叶片二回三出羽状分裂，一回羽片 4~6 对，末回裂片卵圆形或卵状长圆形，长 2~3cm，宽 1~2cm，顶生小羽片先端渐尖至尾尖，叶缘有不整齐的锯齿或浅裂，叶柄长达 20cm；茎上部叶片渐小，一回羽裂。复伞形花序直径 6~8cm；总苞片 6~10，条形，全缘；伞辐 14~30，长 3~5cm；小总苞片 10，与总苞片同形；小伞形花序有花约 20 朵，花梗粗糙；萼齿不明显；花瓣白色，倒卵形，先端微凹，具内折小舌

片；花柱基隆起，花柱与果实近等长，向下反曲。果实卵状椭球形，背腹扁压，长约 4mm，宽 2mm；背棱突起，侧棱扩大呈翅状；背棱槽内油管 1~3，侧棱槽内油管 3，合生面油管 4~6。花果期 8—12 月。

生境分布　产于华竹坑，生于山谷林下和溪沟边阴湿处。

药用价值　根状茎、根入药，具有祛风、散寒、除湿、镇痛的功效，用于治疗风寒感冒、巅顶疼痛、风湿肢节痹痛。

附　　注　《中华人民共和国药典（2020 年版）》收录。

177 前胡 *Peucedanum praeruptorum* Dunn **前胡属**

别　　名　白花前胡

形态特征　多年生草本，高 1~2m。根圆锥形，常分枝，棕黄色至棕褐色，味浓香。茎单生，粗壮，常有短毛，基部有多数叶鞘纤维。基生叶和茎下部叶纸质，近圆形至宽卵形，长 5~6cm，二至三回三出羽状分裂，末回裂片菱状倒卵形，长 3~4cm，宽 1~3cm，不规则羽状分裂，有圆锯齿，叶柄长 6~24cm；茎生叶二回羽状分裂，边缘有圆锯齿。复伞形花序顶生和侧生，直径 3~6cm，花序梗长 2~8cm；总苞片无或 1 至数片，条形；伞辐 7~18；小总苞片 5~7，条状披针形；小伞形花序有花 15~20 朵；萼齿不明显；花瓣白色，倒卵形，先端小舌片内曲；花柱基短圆锥状，花柱短。果实椭球形，背部扁压，长约 4mm，疏被短柔毛；背棱线形，稍突起，侧棱翅状，稍厚；每一棱槽内油管 3 或 4，合生面油管 6 或 7。花期 8—9 月，果期 10—11 月。

生境分布　产于里东坑、雪岭，生于山坡林下或路旁。

药用价值　根入药，具有散风清热、降气化痰的功效，用于治疗风热咳嗽痰多、痰热喘满、咯痰黄稠。

附　　注　《中华人民共和国药典（2020年版）》《浙江省中药炮制规范（2015年版）》收录。

山茱萸科 Cornaceae

178 **青荚叶** *Helwingia japonica* (Thunb.) F. Dietr. **青荚叶属**

别　名 叶上珠

形态特征 落叶灌木，高1~3m。树皮灰褐色，幼枝绿色或紫绿色，叶痕明显。叶互生；叶片纸质，卵形、卵圆形或卵状椭圆形，长3~13cm，宽2~9cm，通常中上部最宽，先端短尖、渐尖或短尾状，基部楔形至近圆形，边缘具腺状细锯齿或尖锐锯齿，两面均无毛；叶柄长1~6cm；托叶钻形，全裂或中部以上分裂，早落。花小，淡绿色；雄花3~20余朵组成伞形花序，生于叶面中脉1/3~1/2处，罕生于新枝上，花梗长2~6mm；雌花1~3朵簇生于叶面近中部，近无梗，柱头3~5裂。核果卵球形，熟时亮黑色。花期4—6月，果期7—10月。

生境分布 产于龙井坑、洪岩顶、华竹坑、松坑、非连排等地，生于山坡、沟谷林下阴湿处。

药用价值 茎髓入药，具有清热利尿、通乳的功效，用于治疗热淋涩痛、小便不利、乳汁不下。

附　注 《中华人民共和国药典（2020年版）》《浙江省中药炮制规范（2015年版）》收录。

鹿蹄草科 Pyrolaceae

179 **鹿蹄草** *Pyrola calliantha* H. Andr. **鹿蹄草属**

别　名　鹿衔草

形态特征　多年生常绿草本，高 20~30cm。全体光滑无毛。根状茎长而横生。基生叶 4~7 片，莲座状；叶片革质，圆卵形至圆形，长 3~5cm，宽 2~4cm，基部宽楔形至圆形，边缘全缘或有不明显的圆齿，顶端钝，上面绿色，叶背常带紫色。总状花序，有花 9~13，花倾斜，稍下垂；花葶有 1~2 个苞片；苞片舌形，长等于或稍长于花梗；萼片舌形，长 5~7mm；花冠直径 15~20mm，花瓣白色或稍带粉红色，倒卵状椭圆形或倒卵形，长 8~10mm，宽 6~8mm，基部狭缩成短狭片。蒴果扁球形，直径 7~8mm。花期 6—8 月，果期 8—10 月。

生境分布　产于洪岩顶、大龙岗，生于山地林下。

药用价值　全草入药，具有祛风湿、强筋骨、止血的功效，用于治疗风湿痹痛、腰膝无力、月经过多、久咳劳嗽。

附　注　《中华人民共和国药典（2020 年版）》《浙江省中药炮制规范（2015 年版）》收录。

180 普通鹿蹄草 *Pyrola decorata* H. Andr.　　　　　**鹿蹄草属**

别　　名　斑纹鹿蹄草、肺经草

形态特征　多年生常绿草本，高达 35cm。根状茎细长，分枝。叶 3~6 片簇生于茎基部；叶薄革质，椭圆形或卵形，长 3~6cm，宽 2~3.5cm，先端圆或钝尖，向基部渐变狭，下延于叶柄，边缘有稀疏微突的小齿，上面深绿色，但叶脉呈淡绿白色，下面色较浅，大都带紫色；叶柄长 2~3cm。花葶高达 30cm，有苞片 1~2 个；总状花序圆锥形，有花 5~8 朵；苞片狭条形，长超过花梗；花下垂，宽钟状，张开；萼片宽披针形，先端急尖或渐变急尖，长约 5mm，等于花瓣的 2/3 或过之，边缘色较浅；花冠直径 1~1.5cm，花瓣绿黄色，倒卵状长圆形，长 8~10mm；花柱多少外露。蒴果扁圆球形，直径 7~11mm。花期 6—7 月，果期 7—8 月。

生境分布　产于大龙岗，生于山地林下。

药用价值　全草入药，具有祛风湿、强筋骨、止血的功效，用于治疗风湿痹痛、腰膝无力、月经过多、久咳劳嗽。

附　　注　《中华人民共和国药典（2020 年版）》《浙江省中药炮制规范（2015 年版）》收录。

杜鹃花科 Ericaceae

181 南烛 *Vaccinium bracteatum* Thunb.　　　　　越橘属

别　名 乌饭树

形态特征 常绿灌木，高达 2m。分枝多；幼枝有灰褐色细柔毛。叶革质，椭圆状卵形、狭椭圆形或卵形，长 2.5~6cm，宽 1~2.5cm，先端急尖，基部宽楔形，边缘有尖硬细齿，上面有光泽，中脉两面多少疏生短毛，网脉下面明显；叶柄长 2~4mm。总状花序腋生，长 2~6cm，有微柔毛；苞片大，宿存，长 5~10mm，边缘有疏细毛；花梗短；花萼 5 浅裂，裂片三角形，有细柔毛；花冠白色，通常下垂，筒状卵形，长 5~7mm，5 浅裂，有细柔毛；雄蕊 10，花药无芒；子房下位。浆果球形，直径 4~6mm，幼时有细柔毛，熟时紫黑色，稍被白粉，味甜，可生食。花期 6—7 月，果期 8—11 月。

生境分布 产于保护区各地，生于山坡林下、灌丛中。

药用价值 果实入药，具有强筋骨、益肾气的功效，用于治疗身体虚弱、脾虚久泻、梦遗滑精、赤白带下。根入药，具有散瘀、镇痛的功效，用于治疗牙痛、跌伤肿痛。叶入药，具有益肠胃、养肝肾的功效，用于治疗脾胃气虚、久泻、少食、肝肾不足、腰膝乏力、须发早白。

附　注 《浙江省中药炮制规范（2015年版）》收录。

182 江南越橘 *Vaccinium mandarinorum* Diels　越橘属

别　　名　江南越桔

形态特征　常绿灌木或小乔木，高 1~5m。幼枝通常无毛，有时被短柔毛；老枝紫褐色或灰褐色，无毛。叶片厚革质，卵形或长圆状披针形，长 3~9cm，宽 1.5~3cm，先端渐尖，基部楔形至钝圆，边缘有细锯齿，两面无毛，或有时叶上面沿中脉被微柔毛；叶柄长 3~8mm，无毛或被微柔毛。总状花序腋生和生于枝顶叶腋，长 2.5~10cm，花序轴无毛或被短柔毛；小苞片 2，着生于花梗中部或近基部，线状披针形或卵形，长 2~4mm，无毛；花梗纤细，长 2~8mm，无毛或被微毛；萼筒无毛，萼齿三角形、卵状三角形、半圆形，长 1~1.5mm；花冠白色，有时带淡红色，筒状或筒状坛形，口部稍缢缩或开放，长 6~7mm，外面无毛，内面有微毛，裂齿三角形或狭三角形，直立或反折；雄蕊内藏；花柱内藏或微伸出花冠。浆果，熟时紫黑色，无毛，直径 4~6mm。花期 4—6 月，果期 6—10 月。

生境分布　产于保护区各地，生于山坡灌丛和林中。

药用价值　果实入药，具有消肿散瘀的功效，用于治疗全身浮肿、跌打肿痛。

附　　注　《浙江省中药炮制规范（2015 年版）》收录。

紫金牛科 Myrsinaceae

(183) 朱砂根 *Ardisia crenata* Sims　　　　　　　　　　　**紫金牛属**

别　　名　山豆根

形态特征　常绿灌木，高 1~2m。有匍匐根状茎。茎无毛，不分枝。叶互生，在枝端近簇生；叶片坚纸质，狭椭圆形、椭圆形或倒披针形，长 8~15cm，宽 2~3.5cm，顶端急尖或渐尖，基部楔形，边缘皱波状或波状，两面有突起腺点，侧脉 10 至 20 多对。花序伞形或聚伞形，生于侧枝上，长 2~4cm；萼片卵形或矩圆形，长 1.5mm，有腺点；花冠裂片披针状卵形，急尖，有腺点；雄蕊短于花冠裂片，花药披针形，背面有腺点；雌蕊与花冠裂片几等长。果球形，直径 7~8mm，有稀疏腺点。花期 5—7 月，果期 7—10 月。

生境分布　产于保护区各地，生于常绿阔叶林或混交林下阴湿的灌丛中。

药用价值　根入药，具有清热解毒、散瘀镇痛的功效，用于治疗上感、扁桃体炎、咽峡炎、白喉、丹毒、淋巴结炎、劳伤吐血、心胃气痛、风湿骨痛、跌打损伤。叶入药，具有活血行瘀的功效，用于治疗咳嗽、咯血、无名肿毒、跌打损伤。

附　　注　《中华人民共和国药典（2020 年版）》收录。

报春花科 Primulaceae

184 过路黄 *Lysimachia christiniae* Hance 珍珠菜属

别　　名　大金钱草

形态特征　多年生草本。茎柔弱，平卧匍匐生长，长 20~60cm，节上常生根。叶对生；叶片心形或宽卵形，长 2~5cm，宽 1~4.5cm，先端锐尖或圆钝，全缘，两面密被透明腺条，干后腺条呈黑色；叶柄长 1~4cm。花成对生于叶腋；花梗长于叶；花萼 5 深裂，裂片披针形，长约 4mm，外面有黑色腺条；花冠黄色，钟形，长 1~1.2cm，基部 3~4mm 合生，裂片舌形，先端尖，有明显的黑色腺条；雄蕊 5 枚，不等长，花丝基部合生成筒。蒴果球形，直径约 2.5mm，有黑色短腺条。花期 5—7 月，果期 8—9 月。

生境分布　产于保护区各地，生于路旁、沟边及荒地中。

药用价值　全草入药，具有清利湿热、通淋、消肿的功效，用于治疗热淋、砂淋、尿涩作痛、黄疸尿赤、痈肿疔疮、毒蛇咬伤、肝胆结石。

附　　注　《中华人民共和国药典（2020 年版）》《浙江省中药炮制规范（2015 年版）》收录。

185 点腺过路黄 *Lysimachia hemsleyana* Maxim. ex Oliv. 珍珠菜属

别　　名　金钱草

形态特征　多年生匍匐草本。茎簇生，圆柱形，平铺地面，先端伸长成鞭状，长可达 90cm，密被多细胞柔毛。叶对生；叶片卵形或阔卵形，长 1.5~4cm，宽 1.2~3cm，先端锐尖，基部近圆形至浅心形，上面绿色，密被小糙伏毛，下面淡绿色，毛被较疏或近于无毛，两面均有褐色或黑色粒状腺点，极少为透明腺点，侧脉 3~4 对；叶柄长 5~18mm。花单生于茎中部以上叶腋；花梗长 7~15mm，果时下弯，可增长至 2.5cm；花萼长 7~8mm，分裂近达基部，裂片狭披针形，宽 1~1.5mm，散生褐色腺点；花冠黄色，长 6~8mm，基部合生部分长约 2mm，裂片椭圆形或椭圆状披针形，宽 3.5~4mm，先端锐尖或稍钝，散生暗红色或褐色腺点；花丝下部合生成高约 2mm 的筒，分离部分长 3~5mm；花药长圆形，长约 1.5mm；子房卵珠形，花柱长 6~7mm。蒴果近球形，直径 3.5~4mm。花期 4—6 月；果期 5—7 月。

生境分布　产于保护区各地，生于山谷溪涧边、沟边、路边、林下及岩石缝上。

药用价值　全草入药，具有清热利湿、通经的功效，用于治疗肝炎、肾盂肾炎、膀胱炎、闭经。

附　　注　《浙江省中药炮制规范（2015 年版）》收录。

木犀科 Oleaceae

186 苦枥木　*Fraxinus insularis* Hemsl.　　　　　　　　梣属

别　　名　苦枥白蜡

形态特征　落叶乔木，高8~10m。顶芽狭三角状圆锥形，干后变黑色光亮，芽鳞紧闭。小枝无毛。奇数羽状复叶长15~20cm，叶柄长4~6cm，叶柄、叶轴和小叶柄均无毛；小叶3~5枚，卵形至卵状披针形或矩圆形，长5~12cm，宽1.5~4cm，先端渐尖，基部圆形或狭窄，边缘有锯齿或全缘，两面近无毛；侧生小叶叶柄纤细，长8~15mm。圆锥花序生于当年生枝顶端，顶生或侧生于叶腋，长10~15cm；花多数，白色，有2~3mm长的细梗；花萼杯状，长约1mm，先端有4钝齿或近全缘；花瓣4，条状矩圆形，长约3mm，先端钝；雄蕊较花瓣长。翅果条形，长2.5~3cm，宽4~5mm，先端微凹。花期4—6月，果期9—10月。

生境分布　产于洪岩顶、深坑、龙井坑、里东坑等地，生于山坡、山谷林中。

药用价值　树皮、叶入药，具有清热燥湿、祛风除湿的功效，用于治疗热痢、泄泻、带下、风湿痹痛。

附　　注　《中华人民共和国药典（2020年版）》收录。

187　女贞　*Ligustrum lucidum* W. T. Aiton

女贞属

别　　名　冬青、女贞子

形态特征　常绿乔木或灌木，高可达 20m。全株无毛。叶对生；叶片革质，卵形、长卵形或椭圆形，长 7~13cm，宽 3~6.5cm，先端锐尖至渐尖，基部楔形至圆形，全缘，上面深绿色，有光泽，下面淡绿色，有腺点，侧脉 5~7（9）对，两面稍突起或有时不明显；叶柄长 1~3cm。圆锥花序顶生，长 12~20cm，花近无梗；花萼杯形，长约 1.5mm；花冠长 4~5mm，花冠筒长 1.5~2mm；花药长圆形，长 1~2.5mm；柱头棒状。果椭圆形或肾形，长 7~10mm，直径 5~8mm，熟时紫黑色或红黑色，被白粉。核椭圆形，略弯曲，基部圆钝，先端锐尖。种子肾形，背面有深沟。花期 6—7 月，果期 12 月至翌年 4 月。

生境分布　产于交溪口、周村、雪岭等地，生于混交林中、林缘或谷地。

药用价值　根入药，具有行气活血、止咳喘、祛湿浊的功效，用于治疗哮喘、咳嗽、闭经、带下。树皮入药，具有强筋健骨的功效，用于治疗腰膝酸痛、两脚无力、烧伤烫伤。叶入药，具有祛风、明目、消肿、镇痛的功效，用于治疗头目昏痛、风热赤眼、疮肿溃烂、烫伤、口腔炎。果实入药，具有补益肝肾、清虚热、明目的功效，用于治疗头昏目眩、腰膝酸软、遗精、耳鸣、须发早白、骨蒸潮热、目暗不明。

附　　注　《中华人民共和国药典（2020 年版）》收录。

188 木犀 *Osmanthus fragrans* (Thunb.) Lour.　　　　　**木犀属**

别　　名　桂花

形态特征　常绿乔木或灌木，高可达 18m。树皮灰褐色；小枝黄褐色，无毛。叶对生；叶片革质，椭圆形、长椭圆形或椭圆状披针形，长 7~14.5cm，宽 2.6~4.5cm，先端渐尖，基部楔形或宽楔形，全缘或通常上半部具细锯齿，两面无毛，中脉在上面凹入，下面突起，侧脉 6~8 对，多达 10 对；叶柄长 0.8~1.2cm，无毛。聚伞花序簇生于叶腋，或近帚状，每一腋内有花多朵；苞片宽卵形；花梗细弱，长 4~10mm，无毛；花萼长约 1mm，裂片稍不整齐；花冠黄白色、淡黄色、黄色或橘红色，具芳香，长 3~4mm，花冠管仅长 0.5~1mm；雄蕊着生于花冠管中部，花丝极短，长约 0.5mm，花药长约 1mm；雌蕊长约 1.5mm，花柱长约 0.5mm。果歪斜，椭圆形，长 1~1.5cm，呈紫黑色。花期 9—10 月，果期翌年 3 月。

生境分布　产于高峰、华竹坑、洪岩顶，生于山坡阔叶林中。

药用价值　枝、叶入药，具有发表散寒、祛风止痒的功效，用于治疗风寒感冒、皮肤瘙痒、漆疮。果实入药，具有温中、行气、镇痛的功效，用于治疗胃寒疼痛、肝胃气痛。根或根皮入药，具有祛风除湿、化瘀的功效，用于治疗胃痛、牙痛、风湿麻木、筋骨疼痛。

附　　注　《浙江省中药炮制规范（2015 年版）》收录。

龙胆科 Gentianaceae

189 华双蝴蝶　*Tripterospermum chinense* (Migo) H. Smith　双蝴蝶属

别　　名　肺形草

形态特征　多年生缠绕草本。基生叶常2对，紧贴地面，呈莲座状，叶片椭圆形、宽椭圆形，长3~12cm，宽1.5~5.5cm，全缘，上面常有网纹，无柄；茎生叶卵状披针形，长4~10cm，宽1.5~3.5cm，先端渐尖或尾状，基出3~5脉，叶柄长0.5~1cm。花2~4朵呈聚伞花序，少单花、腋生；花梗短，长2~4mm；苞片小；花萼长1.6~2cm，具5脉，脉上有膜质翅，顶端5裂，裂片细条形，与萼筒等长或稍短；花冠紫色，钟形，长4~4.5cm；雄蕊5，花丝中部以下与花冠筒黏合，上部分离；子房狭长椭球形，长1.2~1.5cm，子房柄长6~7mm，柱头2裂。蒴果长椭球形，2瓣开裂。种子多数，三棱形，有翅。花果期9—12月。

生境分布　产于保护区各地，生于山坡林下阴湿处。

药用价值　全草入药，具有清热解毒、止咳止血的功效，用于治疗支气管炎、咯血、肺炎、肺脓肿、肾炎、尿路感染，外用治疗疮疖肿、乳腺炎、外伤出血。

附　　注　《浙江省中药炮制规范（2015年版）》收录。

夹竹桃科 Apocynaceae

(190) 络石 *Trachelospermum jasminoides* (Lindl.) Lem. 络石属

别　　名 石血、石龙藤、白花藤

形态特征 常绿木质藤本，长达 10m，具乳汁。茎赤褐色，圆柱形，具气生根，有皮孔；幼枝有黄色柔毛，后脱落。叶片椭圆形、卵状椭圆形或披针形，长 2~10cm，宽 1~4.5cm；叶柄内和叶腋外腺体钻形，长约 1mm。圆锥状聚伞花序腋生或顶生，与叶等长或较长；花蕾顶部钝；花萼 5 深裂，反卷，基部具 10 枚鳞片状腺体；花冠白色，芳香，高脚碟状，花冠筒中部膨大；雄蕊 5，着生于花冠筒中部，花药顶端隐藏在花冠喉部内；子房心皮 2，无毛。蓇葖果双生，叉开，披针状圆柱形或有时呈牛角状，长 5~18cm，宽 3~10mm，无毛。种子多数，褐色，线形，长 1.3~1.7cm，直径约 2mm，有长 1.5~3cm 的种毛。花期 4—6 月，果期 7—10 月。

生境分布 保护区各地广布，生于山坡、溪边、坑谷、路旁杂木林中，常攀援于树上或墙壁、岩石上。

药用价值 带叶藤茎入药，具有祛风通络、凉血消肿的功效，用于治疗风湿热痹、筋脉拘挛、腰膝酸痛、喉痹、痈肿、跌打损伤。

附　　注《中华人民共和国药典（2020 年版）》收录。

旋花科 Convolvulaceae

191 菟丝子 *Cuscuta chinensis* Lam. 菟丝子属

别　名　金丝藤、无根草

形态特征　一年生寄生草本。茎缠绕，黄色，纤细如丝，直径约 1mm，无叶。花序侧生，簇生成小伞形或小团伞花序，花序梗近无；苞片及小苞片小，鳞片状，花梗稍粗壮；花萼杯状，5 裂至中部，裂片三角状，长约 1.5mm，先端钝；花冠白色，壶形，长约 3mm，裂片三角状卵形，先端锐尖或钝，向外反折，宿存；雄蕊着生于花冠裂片弯缺微下处，鳞片长圆形，边缘长流苏状；子房近球形，花柱 2，等长或不等长，柱头球形。蒴果球形，直径约 3mm，几乎全为宿存的花冠所包围，成熟时整齐周裂。种子 2~4，淡褐色，卵形，长约 1mm，表面粗糙。花果期 7—10 月。

生境分布　产于里东坑、龙井坑，寄生于豆科、茄科、菊科、蓼科等植物上。

药用价值　全草入药，具有清热、凉血、利水、解毒的功效，用于治疗吐血、衄血、便血、血崩、淋浊、带下、痢疾、黄疸、痈疽、疔疮、热毒痱疹。

附　注　《中华人民共和国药典（2020 年版）》《浙江省中药炮制规范（2015 年版）》收录。

192 马蹄金 *Dichondra repens* J. R. Forst. et G. Forst.　马蹄金属

别　　名　黄疸草、荷包草

形态特征　多年生草本。茎细长，长30~40cm，匍匐于地面，被灰色短柔毛，节上生根。叶互生，圆形或肾形，长5~10mm，宽8~15mm，先端钝圆或微凹，全缘，基部心形；叶柄长1~2cm。花单生于叶腋；花梗短于叶柄；萼片5，倒卵形，长约2mm；花冠钟状，淡黄色，5深裂，裂片矩圆状披针形；雄蕊5，着生于2裂片间弯缺处，花丝短；子房2室，胚珠2，花柱2，柱头头状。蒴果近球形，膜质，短于花萼。种子1~2枚，外被茸毛。花期4—5月，果期7—8月。

生境分布　产于保护区各地，生于山坡林边或田边阴湿处。

药用价值　全草入药，具有清热利湿、解毒消肿的功效，用于治疗肝炎、胆囊炎、痢疾、肾炎水肿、尿路感染、泌尿系统结石、扁桃体炎、跌打损伤。

附　　注　《浙江省中药炮制规范（2015年版）》收录。

193 牵牛 *Pharbitis nil* (L.) Choisy　　　　　牵牛属

别　　名　喇叭花

形态特征　一年生缠绕草本。全株被粗硬毛。茎略具棱，被倒向短柔毛及长硬毛。叶互生；叶片近卵状心形，长 8~15cm，宽 5~18cm，通常 3 裂，基部深心形，中裂片长圆形或卵圆形，渐尖或骤尾尖，侧裂片较短，卵状三角形，两面被微硬的柔毛；叶柄长 5~7cm。聚伞花序有花 1~3 朵，花序梗稍短于叶柄；萼片 5，基部密被展开的粗硬毛，裂片条状披针形，长 2~2.5cm，先端尾尖；花冠漏斗状，白色、蓝紫色或紫红色，长 5~8cm，先端 5 浅裂；雄蕊 5；子房 3 室，柱头头状。蒴果球形，直径 0.9~1.3cm，3 瓣裂或每瓣再分裂为 2 瓣。种子卵圆形，长约 6mm，黑褐色或淡黄褐色。花期 7—8 月，果期 9—11 月。

生境分布　产于高滩、里东坑、交溪口、周村等地，生于路边、田边及灌丛中，也常栽培于篱笆或墙边。

药用价值　种子入药，具有泻水通便、消痰涤饮、杀虫攻积的功效，用于治疗水肿胀满、二便不通、痰饮积聚、气逆咳喘、虫积腹痛、蛔虫病、绦虫病。

附　　注　《中华人民共和国药典（2020 年版）》收录。

马鞭草科 Verbenaceae

 194 华紫珠 *Callicarpa cathayana* C. H. Chang **紫珠属**

别　名 紫珠

形态特征 落叶灌木，高 1.5~3m。小枝纤细，幼嫩稍有星状毛，老后脱落。叶片椭圆形或卵形，长 4~8cm，宽 1.5~3cm，先端渐尖，基部楔形，两面近于无毛，而有显著的红色腺点，侧脉 5~7 对，在两面均稍隆起，细脉和网脉下陷，边缘密生细锯齿；叶柄长 4~8mm。聚伞花序细弱，宽约 1.5cm，3~4 次分歧，略有星状毛，花序梗长 4~7mm；苞片细小；花萼杯状，具星状毛和红色腺点，萼齿不明显或钝三角形；花冠紫色，疏生星状毛，有红色腺点，花丝等于或稍长于花冠，花药长圆形，长约 1.2mm，药室孔裂；子房无毛，花柱略长于雄蕊。果实球形，紫色，直径约 2mm。花期 5—7 月，果期 8—11 月。

生境分布 产于保护区各地，生于山沟和山坡灌丛中。

药用价值 叶入药，具有祛风除湿、散瘀止血的功效，用于治疗内外出血、风湿痹痛。

附　注 《浙江省中药炮制规范（2015 年版）》收录。

195 **杜虹花** *Callicarpa formosana* Rolfe **紫珠属**

别　　名 粗糠仔

形态特征 落叶灌木，高 1~3m。小枝、叶柄和花序均密被灰黄色星状毛和分枝毛。叶片卵状椭圆形或椭圆形，长 6~15cm，宽 3~8cm，先端渐尖，基部钝或浑圆，边缘有细锯齿，表面被短硬毛，稍粗糙，背面被灰黄色星状毛和细小黄色腺点，侧脉 8~12 对，主脉、侧脉和网脉在背面隆起；叶柄粗壮，长 1~2.5cm。聚伞花序宽 3~4cm，通常 4~5 次分歧，花序梗长 1.5~2.5cm；苞片细小；花萼杯状，被灰黄色星状毛，萼齿钝三角形；花冠紫色或淡紫色，无毛，长约 2.5mm；雄蕊长约 5mm，花药椭圆形，药室纵裂；子房无毛。果实近球形，紫色，直径约 2mm。花期 5—7 月，果期 8—11 月。

生境分布 产于龙井坑，生于山坡、沟谷灌丛中。

药用价值 茎、叶、根入药，具有止血、散瘀、消炎的功效，用于治疗衄血、咯血、胃肠出血、子宫出血、上呼吸道感染、扁桃体炎、肺炎、支气管炎，外用治外伤出血、烧伤。

附　　注 《中华人民共和国药典（2020年版）》《浙江省中药炮制规范（2015年版）》收录。

196 海州常山 *Clerodendrum trichotomum* Thunb. 大青属

别　名 臭梧桐

形态特征 落叶灌木或小乔木，高 1.5~8m。幼枝、叶柄及花序多少被黄褐色柔毛；老枝灰白色，具皮孔，髓白色，有淡黄色薄片状横隔。叶对生；叶片纸质，卵形、卵状椭圆形或三角状卵形，长 5~16cm，宽 2~13cm，先端渐尖，基部宽楔形至截形，偶有心形，表面深绿色，背面淡绿色，两面幼时被白色短柔毛，侧脉 3~5 对，全缘或有时边缘具波状齿；叶柄长 2~8cm。伞房状聚伞花序顶生或腋生，通常二歧分枝，疏散，末次分枝着花 3 朵，花序长 8~18cm，花序梗长 3~6cm，多少被黄褐色柔毛或无毛；苞片叶状，椭圆形，早落；花萼蕾时绿白色，后紫红色，5 深裂，裂片三角状披针形或卵形，先端尖；花具芳香，花冠白色或带粉红色，花冠管细，长约 2cm，先端 5 裂，裂片长椭圆形，长 5~10mm，宽 3~5mm；雄蕊 4，花丝与花柱同伸出花冠外；花柱较雄蕊短，柱头 2 裂。核果近球形，直径 6~8mm，包藏于增大的宿萼内，成熟时外果皮蓝紫色。花果期 6—11 月。

生境分布 产于保护区各地，生于山坡灌丛、路边。

药用价值 根、茎、叶入药，具有祛除风湿、降血压的功效，用于治疗风湿痹痛、半身不遂、原发性高血压、偏头痛、疟疾、痢疾、痔疮、痈疽疮疥。花入药，具有祛风、降压、止痢的功效，用于治疗风气头痛、原发性高血压、痢疾、疝气。果实入药，具有祛风、镇痛、平喘的功效，用于治疗风湿痹痛、牙痛、气喘。

附　注 《浙江省中药炮制规范（2015 年版）》收录。

197 马鞭草 *Verbena officinalis* L.

马鞭草属

别　名　铁马鞭

形态特征 多年生草本，高 30~120cm。茎四方形，近基部可为圆形，节和棱上有硬毛。叶对生；叶片卵圆形至倒卵形、长圆状披针形，长 2~8cm，宽 1~5cm，基生叶的边缘通常有粗锯齿和缺刻，茎生叶多数 3 深裂，裂片边缘有不整齐锯齿，两面均被硬毛，背面脉上尤多。穗状花序顶生和腋生，细弱，结果时长达 25cm；花小，无柄，最初密集，结果时疏离；苞片稍短于花萼，具硬毛；花萼长约 2mm，有硬毛，有 5 脉，脉间凹穴处质薄而色淡；花冠淡紫色至蓝色，长 4~8mm，外面有微毛，裂片 5；雄蕊 4，着生于花冠管的中部，花丝短；子房无毛。果长圆形，长约 2mm，外果皮薄，成熟时 4 瓣裂。花期 6—8 月，果期 7—10 月。

生境分布 产于保护区各地，生于山脚、路旁、草地等。

药用价值 地上部分入药，具有活血散瘀、截疟、解毒、利水消肿的功效，用于治疗症瘕积聚、闭经痛经、疟疾、喉痹、痈肿、水肿、热淋。

附　注 《中华人民共和国药典（2020 年版）》收录。

198 牡荆 *Vitex negundo* L. var. *cannabifolia* (Sieb. et Zucc.) Hand.–Mazz. **牡荆属**

别　名　牡荆子

形态特征　落叶灌木或小乔木，高 1~5m。枝四方形，密被黄色短柔毛。叶对生，掌状复叶；小叶 3~5，小叶片披针形或椭圆状披针形，中间小叶片长 6~12cm，宽 1.5~3.5cm，两侧小叶片依次渐小，先端渐尖，基部楔形，边缘有粗锯齿，上面绿色，下面淡绿色或灰白色。圆锥花序顶生，长 10~20cm；花萼钟状，长 2~3mm；花冠淡紫色，顶端 5 浅裂，二唇形。果实球形，黑色。花果期 6—11 月。

生境分布　产于保护区各地，生于山坡路边灌丛中。

药用价值　根入药，具有祛风解表、除湿镇痛的功效，用于治疗感冒头痛、牙痛、疟疾、风湿痹痛。茎入药，具有祛风解表、消肿镇痛的功效，用于治疗感冒、喉痹、牙痛、脚气、疮肿、烧伤。茎汁入药，具有除风热、化痰涎、通经络、行气血的功效，用于治疗中风口噤、痰热惊痫、头晕目眩、喉痹、热痢、火眼。叶入药，具有祛痰、止咳、平喘的功效，用于治疗咳喘、慢性支气管炎。果实入药，具有祛风化痰、下气、镇痛的功效，用于治疗咳嗽哮喘、中暑发痧、胃痛、疝气、赤白带下。

附　　注　《中华人民共和国药典（2020 年版）》《浙江省中药炮制规范（2015 年版）》收录。

唇形科 Labiatae

199　藿香　*Agastache rugosa* (Fisch. et C. A. Mey.) Kuntze　　　　**藿香属**

别　　名　紫苏

形态特征　多年生直立草本，高 0.4~1.2m。全株有强烈香味。茎直立，四棱形，被细短毛或近无毛。叶片心状卵形或长圆状披针形，长 3~10cm，宽 1.5~6cm，先端尾状渐尖，基部心形，边缘具粗齿，上面近无毛，下面脉上有柔毛，密生凹陷腺点；叶柄长 0.7~2.5cm。轮伞花序多花，密集成顶生的穗状花序，长 3~8cm；花萼长约 6mm，被黄色小腺点及具腺微柔毛，有明显 15 脉，萼齿三角状披针形；花冠淡紫红色或淡红色，偶白色，长约 8mm，花冠筒稍伸出花萼；雄蕊均伸出花冠外。小坚果卵状长圆形，长约 2mm，顶端有毛。花期 6—9 月，果期 9—11 月。

生境分布　保护区内常见栽培。

药用价值　全草入药，具有祛暑解表、化湿和胃的功效，用于治疗夏令感冒、寒热头痛、胸脘痞闷、呕吐泄泻、妊娠呕吐、鼻渊、手癣、足癣。

附　　注　《浙江省中药炮制规范（2015 年版）》收录。

200 金疮小草 *Ajuga decumbens* Thunb. 　　　　　　　　　　　**筋骨草属**

别　　名 筋骨草

形态特征 一年生或二年生草本，高 15~40cm。全体被白色长柔毛，平卧或斜生，具匍匐茎。基生叶较茎生叶长而大，叶柄具狭翅；叶片匙形或倒卵状披针形，长 3~7cm，宽 1.5~3cm，两面被疏糙伏毛。轮伞花序多花，排列成间断的假穗状花序；苞片大，匙形至披针形；花萼漏斗状，长约 4.5mm，萼齿 5，近相等；花冠淡蓝色或淡红紫色，稀白色，花冠筒长 8~10mm，近基部具毛环，檐部近于二唇形，上唇直立，圆形，微凹，下唇伸延，中裂片狭扇形或倒心形；雄蕊 4，二强，伸出。小坚果倒卵状三棱形，背部具网状皱纹。花果期 3—6 月。

生境分布 产于保护区各地，生于溪边、路旁、山坡草地。

药用价值 全草入药，具有清热解毒、凉血平肝的功效，用于治疗上呼吸道感染、扁桃体炎、咽炎、支气管炎、肺炎、肺脓肿、胃肠炎、肝炎、阑尾炎、乳腺炎、急性结膜炎、高血压，外用治跌打损伤、外伤出血、痈疖疮疡、烧伤烫伤、毒蛇咬伤。

附　　注 《中华人民共和国药典（2020 年版）》《浙江省中药炮制规范（2015 年版）》收录。

201 风轮菜 *Clinopodium chinense* (Benth.) Kuntze 风轮菜属

别　　名　苦刀草

形态特征　多年生草本。茎基部匍匐生根，上部上升，四棱形，密被短柔毛及具腺微柔毛。叶片卵形，长 2~4cm，宽 1~2.5cm，边缘具圆齿状锯齿，上面密被短硬毛，下面疏被柔毛；叶柄长 3~10mm。轮伞花序具密集多花，半球状；苞叶叶状，向上渐小至苞片状，苞片针状，无明显中肋；花萼狭管状，常带紫红色，长约 6mm，外面主要沿脉上被柔毛及具腺微柔毛，上唇 3 齿，下唇 2 齿；花冠紫红色，长 6~9mm，外面被微柔毛，冠檐二唇形，上唇直伸，先端微凹，下唇 3 裂，中裂片稍大；雄蕊 4，前对稍长。小坚果倒卵形，黄褐色。花期 5—10 月，果期 8—11 月。

生境分布　产于保护区各地，生于山坡、林间、路边、草地及灌丛中。

药用价值　全草入药，具有疏风清热、解毒止痢、止血的功效，用于治疗感冒、中暑、痢疾、肝炎，外用治疗疮肿毒、皮肤瘙痒、外伤出血。

附　　注　《中华人民共和国药典（2020 年版）》收录。

202 活血丹 *Glechoma longituba* (Nakai) Kuprian. **活血丹属**

别　　名　金钱草

形态特征　多年生草本。茎匍匐，长达 50cm，逐节生根，花枝上升，高 10~20cm，幼嫩部分被疏长柔毛。叶片心形或近肾形，长 1~3cm，宽 1~4cm，两面有毛或近无毛。轮伞花序常具 2 花，稀具 4~6 花；花萼管状，长 8~10mm，外面被长柔毛，萼齿 5，先端芒状，边缘具缘毛；花冠淡蓝色、蓝色至紫色，花冠筒直立，先端膨大成钟形，有长筒和短筒二型，长达 2cm，短的约 1.2cm，冠檐二唇形，下唇具深色斑点；雄蕊 4，内藏，无毛，花药 2 室，略叉开。小坚果长圆状卵形，顶端圆，基部略呈三棱形。花期 3—5 月，果期 5—6 月。

生境分布　产于保护区各地，生于林缘、路旁、地边、沟边及阴湿草丛中。

药用价值　全草入药，具有利湿通淋、清热解毒、散瘀消肿的功效，用于治疗热淋、砂淋、湿热黄疸、疮痈肿痛、跌打损伤。

附　　注　《中华人民共和国药典（2020年版）》收录。

203 香茶菜 *Rabdosia amethystoides* (Benth.) H. Hara **香茶菜属**

别　名　鬼见愁

形态特征　多年生草本，高达 1.5m。根状茎常肥大成疙瘩状，坚硬；地上茎直立，密被倒向贴生疏柔毛或短柔毛，在叶腋内常有不育的短枝，其上具较小型的叶。叶片卵形至披针形，长 0.8~11cm，宽 0.8~3.5cm，上面被疏或密的短刚毛，有时近无毛，下面被疏柔毛以至短茸毛，密被腺点；叶柄长 0.2~2.5cm。聚伞花序多花，组成顶生、疏散的圆锥花序；苞片及小苞片卵形；花萼钟状，长、宽约 2.5mm，外疏被极短硬毛或近无毛，满布腺点，萼齿 5，近相等，三角形；花冠白色，上唇带紫蓝色，长约 7mm，筒基部上面浅囊状，上唇 4 圆裂，下唇阔圆形。小坚果卵形，黄栗色，有腺点，长约 2mm，果萼增大，呈宽钟状。花期 8—10 月，果期 9—11 月。

生境分布　产于保护区各地，生于林下或路边草丛中。

药用价值　全草或根入药，具有清热解毒、散瘀消肿的功效，用于治疗毒蛇咬伤、跌打肿痛、筋骨酸痛、疮疡。

附　　注　《浙江省中药炮制规范（2015 年版）》收录。

204 线纹香茶菜 *Rabdosia lophanthoides* (Buch.-Ham. ex D. Don) H. Hara

香茶菜属

形态特征 多年生柔弱草本，高 20~80cm。块根小球形。茎、叶柄、花序均被具节长柔毛，茎直立或上升。叶片卵形、宽卵形或长圆状卵形，长 1.5~5cm，宽 0.5~3.5cm，先端钝，基部宽楔形或近圆形，稀浅心形，边缘具圆齿，两面被具节毛，下面密布橘红色腺点；叶柄长 0.5~2.2cm。聚伞花序具 7~11 花，组成长 4~15cm 的顶生或腋生圆锥花序；花萼钟形，长约 2mm，果时可达 4mm，外面下部疏被具节柔毛并密布橘红色腺点，萼檐二唇形，萼齿 5，后 3 齿较小，前 2 齿较大；花冠白色或粉红色，具紫色斑点，长 5~7mm，冠檐外面疏被小黄色腺点；雄蕊及花柱均显著伸出。小坚果长圆形，淡褐色，光滑。花期 9—10 月，果期 10—11 月。

生境分布 产于保护区各地，生于 800m 以下的路边草丛中或沟边林下。

药用价值 全草入药，具有清热利湿、凉血散瘀的功效，用于治疗急性黄疸型肝炎、急性胆囊炎、肠炎、痢疾、跌打肿痛。

附 注 《浙江省中药炮制规范（2015 年版）》收录。

205 大萼香茶菜 *Rabdosia macrocalyx* (Dunn) H. Hara **香茶菜属**

形态特征 多年生草本，高 0.4~1m。根状茎木质，疙瘩状，直径达 2.5cm 以上，向下密生纤维状须根；地上茎直立，下部近圆柱形，近木质，上部钝四棱形，被贴生的微柔毛。叶片卵形或宽卵形，长 3~15cm，宽 2~8cm，先端长渐尖或急尖，基部宽楔形，骤然渐狭下延，边缘有整齐的圆齿状锯齿，两面脉上被微柔毛，下面散布淡黄色腺点；叶柄长 2~5cm，密被贴生微柔毛。聚伞花序具 3~5 花，组成长 4~15cm 的总状圆锥花序，花序梗、花梗及花序轴密被贴生微柔毛；花萼宽钟形，长约 3mm，果时长可达 6mm，外被微柔毛，萼齿 5，明显呈 3/2 式二唇形；花冠淡紫色或紫红色，长约 8mm，外面疏被短柔毛及腺点；雄蕊稍伸出花冠外。

小坚果卵球形，长约 1.5mm。花期 8—10 月，果期 9—11 月。

生境分布 产于龙井坑、华竹坑、洪岩顶，生于林下、灌丛中、山坡或路旁等处。

药用价值 全草入药，具有清热解毒、散瘀消肿的功效，用于治疗胃脘疼痛、疮疡肿痛、闭经、跌打损伤、肿痛。

附 注 《浙江省中药炮制规范（2015 年版）》收录。

206 益母草　*Leonurus artemisia* (Lour.) S. Y. Hu 　　益母草属

别　　名　茺蔚

形态特征　一年生或二年生草本，高 30~120cm。茎直立，有倒向糙伏毛。叶片轮廓变化很大；基生叶圆心形，直径 4~9cm，边缘 5~9 浅裂，每一裂片有 2~3 钝齿；茎卜部叶为卵形，掌状 3 裂，中裂片呈长圆状菱形至卵形，长 2~6cm，宽 1~4cm，裂片上再分裂；茎中部叶为菱形，较小，通常分裂成 3 个长圆状条形的裂片；最上部的苞叶条形或条状披针形，全缘或具稀少牙齿。轮伞花序具 8~15 花，腋生，多数远离而组成长穗状花序；小苞片刺状；花萼管状钟形，长 6~8mm；花冠粉红色、淡紫红色，长 1~1.2cm。小坚果长圆状三棱形，淡褐色，长约 2mm。花果期 5—10 月。

生境分布　产于保护区各地，生于田野路旁、山坡林缘、草地及溪边，以阳处为多。

药用价值　地上部分入药，具有活血调经、利尿消肿的功效，用于治疗月经不调、痛经、闭经、恶露不尽、水肿尿少、急性肾炎水肿。花入药，具有养血、活血、利水的功效，用于治疗贫血、疮疡肿毒、血滞闭经、痛经、产后瘀阻腹痛、恶露不下。

附　　注　《中华人民共和国药典（2020 年版）》《浙江省中药炮制规范（2015 年版）》收录。

207 薄荷 *Mentha haplocalyx* Briq.

薄荷属

别　　名　野薄荷

形态特征　多年生草本，高 30~100cm。茎直立，上部具倒向微柔毛，下部仅沿棱上具微柔毛。叶矩圆状披针形至披针状椭圆形，长 3~5（~7）cm，宽 0.8~3cm，边缘在基部以上疏生粗大的牙齿状锯齿，两面疏被微柔毛，或背面脉上有毛和腺点。轮伞花序腋生，球形；花萼筒状钟形，长约 2.5mm，萼齿 5，狭三角状钻形；花冠淡紫色，外被毛，内面在喉部下被微柔毛，檐部 4 裂，上裂片先端 2 裂，较大，其余 3 裂近等大；雄蕊 4，前对较长，均伸出花冠外。小坚果卵球形，黄褐色，具小腺窝。花果期 8—11 月。

生境分布　产于高滩、周村、里东坑、龙井坑等地，生于溪边草丛中、山谷及沟边。

药用价值　地上部分入药，具有散风热、清头目、利咽喉、透疹、解郁的功效，用于治疗风热表证、头痛目赤、咽喉肿痛、麻疹不透、湿疹瘙痒、肝郁胁痛。

附　　注　《中华人民共和国药典（2020 年版）》收录。

208 石香薷 *Mosla chinensis* Maxim. **石荠苎属**

别　名　细叶香薷、华荠苎

形态特征　一年生草本，高 9~40cm。茎直立，纤细，自基部多分枝，被白色疏柔毛。叶线状长圆形至线状披针形，长 1.3~3.5cm，宽 2~6mm，先端渐尖或急尖，基部渐狭或楔形，边缘具疏而不明显的浅锯齿，两面均被疏短柔毛及棕色凹陷腺点；叶柄长 3~5mm，被疏短柔毛。总状花序头状，长 1~3cm；苞片覆瓦状排列，偶见稀疏排列，卵圆形，长 4~7mm，宽 3~5mm，先端短尾尖，全缘，两面被疏柔毛，边缘具睫毛；花萼钟形，长约 3mm，外面被白色柔毛及腺体，萼齿 5，钻形，果时花萼增大，长达 6mm；花冠紫红色、淡红色至白色，长约 5mm，略伸出于苞片，外面被微柔毛。小坚果球形，直径约 1.2mm，灰褐色，具深雕纹，无毛。花期 6—9 月，果期 7—11 月。

生境分布　产于洪岩顶、大龙岗，生于向阳山坡、路边草丛中。

药用价值　全草入药，具有祛暑、活血、理气、化湿的功效，用于治疗夏月感冒、中暑呕恶、腹痛泄泻、跌打瘀痛、湿疹、疗肿。

附　注　《中华人民共和国药典（2020 年版）》《浙江省中药炮制规范（2015 年版）》收录。

209 紫苏 *Perilla frutescens* (L.) Britton

紫苏属

别　名 白苏

形态特征 一年生直立草本，高 0.5~2m。茎密被长柔毛。叶片宽卵形或近圆形，长 4~20cm，宽 3~15cm，先端急尖或尾尖，基部圆形或阔楔形，边缘有粗锯齿，两面绿色、紫色或仅下面紫色，上面疏被柔毛，下面被贴生柔毛；叶柄长 2.5~12cm，密被长柔毛。轮伞花序具 2 花，密被长柔毛，组成长 2~15cm、偏向一侧的顶生及腋生总状花序；花萼钟形，长约 3mm，果时增大，长达 11mm，外面被长柔毛，并夹有黄色腺点；花冠白色至紫红色，长 3~4mm，外面略被微柔毛；雄蕊 4，几乎不伸出，前对稍长。小坚果近球形，灰褐色，具网纹，直径约 1.5mm。花期 8—10 月，果期 9—11 月。

生境分布 产于保护区各地，生于路边、地边、疏林下或林缘。

药用价值 叶入药，具有散寒解表、理气宽中的功效，用于治疗风寒感冒、头痛、咳嗽、胸腹胀满。茎入药，具有理气宽中、镇痛、安胎的功效，用于治疗胸膈痞闷、胃脘疼痛、嗳气呕吐、胎动不安。果实入药，具有降气消痰、平喘、润肠的功效，用于治疗痰壅气逆、咳嗽气喘、肠燥便秘。宿萼入药，具有解表的功效，用于治疗血虚感冒。

附　注 《中华人民共和国药典（2020 年版）》《浙江省中药炮制规范（2015 年版）》收录。

210 野生紫苏 *Perilla frutescens* (L.) Britton var. *acuta* (Odash.) Kudô   **紫苏属**

别　　名　野紫苏

形态特征　与紫苏的不同在于：茎疏被短柔毛；叶较小，卵形，长 4.5~7.5cm，宽 2.8~5cm，两面被疏柔毛；果萼小，长 4~5.5mm，下部被疏柔毛，具腺点；小坚果较小，土黄色，直径 1~1.5mm。

生境分布　产于保护区各地，生于路边、地边、低山疏林下或林缘。

药用价值　叶入药，具有散寒解表、理气宽中的功效，用于治疗风寒感冒、头痛、咳嗽、胸腹胀满。茎入药，具有理气宽中、镇痛、安胎的功效，用于治疗胸膈痞闷、胃脘疼痛、嗳气呕吐、胎动不安。果实入药，具有降气消痰、平喘、润肠的功效，用于治疗痰壅气逆、咳嗽气喘、肠燥便秘。宿萼入药，具有解表的功效，用于治疗血虚感冒。

附　　注　《浙江省中药炮制规范（2015 年版）》收录。

211 **夏枯草** *Prunella vulgaris* L.　　　　　　　　　　　　　　　**夏枯草属**

别　　名　棒槌草

形态特征　多年生草本，高 10~30cm。茎常带紫红色，被稀疏的糙毛或近无毛。叶片卵状长圆形或卵形，长 1.5~5cm，宽 1~2.5cm，先端钝，基部圆形、截形至宽楔形，下延至叶柄成狭翅，边缘具不明显的波状齿或近全缘，上面具短硬毛或近无毛，下面近无毛。轮伞花序密集成顶生的长 2~4.5cm 的穗状花序，整体轮廓呈圆筒状，每一轮伞花序下承以苞片；苞片宽心形，先端锐尖或尾尖，背面和边缘有毛；花萼管状钟形，长 8~10mm，檐部二唇形；花冠紫色、蓝紫色、红紫色，长 13~18mm。小坚果长圆状卵形，黄褐色，长约 1.8mm。花期 5—6 月，果期 6—8 月。

生境分布　产于保护区各地，生于荒坡、草地、溪边。

药用价值　果穗入药，具有清火、明目、散结、消肿的功效，用于治疗目赤肿痛、目珠夜痛、头痛眩晕、瘰疬、瘿瘤、乳痈肿痛、甲状腺肿大、淋巴结结核、乳腺增生、高血压。

附　　注　《中华人民共和国药典（2020 年版）》《浙江省中药炮制规范（2015 年版）》收录。

212 鼠尾草 *Salvia japonica* Thunb. **鼠尾草属**

别　　名 秋丹参

形态特征 多年生草本，高 40~80cm。茎沿棱疏被长柔毛。茎下部叶常为二回羽状复叶，具长柄；茎上部叶为一回羽状复叶或三出羽状复叶，具短柄；顶生小叶菱形或披针形，长可达 9cm，宽可达 3.5cm，先端渐尖，基部长楔形，边缘具钝锯齿，两面疏被柔毛或近无毛；侧生小叶较小，基部偏斜，近圆形。轮伞花序具 2~6 花，组成顶生的总状或圆锥花序，花序轴密被具腺和无腺柔毛；花萼管形，长 4~6.5mm，外面疏被具腺柔毛或无腺小刚毛，内面喉部有白色毛环；花冠淡红紫色至淡蓝色，稀白色，长约 12mm，外面被长柔毛；发育雄蕊外伸，药隔长约 6mm，关节处有毛，2 下臂分离。小坚果椭圆形。花期 6—8 月，果期 8—10 月。

生境分布 产于保护区各地，生于山坡、草丛或林下。

药用价值 全草入药，具有清热利湿、活血调经、解毒消肿的功效，用于治疗黄疸、赤白下痢、湿热带下、月经不调、痛经、疮疡疖肿、跌打损伤。

附　　注 《浙江省中药炮制规范（2015 年版）》收录。

(213) 半枝莲　*Scutellaria barbata* D. Don　黄芩属

别　　名　并头草

形态特征　多年生草本，高 15~30cm。茎直立，四棱形，无毛。叶片狭卵形或卵状披针形，有时披针形，长 1~3cm，宽 0.5~1.5cm，先端急尖或稍钝，基部宽楔形或近截形，边缘有浅牙齿，两面沿脉疏被紧贴的小毛或近无毛。花对生，偏向一侧，排列成长 4~10cm 的顶生或腋生总状花序；花梗长 1~2mm，有微柔毛；花萼长约 2mm，果时长可达 4.5mm，外面沿脉有微柔毛；花冠蓝紫色，长 1~1.4cm，外被短柔毛，花冠筒基部囊状增大。小坚果褐色，扁球形，直径约 1mm，具小疣状突起。花期 4—5 月，果期 6—8 月。

生境分布　产于周村、里东坑、龙井坑、库坑、高峰等地，生于溪沟边、田边或湿润草地上。

药用价值　全草入药，具有清热解毒、散瘀止血、利尿消肿的功效，用于治疗疔疮肿毒、咽喉肿痛、毒蛇咬伤、跌打损伤、水肿、黄疸。

附　　注　《中华人民共和国药典（2020 年版）》《浙江省中药炮制规范（2015 年版）》收录。

茄科 Solanaceae

 214　辣椒　*Capsicum annuum* L.　　　　　　　　　　　　　　　　**辣椒属**

别　　名　番椒

形态特征　一年生草本，高 0.4~1m。茎近无毛或微生柔毛，分枝呈"之"字形折曲。叶互生，枝顶端节不伸长而呈双生或簇生状；叶片矩圆状卵形、卵形或卵状披针形，长 4~13cm，宽 1.5~4cm，全缘，先端短渐尖或急尖，基部狭楔形；叶柄长 4~7cm。花单生，下垂；花萼杯状，不显著 5 齿；花冠白色，裂片卵形；花药灰紫色。果梗较粗壮，下垂；果实长指状，先端渐尖且常弯曲，未成熟时绿色，成熟后成红色、橙色或紫红色，味辣。种子扁肾形，长 3~5mm，淡黄色。花果期 5—11 月。

生境分布　保护区内常栽于村庄旁。

药用价值　茎入药，具有除寒湿、逐冷痹、散瘀的功效，用于治疗风湿冷痛、冻疮。根入药，具有散寒祛湿、活血消肿的功效，用于治疗手足无力、肾囊肿胀、冻疮。叶入药，具有消肿活络、杀虫止痒的功效，用于治疗顽癣、疥疮、冻疮、痈肿。

附　　注　《中华人民共和国药典（2020 年版）》收录。

215 枸杞 *Lycium chinense* Mill.

枸杞属

别　　名　枸杞子、地骨

形态特征　落叶灌木，高 0.5~2m。枝条细弱，弓状弯曲或下垂，淡灰色，有纵条纹，棘刺长 0.5~2cm，生叶和花的棘刺较长，小枝先端锐尖，呈棘刺状。叶纸质；单叶互生或 2~4 叶簇生于短枝上；叶片卵形至卵状披针形，顶端急尖，基部楔形，长 2.5~5cm，宽 1~2cm，全缘；叶柄长 2~6mm。花常单生或 2 至数花簇生；花梗长 1~1.4cm；花萼钟状，长 3~4mm，通常 3 中裂或 4~5 齿裂；花冠漏斗状，长约 1cm，淡紫色，5 深裂，裂片长卵形，具缘毛；雄蕊 5，花丝基部密生椭圆状毛丛，花药长椭圆形；子房上位，2 室，花柱长约 9mm，稍长于雄蕊，柱头头状。浆果卵形或长椭圆状卵形，长 0.5~1.5cm，直径 5~7mm，鲜红色。种子扁肾形，直径 1~1.5mm，黄色，表面多有点状网纹。花期 6—9 月，果期 9—11 月。

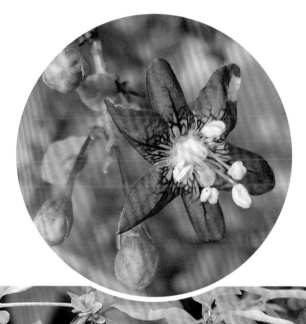

生境分布　产于周村，雪岭，生于旷野、路旁及宅旁墙脚下。

药用价值　叶入药，具有补虚益精、清热止渴、祛风明目的功效，用于治疗虚劳发热、烦渴、目赤昏痛、障翳夜盲、崩漏带下、热毒疮肿。果实入药，具有滋补肝肾、益精明目的功效，用于治疗虚劳精亏、腰膝酸痛、眩晕耳鸣、内热消渴、血虚萎黄、目昏不明。

附　　注　《中华人民共和国药典（2020 年版）》《浙江省中药炮制规范（2015 年版）》收录。

216 白英 *Solanum lyratum* Thunb. 茄属

别　　名　千年不烂心

形态特征　多年生草质藤本，长 0.5~1m。茎及小枝均密被具节长柔毛。叶互生；叶片琴形或卵状披针形，长 2.5~8cm，宽 1.5~6cm，基部常 3 ~ 5 深裂，裂片全缘，两面均被白色发亮的长柔毛；叶柄长 0.5~3cm，被具节长柔毛。聚伞花序顶生或腋外生，疏花，花序梗长 1~2.5cm，被具节的长柔毛，花梗长 0.5~1cm，无毛，顶端稍膨大，基部具关节；花萼杯状，长约 2mm，无毛，5 浅裂，裂片先端钝圆；花冠蓝紫色或白色，长 5~8mm，顶端 5 深裂，裂片椭圆状披针形，自基部向下反折；雄蕊 5，花丝极短，花药长圆形，长约 3mm，顶孔向上；子房卵形，花柱丝状，长约 7mm，柱头小，头状。浆果球形，直径 7~8mm，具小宿萼，成熟时红色。种子近盘状，扁平，直径约 1.5mm。花期 7—8 月，果期 10—11 月。

生境分布　产于保护区各地，生于路旁、田边、草地。

药用价值　全草或根入药，具有清热解毒、利湿消肿、抗癌的功效，用于治疗感冒发热、乳痈、恶疮、湿热黄疸、腹水、赤白带下、肾炎水肿，外用治痈疖肿毒、风湿痹痛。

附　　注　《浙江省中药炮制规范（2015 年版）》收录。

217 茄 *Solanum melongena* L.

茄属

别　　名　茄子

形态特征　一年生草本，高可达 1m。茎直立，多分枝，小枝，叶柄、花梗、花萼及花冠均被星状毛，基部稍呈木质化。叶互生；叶片卵形至长圆状卵形，长 5~14cm，宽 3~6cm，先端钝，基部偏斜，边缘浅波状或深波状圆裂；叶柄长 1~4cm。花通常为单生，为长柱花，能结实；有些品种则可数朵成短蝎尾状花序，具长花柱和短花柱 2 种花，短花柱花常易脱落，不能结实；花萼钟状，直径约 2cm，外被星状茸毛及小皮刺，裂片披针形，长约 9mm；花冠紫色或白色，直径约 3cm，裂片三角形；雄蕊 5，着生于花冠筒喉部，花丝长约 2.5mm，花药长约 7.5mm；子房圆形，花柱长约 7mm，柱头浅裂。浆果的形状、大小和颜色因品种不同变异极大，有光泽，基部有宿萼。花果期 5—9 月。

生境分布　保护区各地常见栽培。

药用价值　根入药，具有祛风利湿、清热止血的功效，用于治疗风湿热痹、脚气、血痢、便血、痔血、血淋、妇女阴痒、皮肤瘙痒、冻疮。花入药，具有敛疮、镇痛、利湿的功效，用于治疗创伤、牙痛、妇女白带过多。叶入药，具有散血消肿的功效，用于治疗血淋、下血、血痢、肠风下血、痈肿、冻伤。果实入药，具有清热、活血、镇痛、消肿的功效，用于治疗肠风下血、热毒疮痈、皮肤溃疡。

附　　注　《浙江省中药炮制规范（2015 年版）》收录。

218 龙葵 *Solanum nigrum* L. 茄属

别　名　野海椒

形态特征　一年生草本，高 0.25~1m。茎上部多分枝，有纵棱。叶片卵形，长 2.5~10cm，宽 1.5~5.5cm，先端短尖，基部楔形至阔楔形而下延至叶柄，全缘或每边具不规则的波状粗齿，光滑或两面均被稀疏短柔毛，叶脉每边 5~6 条；叶柄长 1~2cm。蝎尾状花序腋外生，由 3~10 花组成，花序梗长 1~2.5cm，花梗长约 5mm，近无毛或具短柔毛；萼小，浅杯状，直径 1.5~2mm，齿卵圆形，先端圆；花冠白色，5 深裂，裂片卵圆形，长约 2mm；花丝短，花药黄色；子房卵形，直径约 0.5mm，花柱长约 1.5mm，柱头小，头状。浆果球形，直径约 8mm，熟时黑色。种子多数，近卵形，直径 1.5~2mm，两侧压扁。花期 5—9 月，果期 7—11 月。

生境分布　产于保护区各地，生于山坡林缘、溪边灌草丛中、村庄附近、田边及路旁。

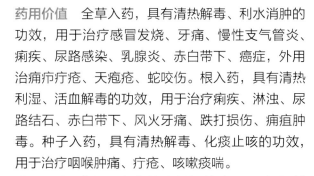

药用价值　全草入药，具有清热解毒、利水消肿的功效，用于治疗感冒发烧、牙痛、慢性支气管炎、痢疾、尿路感染、乳腺炎、赤白带下、癌症，外用治痈疖疔疮、天疱疮、蛇咬伤。根入药，具有清热利湿、活血解毒的功效，用于治疗痢疾、淋浊、尿路结石、赤白带下、风火牙痛、跌打损伤、痈疽肿毒。种子入药，具有清热解毒、化痰止咳的功效，用于治疗咽喉肿痛、疔疮、咳嗽痰喘。

附　　注　《浙江省中药炮制规范（2015 年版）》收录。

玄参科 Scrophulariaceae

219 **天目地黄** *Rehmannia chingii* Li　　　　　　　　　　　　　　**地黄属**

别　　名　地黄

形态特征　多年生草本，高 30~60cm。植株被多细胞长柔毛，茎单出或基部分枝。基生叶多少莲座状排列，叶片椭圆形，长 6~12cm，宽 3~6cm，纸质，两面疏被白色柔毛，边缘具不规则圆齿或粗锯齿，先端钝或突尖，基部楔形，逐渐收缩成长 2~7cm、具翅的柄；茎生叶外形与基生叶相似，向上逐渐缩小。花单生；花梗多少弯曲而后上升，与花萼同被多细胞长柔毛及腺毛；萼齿披针形或卵状披针形，先端略尖；花冠紫红色，稀白色，长 5.5~7cm，外面被多细胞长柔毛，上唇裂片长卵形，先端略尖或钝圆，下唇裂片长椭圆形，先端尖或钝圆；雄蕊后方 1 对稍短，前方 1 对稍长；花柱顶端扩大，先端尖或钝圆。蒴果卵形，具宿存的花萼和花柱。种子多数，卵形至长卵形，具网眼。花期 4—5 月，果期 5—6 月。

生境分布　产于高峰、里东坑等地，生于低海拔山坡草丛中或路旁。

药用价值　根状茎入药，具有清热凉血、养阴生津的功效，用于治疗温热病、高热烦躁、吐血、衄血、口干、咽喉肿痛、中耳炎、烫伤。

附　　注　《中国生物多样性红色名录》易危（VU）。

220 毛叶腹水草 *Veronicastrum villosulum* (Miq.) T. Yamaz. 　　　**腹水草属**

别　名 仙人桥、腹水草

形态特征 多年生草本，高达 60cm。下部茎半木质化，全体密被棕色多节长腺毛。茎圆柱形，有时上部有狭棱，拱状弯曲，顶端着地生根。叶互生；叶片常卵状菱形，长 7~12cm，宽 3~7cm，基部常宽楔形，少圆形，顶端急尖至渐尖，边缘具三角状锯齿。花序头状，腋生，长 1~1.5cm；苞片披针形，与花冠近等长或较短，密被棕色多细胞长腺毛和睫毛；花萼裂片钻形，短于苞片并同样被毛；花冠紫色或紫蓝色，长 6~7mm，裂片短，长仅 1mm，正三角形；雄蕊显著伸出，花药长 1.2~1.5mm。蒴果卵形，长 2.5mm。种子黑色，球状，直径约 0.3mm。花果期 6—10 月。

生境分布 产于高峰，生于溪边林下。

药用价值 全草入药，具有行水、消肿、散瘀、解毒的功效，用于治疗肝硬化腹水、肾炎水肿、跌打损伤、疮肿疔毒、烫伤、毒蛇咬伤。

附　注 《浙江省中药炮制规范（2015年版）》收录。

苦苣苔科 Gesneriaceae

221 **吊石苣苔** *Lysionotus pauciflorus* Maxim. **吊石苣苔属**

别　名 石吊兰

形态特征 附生攀援状小灌木。3 叶轮生，有时对生或多叶轮生，具短柄或近无柄；叶片革质，形状变化大，线形、线状倒披针形、狭长圆形或倒卵状长圆形，长 1.5~6.8cm，宽 0.4~1.8cm，顶端急尖或钝，基部钝、宽楔形或近圆形，边缘在中部以上有少数牙齿或小齿，有时近全缘，两面无毛，中脉上面下陷，侧脉每侧 3~5，不明显；叶柄上面常被短伏毛。花序具 1~5 花；花序梗和花梗无毛；苞片披针状线形，疏被短毛或近无毛；花萼 5 裂至近基部，无毛或疏被短伏毛；裂片狭三角形或线状三角形；花冠白色带淡紫色条纹或淡紫色带紫色条纹，长 3.5~4.8cm，无毛，花冠筒细漏斗状，上唇 2 浅裂，下唇 3 裂；雄蕊无毛，退化雄蕊 3，无毛；花盘杯状，有尖齿；雌蕊无毛。蒴果线形，无毛。种子纺锤形，具毛。花期 7—8 月，果期 9—10 月。

生境分布 产于保护区各地，生于丘陵、山地沟谷石崖上、树干上。

药用价值 全草入药，具有清热利湿、祛痰止咳、活血调经的功效，用于治疗咳嗽、支气管炎、痢疾、钩端螺旋体病、风湿疼痛、跌打损伤、月经不调、赤白带下。

附　注 《中华人民共和国药典（2020 年版）》《浙江省中药炮制规范（2015 年版）》收录。

爵床科 Acanthaceae

 222 爵床 *Rostellularia procumbens* (L.) Nees　　　　　　　**爵床属**

别　名　小青

形态特征　一年生细弱草本，高 20~50cm。茎基部匍匐，通常具 6 钝棱及浅槽，沿棱被短硬毛，节稍膨大。叶对生；叶片椭圆形至椭圆状矩圆形，长 1.5~3.5cm，宽 1.3~2cm，先端尖或钝，基部宽楔形至近圆形，两面常生短硬毛。穗状花序顶生或生上部叶腋，长 1~3cm；苞片 1，小苞片 2，均披针形，长 4~5mm，有睫毛；花萼裂片 4，条形，与苞片近等长，有膜质边缘和睫毛；花冠粉红色，长约 7mm，二唇形，下唇 3 浅裂；雄蕊 2，2 药室不等高，较低 1 室具距。蒴果长约 5mm，上部具 4 颗种子，下部实心似柄状。种子卵圆形，表面有瘤状皱纹。花果期 8—11 月。

生境分布　产于保护区各地，生于路边、田野或林下。

药用价值　全草入药，具有清热解毒、利尿消肿、截疟的功效，用于治疗感冒发热、疟疾、咽喉肿痛、小儿疳积、痢疾、肠炎、肾炎水肿、尿路感染、乳糜尿，外用治痈疮疖肿、跌打损伤。

附　注　《浙江省中药炮制规范（2015 年版）》收录。

车前科 Plantaginaceae

 223 **车前** *Plantago asiatica* L. 车前属

别　　名　车前草

形态特征　多年生草本，高 20~60cm。根状茎短而肥厚，须根多数。基生叶呈莲座状；叶片卵形或宽卵形，长 4~12cm，宽 4~9cm，先端圆钝，边缘近全缘、波状或有疏钝齿至弯缺，两面无毛或有短柔毛；叶柄长 5~22cm。花葶数个，直立，长 20~45cm，有短柔毛；穗状花序生于上端 1/3~1/2 处；苞片宽三角形，较萼裂片短，二者均有绿色宽龙骨状突起；花萼有短柄，裂片倒卵状椭圆形至椭圆形，长 2~2.5mm；花绿白色，花冠裂片披针形，长 1mm。蒴果椭圆形，长 3~4.5mm，周裂。种子 5~8 枚，矩圆形，长 1.2~2mm，黑棕色。花期 4—8 月，果期 6—9 月。

生境分布　产于保护区各地，生于路边、沟旁、田埂、林下。

药用价值　全草入药，具有清热利尿、祛痰、凉血、解毒的功效，用于治疗水肿尿少、热淋涩痛、暑湿泻痢、痰热咳嗽、吐血衄血、痈肿疮毒。

附　　注　《中华人民共和国药典（2020 年版）》《浙江省中药炮制规范（2015 年版）》收录。

茜草科 Rubiaceae

224 **细叶水团花** *Adina rubella* Hance　　　　　　　　　　　　**水团花属**

别　名　水杨梅

形态特征　落叶小灌木，高达 2m。小枝红褐色，具稀疏皮孔，嫩枝密被柔毛。叶对生；叶片纸质，卵状披针形或矩圆形，长 3~4cm，宽 1~2.5cm，干后边缘外卷，上面近无毛或在中脉上有疏短毛，下面沿脉上被疏毛；叶柄极短；托叶 2 深裂，披针形，长约 2mm。头状花序顶生，通常单个，盛开时直径 1.5~2cm；花序梗长 2~3cm，被柔毛；萼筒长 1.5~2mm，萼檐 5 裂，裂片匙形；花冠淡紫红色，长 3~4cm，顶端 5 裂，裂片三角形；雄蕊 5；花柱长 8~10mm。蒴果长卵状楔形，长 4mm。花期 6—7 月，果期 8—10 月。

生境分布　产于龙井坑、高滩、深坑、周村、里东坑、高峰等地，生于疏林中或沟边。

药用价值　地上部分入药，具有清热利湿、解毒消肿的功效，用于治疗湿热泄泻、痢疾、湿疹、疮疖肿毒、风火牙痛、跌打损伤、外伤出血。根入药，具有清热解表、活血解毒的功效，用于治疗感冒发热、咳嗽、腮腺炎、咽喉肿痛、肝炎、风湿性关节炎、创伤出血。

附　注　《浙江省中药炮制规范（2015 年版）》收录。

225 香果树 *Emmenopterys henryi* Oliv.　　　　　**香果树属**

别　　名 大叶水桐子

形态特征 落叶乔木，高 15~30m。小枝红褐色，圆柱形，具皮孔。单叶对生；叶片革质或薄革质，宽椭圆形至宽卵形，长 10~20cm，宽 7~13cm，先端急尖至短渐尖，基部圆形或楔形，全缘，上面无毛，下面沿脉及脉腋内有淡褐色柔毛，有时全面被毛，中脉在下面隆起；叶柄长 2~5cm，具柔毛，常带紫红色；托叶三角状卵形，早落。聚伞花序组成顶生的大型圆锥状花序；花萼近陀螺状，长约 5mm，裂片宽卵形，叶状萼裂片白色而显著，结实后仍宿存；花冠漏斗状，长 2~2.5cm，白色，内、外两面均被茸毛，裂片长约为花冠的 1/3；雄蕊着生于花冠筒的喉部稍下，花丝纤细，花药背着，内藏。果近纺锤形，长 2.5~5cm，具纵棱，成熟时红色。种子细小，具翅。花期 8 月，果期 9—11 月。

生境分布 产于挑米坑、石子排、大蓬、大中坑等地，生于海拔 600~1200m 的沟谷阔叶林中。

药用价值 根、树皮入药，具有湿中和胃、降逆止呕的功效，用于治疗反胃、呕吐、呃逆。

附　　注 国家二级重点保护野生植物；《中国生物多样性红色名录》近危（NT）。

226 猪殃殃 *Galium aparine* L. var. *echinospermum* (Wallr.) Cuf. **拉拉藤属**

别　名 拉拉藤

形态特征 蔓生或攀援状草本，高 30~90cm。茎具 4 棱角，棱上、叶缘、叶中脉上均有倒生的小刺毛。叶纸质或近膜质，6~8 片轮生，稀为 4~5 片；叶片带状倒披针形或长圆状倒披针形，长 1~5.5cm，宽 1~7mm，先端有针状尖头，基部渐狭，两面常有紧贴的刺状毛，具 1 脉，近无柄。聚伞花序腋生或顶生；花梗纤细；萼筒被钩毛，萼檐近截平；花冠小，黄绿色或白色，辐状，裂片长圆形，长不及 1mm，镊合状排列；子房被毛，花柱 2 裂至中部，柱头头状。果由 1 或 2 个近球状的分果组成，直径达 5.5mm，肿胀，密被钩毛，果柄直，长可达 2.5cm，每一分果有 1 颗种子。花期 3—7 月，果期 4—11 月。

生境分布 产于保护区各地，生于山坡路边、田边及水沟旁草丛中。

药用价值 全草入药，具有清热解毒、利尿消肿的功效，用于治疗感冒、牙龈出血、急性与慢性阑尾炎、尿路感染、水肿、痛经、崩漏、赤白带下、癌症、白血病，外用治乳腺炎初起、痈疖肿毒、跌打损伤。

附　注 《浙江省中药炮制规范（2015 年版）》收录。

227 栀子 *Gardenia jasminoides* J. Ellis　　　　　　栀子属

别　　名　栀子花

形态特征　常绿灌木，高达 2m。小枝绿色，密被短毛。叶对生或 3 叶轮生，有短柄；叶片革质，形状和大小常有很大差异，通常椭圆状倒卵形或矩圆状倒卵形，长 5~14cm，宽 2~7cm，先端渐尖，基部楔形，全缘，上面光亮，下面脉腋内簇生短毛；托叶鞘状。花大，白色，芳香，有短梗，单生于枝顶；萼筒倒圆锥形，长 2~3cm，裂片 5~7，条状披针形，通常比筒稍长；花冠高脚碟状，筒长通常 3~4cm，裂片倒卵形至倒披针形，伸展，花药露出。果黄色至橙红色，卵状至长椭圆状，长 2~4cm，有 5~9 条翅状直棱。花期 5—7 月，果期 8—11 月。

生境分布　产于保护区各地，生于山坡林缘。

药用价值　果实入药，具有泻火除烦、清热利尿、凉血解毒的功效，用于治疗热病心烦、黄疸尿赤、血淋涩痛、血热吐衄、目赤肿痛、火毒疮疡，外治扭挫伤痛。花入药，具有清肺、凉血的功效，用于治疗肺热咳嗽、鼻衄。根入药，具有清热、凉血、解毒的功效，用于治疗感冒高热、黄疸型肝炎、吐血、鼻衄、菌痢、淋病、肾炎水肿、疮痈肿毒。叶入药，具有活血消肿、清热解毒的功效，用于治疗跌打损伤、疔毒、痔疮、下疳。

附　　注　《中华人民共和国药典（2020 年版）》《浙江省中药炮制规范（2015 年版）》收录。

228 金毛耳草 *Hedyotis chrysotricha* (Palib.) Merr. 耳草属

别　名 黄毛耳草

形态特征 多年生匍匐草本。茎被白色长柔毛。叶对生，具短柄；叶片椭圆形或卵形，长 1~2.8cm，宽 1~1.5cm，先端急尖，基部宽楔形，上面被疏而粗的短毛，下面被长粗毛，在脉上被毛较密，侧脉每边 2~3 条；托叶合生，顶端齿裂。花 1~3 朵生于叶腋；花梗长约 2mm；萼筒钟形，长 1~1.5mm，萼檐 4 裂，裂片披针形，比筒长；花冠白色和淡紫色，漏斗状，长 5~6mm，4 裂，裂片矩圆形，近无毛，与花冠筒等长或稍短；雄蕊内藏。蒴果球形，具纵脉数条，直径约 2mm，被疏毛，有宿存的萼檐裂片，成熟时不开裂。花期 6—8 月，果期 7—9 月。

生境分布 保护区各地常见，生于林下和灌丛中。

药用价值 全草入药，具有清热利湿、解毒消肿的功效，用于治疗肠炎、痢疾、急性黄疸型肝炎、小儿急性肾炎、乳糜尿、功能性子宫出血、咽喉肿痛，外用治蛇虫咬伤、跌打损伤、外伤出血、疔疮肿毒。

附　注 《浙江省中药炮制规范（2015 年版）》收录。

229 茜草　*Rubia argyi* (H. Lév. et Vant.) H. Hara ex Lauener et D. K. Ferguson

茜草属

别　名　东南茜草、金线草

形态特征　多年生草质藤本。茎、枝具 4 棱，或 4 狭翅，棱上有倒生钩状皮刺。叶 4 片轮生，茎生的偶有 6 片轮生，通常 1 对较大，另 1 对较小；叶片纸质，心形至阔卵状心形，有时近圆心形，长 2~7cm，宽 1~4.5cm，先端急尖至长渐尖，基部心形，极少近浑圆，边缘和叶背面的基出脉上通常有短皮刺，两面粗糙；基出脉 5~7 条；叶柄长 1~9cm。聚伞花序分枝成圆锥花序，顶生和小枝上部腋生；花梗稍粗壮，长 1~2.5mm；萼管近球形；花冠白色，冠管长 0.5~0.7mm，裂片 5，伸展，卵形至披针形，长 1.3~1.4mm。浆果近球形，直径 5~7mm，有时臀状，宽达 9mm，成熟时黑色。花期 7—9 月，果期 9—11 月。

生境分布　产于保护区各地，生于山坡路边及灌丛中。

药用价值　根、根状茎入药，具有行血止血、通经活络、止咳祛痰的功效，用于治疗吐血、衄血、尿血、便血、血崩、闭经、风湿痹痛、跌打损伤、瘀滞肿痛、黄疸、慢性气管炎。茎、叶入药，具有止血、行瘀的功效，用于治疗吐血、血崩、跌打损伤、风痹、腰痛、痈毒、疔肿。

附　注　《中华人民共和国药典（2020 年版）》《浙江省中药炮制规范（2015 年版）》收录。

230 白马骨 *Serissa serissoides* (DC.) Druce 白马骨属

别　名　山地六月雪

形态特征　常绿小灌木，高达1m。分枝密集，被短毛。叶常聚生于小枝上部；叶片薄纸质，形状变异很大，常倒卵形至倒披针形，长1.5~4cm，宽0.5~1.3cm，顶端短尖至稍钝，基部渐狭成短柄，侧脉常3对，两面均突起，小脉疏散不明显；托叶膜质，基部宽，顶端有数条刺状毛。花近无柄，常多朵簇生于小枝顶部；苞片膜质，斜方状椭圆形，长渐尖，长约6mm，具疏散小缘毛。花萼裂片5，坚挺，延伸成披针状锥形，极锐尖，有缘毛；花冠白色，花冠筒长约4mm，外面无毛，喉部被毛，裂片5，长圆状披针形，长2.5mm。核果近球状，有2个分核。花期5—8月，果期7—11月。

生境分布　产于保护区各地，生于山坡路旁、溪边林下灌丛中或石缝中。

药用价值　全株入药，具有祛风、利湿、清热、解毒的功效，用于治疗风湿腰腿痛、痢疾、水肿、目赤肿痛、喉痛、齿痛、赤白带下、痈疽、瘰疬。根入药，具有祛风、清热、利湿的功效，用于治疗偏正头痛、牙痛、喉痛、目赤肿痛、湿热黄疸、赤白带下、白浊。

附　注　《浙江省中药炮制规范（2015年版）》收录。

231 钩藤 *Uncaria rhynchophylla* (Miq.) Miq. ex Havil. 钩藤属

别　名　倒挂金钩

形态特征　常绿攀援藤本，长可达 10m。小枝四棱柱形，光滑无毛。叶对生；叶片纸质，椭圆形至宽卵形，长 6~12cm，宽 3~6cm，先端渐尖，基部圆形至宽楔形，全缘，上面光亮，下面在脉腋内常有簇毛；叶柄长 8~12mm；托叶 2 深裂，裂片条状钻形，长 6~12mm，早落。头状花序单个腋生或为顶生的总状花序，直径 2~2.5cm；花序梗纤细，长 2~5cm，中部着生几枚苞片；萼筒长约 2mm，被小粗毛，萼檐裂片长不及 1mm；花冠黄色，长 6~7mm，裂片舌形，边缘具柔毛。蒴果倒圆锥形，长 7~10mm，直径 1.5~2mm，被疏柔毛。花期 6—7 月，果期 8—10 月。

生境分布　产于深坑、里东坑、龙井坑等地，生于林谷、溪边或湿润灌丛中。

药用价值　带钩茎枝入药，具有清热平肝、息风定惊的功效，用于治疗头痛眩晕、感冒夹惊、惊痫抽搐、妊娠子痫、高血压。根入药，具有舒筋活络、清热消肿的功效，用于治疗关节痛风、半身不遂、癫痫、水肿、跌打损伤。

附　注　《中华人民共和国药典（2020 年版）》《浙江省中药炮制规范（2015 年版）》收录。

忍冬科 Caprifoliaceae

232 菰腺忍冬　*Lonicera hypoglauca* Miq.　　　　　忍冬属

别　　名　红腺忍冬

形态特征　落叶木质藤本。幼枝密被淡黄褐色弯曲短柔毛。叶卵形至卵状矩圆形，长3~10cm，宽2.5~5cm，先端短渐尖，基部近圆形，上面中脉被短柔毛，下面密生微毛并杂有橘红色腺体；叶柄长5~12mm。双花单生或多朵簇生于侧生短枝上；萼筒无毛，萼齿长三角形，具睫毛；花冠白色，基部稍带红晕，后变黄色，具香气，长3.5~4.5cm，外疏生微毛和腺毛，唇形，上唇具4裂片，下唇反转，约与花冠筒等长；雄蕊5，与花柱均稍伸出花冠。浆果近球形，黑色，直径约7mm。花期4—5月，果期10—11月。

生境分布　产于保护区各地，生于灌丛或疏林中。

药用价值　花蕾入药，具有清热解毒、凉散风热的功效，用于治疗痈肿疔疮、喉痹、丹毒、热毒血痢、风热感冒、温病发热。

附　　注　《中华人民共和国药典（2020年版）》《浙江省中药炮制规范（2015年版）》收录。

233 忍冬 *Lonicera japonica* Thunb.　　　　　　　　　　　　　　　　　　　**忍冬属**

别　　名　金银花

形态特征　半常绿藤本。小枝、叶柄和花序梗密被黄褐色展开的硬直糙毛、腺毛、短柔毛。小枝髓心逐渐变为中空。叶对生；叶片纸质，卵形或矩圆状卵形至披针形，长 3~8cm，宽 1.4~4cm，顶端渐尖，少有圆钝或微凹缺，基部圆或近心形，有糙缘毛，小枝上部叶通常两面均密被短糙毛。花序梗常单生于小枝上部叶腋；苞片大，叶状，长达 2~3cm；小苞片顶端圆形或截形，长为萼筒的 1/2~4/5，有短糙毛和腺毛。花萼筒长约 2mm，无毛，萼齿顶端尖而有长毛，外面和边缘都有密毛；花冠白色，有时基部向阳面呈微红色，后变黄色，长 3~5cm，二唇形，筒稍长于唇瓣，外被倒生的展开或半展开糙毛、长腺毛，上唇裂片顶端钝形，下唇带状而反曲。果实圆形，熟时蓝黑色。花期 4—6 月，果期 10—11 月。

生境分布　产于保护区各地，生于路旁、山坡灌丛或疏林中。

药用价值　茎枝入药，具有清热解毒、疏风通络的功效，用于治疗温病发热、热毒血痢、痈肿疮疡、风湿热痹、关节红肿热痛。花蕾入药，具有清热解毒、凉散风热的功效，用于治疗痈肿疔疮、喉痹、丹毒、热毒血痢、风热感冒、温病发热。

附　　注　《中华人民共和国药典（2020 年版）》《浙江省中药炮制规范（2015 年版）》收录。

234 灰毡毛忍冬　*Lonicera macranthoides* Hand.-Mazz.　　　　忍冬属

别　　名　大金银花

形态特征　常绿木质藤本。幼枝和花序梗有薄绒状短糙伏毛，有时兼具微腺毛，后变栗褐色有光泽而近无毛。叶对生；叶片革质，卵形、卵状披针形、矩圆形至宽披针形，长 6~14cm，宽 1.8~6cm，先端尖或渐尖，基部圆形、微心形或渐狭，上面无毛，下面密被毡毛，并散生暗橘黄色微腺毛，网脉突起而呈明显蜂窝状；叶柄长 6~10mm。双花常密集于小枝梢而成圆锥状花序；花序梗长 0.5~3mm；苞片披针形或条状披针形；小苞片圆卵形或倒卵形，长约为萼筒之半；萼筒常被蓝白色粉，萼齿三角形，比萼筒稍短；花冠白色，后变黄色，长 3.5~4.5（~6）cm，外被倒短糙伏毛及橘黄色腺毛，唇形，筒纤细，内面密生短柔毛，上唇裂片卵形，基部具耳，两侧裂片深达 1/2，下唇条状倒披针形，反卷；雄蕊生于花冠筒先端，连同花柱均伸出。果实黑色，常被蓝白色粉，圆形，直径 6~10mm。花期6—7月，果期 10—11月。

生境分布　产于龙井坑、里东坑、洪岩顶，生于山坡、山麓、山腰溪沟边、灌丛中。

药用价值　花蕾入药，具有清热解毒、活血镇痛的功效，用于治疗咽喉肿痛、痈肿、风湿热痹、关节红肿热痛。

附　　注　《中华人民共和国药典（2020 年版）》《浙江省中药炮制规范（2015 年版）》收录。

败酱科 Valerianaceae

 235 败酱 *Patrinia scabiosifolia* Fisch. ex Trevir.　　　　　**败酱属**

别　　名 黄花龙牙

形态特征 多年生草本，高 30 ~ 200cm。根状茎横走或斜生；地上茎直立，黄绿色至黄棕色，有时带淡紫色，下部常被脱落性白色粗毛或几无毛。基生叶丛生，花时枯落；茎生叶对生，披针形或阔卵形，顶端最大，向下逐渐变小，边缘有粗锯齿；靠近花序的叶片线形，全缘。花序为聚伞花序组成的大型伞房花序，顶生，具 5~7 级分枝；花序梗上部一侧具白色粗糙毛；总苞小，线形；花小；萼齿不明显；花冠钟状，黄色，上端 5 裂；雄蕊 4，2 长 2 短。瘦果长椭圆状，无翅状苞片，仅有由不发育 2 室压扁形成的窄边。种子 1 枚，扁平，椭圆状。花期 7—9 月，果期 9—10 月。

生境分布 产于保护区各地，生于山坡草丛中。

药用价值 带根全草入药，具有清热解毒、排脓破瘀的功效，用于治疗肠痈、下痢、赤白带下、产后瘀滞腹痛、目赤肿痛、痈肿疥癣。

附　　注 《浙江省中药炮制规范(2015 年版)》收录。

葫芦科 Cucurbitaceae

236 冬瓜 *Benincasa hispida* (Thunb.) Cogn. 冬瓜属

别　　名 白瓜

形态特征 一年生草质藤本。全株密被硬毛。卷须常分 2~3 叉。叶片肾状近圆形，宽 10~30cm，基部深心形，5~7 浅裂或有时中裂，边缘有小锯齿，两面生有硬毛；叶柄粗壮，长 5~20cm。雌雄同株；花单生，花梗被硬毛；花萼裂片有锯齿，反折；花冠黄色，辐状，裂片宽倒卵形，长 3~6cm；雄蕊 3，分生，药室多回折曲；子房卵形或圆筒形，密生黄褐色硬毛，柱头 3,2 裂。果实长圆柱状或近球状，大型，有毛和白霜。种子卵形，白色或淡黄色，压扁状。花果期 6—11 月。

生境分布 保护区常见栽于屋旁。

药用价值 果实入药，具有利水、消痰、清热、解毒的功效，用于治疗水肿、胀满、脚气、淋病、痰鸣、咳喘、暑热烦闷、消渴、泻痢、痈肿、痔漏，解鱼毒、酒毒。外层果皮入药，具有利尿消肿的功效，用于治疗水肿胀满、小便不利、暑热口渴、小便短赤。果瓤入药，具有清热止渴、利水消肿的功效，用于治疗热病烦渴、消渴、淋证、水肿、痈肿。茎入药，具有清肺化痰、通经活络的功效，用于治疗肺热咳痰、关节不利、脱肛、疮疥。叶入药，具有清热、利湿、解毒的功效，用于治疗消渴、暑湿泻痢、疟疾、疮毒、蜂蛰。种子入药，具有清肺、化痰、排脓的功效，用于治疗肺热咳嗽、肺痈、肠痈。

附　　注 《中华人民共和国药典（2020 年版）》《浙江省中药炮制规范（2015 年版）》收录。

237 南瓜 *Cucurbita moschata* (Duchesne ex Lam.) Duchesne ex Poir. 南瓜属

别　　名　北瓜、番瓜

形态特征　一年生草质藤本。茎粗壮，密被粗毛；卷须 3~4 歧，疏被短刚毛。叶片宽卵形或近圆形，长 15~40cm，先端钝，基部心形，弯缺开张，边缘具细锯齿，两面被粗毛，叶脉在下面突起；叶柄粗壮，圆柱形，长 15~20cm。雌雄同株。雄花花梗长 10~20cm，有柔毛；花萼筒钟形，裂片线状披针形，长 1.5~2cm，有白色短硬毛；花冠黄色，钟状，5 中裂，裂片卵圆形，先端钝，向外反折；雄蕊 3，花丝和花药均靠合，药室折曲。雌花子房卵圆形，花柱短，柱头 3，2 裂。果形状多样，因品种而异，果梗粗壮，具棱和槽，顶端稍膨大。种子卵形或椭圆形，灰白色，边缘薄。花期 5 月，果期 6 月。

生境分布　保护区常见栽于屋旁。

药用价值　果实入药，具有补中益气、消炎镇痛、解毒杀虫的功效，用于治疗肺痈、哮证、痈肿、烫伤、毒蜂螫伤。瓜蒂入药，具有解毒、利水、安胎的功效，用于治疗痈疽肿毒、疔疮、烫伤、疮溃不敛、水肿腹水、胎动不安。根入药，具有利湿热、通乳汁的功效，用于治疗淋病、黄疸、痢疾、乳汁不通。花入药，具有清湿热、消肿毒的功效，用于治疗黄疸、痢疾、咳嗽、痈疽肿毒。果瓤入药，具有解毒、敛疮的功效，用于治疗痈肿疮素养、烫伤、创伤。茎入药，具有清肺、和胃、通络的功效，用于治疗肺结核、低热、胃痛、月经不调、烫伤。叶入药，具有清热、解暑、止血的功效，用于治疗暑热口渴、热痢、外伤出血。

附　　注　《浙江省中药炮制规范（2015 年版）》收录。

238 绞股蓝 *Gynostemma pentaphyllum* (Thunb.) Makino　　　　绞股蓝属

别　名 绞股兰

形态特征 多年生草质藤本。根状茎肉质，横走；地上茎无毛或有稀疏的短柔毛；卷须 1 或 2 歧。鸟足状复叶，具 3~9 小叶，边缘具波状齿或圆齿状牙齿，两面均疏被短硬毛。雌雄异株；雌雄花序均圆锥状。雄花花梗长 1~4mm；花萼筒极短，裂片三角形，长约 0.7mm，先端急尖；花冠淡绿色或白色，裂片卵状披针形，边缘具缘毛状小齿，长 2.5~3mm，先端渐尖。雌花花萼、花冠与雄花相同；子房球形，2 或 3 室，花柱 3，短而叉开，柱头 2 裂；退化雄蕊 5。浆果球形，直径 6~8mm，成熟后呈黑色，无毛，不开裂，萼筒线位于果实的上部 1/3 处以上，顶端具 3 枚小的鳞脐状物；果梗 5~8mm。种子卵状心形，压扁状，两面具乳突状突起。花期 7—9 月，果期 9—10 月。

生境分布 产于保护区各地，生于沟旁或林下。

药用价值 根状茎入药，具有清热解毒、止咳祛痰的功效，用于治疗慢性支气管炎、传染性肝炎、肾炎、胃肠炎。

附　注 《浙江省中药炮制规范（2015年版）》收录。

239 丝瓜 *Luffa cylindrica* (L.) M. Roem. **丝瓜属**

别　名　水瓜、胜瓜

形态特征　一年生草质藤本。茎、枝粗糙，有棱沟，被短柔毛；卷须2~4歧，被短柔毛。叶片三角形或近圆形，长、宽各10~20cm，先端尖，基部深心形，掌状5~7裂，边缘有锯齿，上面粗糙，下面有短柔毛，叶脉掌状；叶柄粗糙，长10~12cm。雄花常15~20朵生于总状花序的上部，花序轴被柔毛；花梗长1~2cm；花萼宽钟形，被短柔毛，裂片卵状披针形，长0.8~1.3cm；花冠黄色，辐状，直径5~9cm，裂片长圆形，长2~4cm，内面基部密被长柔毛；雄蕊通常5，稀3，药室多回折曲。雌花单生，花梗长2~10cm；子房长圆柱状，有柔毛。果长圆柱状，直径5~10cm，表面平滑，通常有深色纵条纹而无锐棱。种子多粒，黑色，卵形，扁，边缘狭翼状。花果期夏、秋季。

生境分布　保护区常见栽于屋旁。

药用价值　果实入药，具有清热、化痰、凉血、解毒的功效，用于治疗热病身热烦渴、痰喘咳嗽、肠风痔漏、崩带、血淋、疔疮、乳汁不通、痈肿。瓜蒂入药，具有清热解毒、化痰定惊的功效，用于治疗痘疮不起、咽喉肿痛、癫狂、痫证。根入药，具有清热解毒的功效，用于治疗鼻炎、副鼻窦炎。花蕾入药，具有清热解毒的功效，用于治疗热咳嗽、咽痛、鼻窦炎、疔疮、痔疮。成熟果实的维管束入药，具有通络、活血、祛风的功效，用于治疗痹痛拘挛、胸胁胀痛、乳汁不通。果皮入药，具有清热解毒的功效，用于治疗金疮、痈肿、疔疮、坐板疮。藤入药，具有通经活络、止咳化痰的功效，用于治疗腰痛、咳嗽、鼻炎。

附　注　《中华人民共和国药典（2020年版）》《浙江省中药炮制规范（2015年版）》收录。

240 王瓜 *Trichosanthes cucumeroides* (Ser.) Maxim. 栝楼属

别　　名　假栝楼

形态特征　多年生草质藤本。全株密被展开柔毛。块根肥大，纺锤形。卷须不分叉或 2 歧。叶片宽卵形或圆形，长 5~18cm，宽 5~12cm，先端钝或渐尖，常分裂，边缘具细齿，掌状脉；叶柄长 3~10cm。雄花组成总状花序或单生，花梗长约 5mm；苞片条状披针形，全缘；花萼筒喇叭形，长 6~7cm，裂片条状披针形，长 3~6mm；花冠白色，裂片长圆状卵形，长 1.4~1.5cm。雌花与雄花相同，单生，花梗长 0.5~1cm；子房长球形。果球形至卵状椭球形，直径 4~5.5cm，成熟时呈橙红色，平滑，果瓤黄色；果梗长 0.5~2cm。种子横长圆形，长 7~12mm，3 室，中央室呈突起的增厚环带，两侧室大，中空，近圆形。花期 5—8 月，果期 8—11 月。

生境分布　产于保护区各地，生于山坡、沟旁的草丛或灌丛中。

药用价值　果实入药，具有清热、生津、消瘀、通乳的功效，用于治疗消渴、黄疸、噎膈反胃、闭经、乳汁滞少、痈肿、慢性咽喉炎。根入药，具有清热解毒、利尿消肿、散瘀镇痛的功效，用于治疗毒蛇咬伤、急性扁桃体炎、咽喉炎、痈疮肿毒、跌打损伤、小便不利、胃痛。种子入药，具有清热、凉血的功效，用于治疗肺痿吐血、黄疸、痢疾、肠风下血。

附　　注　《浙江省中药炮制规范（2015 年版）》收录。

241 栝楼 *Trichosanthes kirilowii* Maxim. 栝楼属

别　　名　瓜蒌

形态特征　多年生草质藤本。全体被长柔毛。块根圆柱形，粗大肥厚，淡黄褐色；卷须 3~5 歧。叶片近圆形或心形，长、宽均为 5~20cm，通常 3~5（7）浅裂至中裂，裂片菱状倒卵形，常再分裂，先端常钝圆，边缘有疏齿或缺刻状，两面沿脉被长柔毛状硬毛，掌状脉；叶柄长 3~10cm。雄花常组成总状花序，花梗长约 3mm；小苞片倒卵形或宽卵形，长 1.5~3cm，宽 1~2cm；花萼筒圆筒状，长约 3.5cm，裂片披针形，全缘，长约 1.5cm，宽约 2mm；花冠白色，裂片倒卵形，长约 2cm，先端中央具 1 绿色尖头。雌花单生，花梗长约 7cm；花萼筒圆筒形，裂片、花冠与雄花相同；子房椭球形，花柱长 2cm。果近球形，成熟时果皮和果瓤均呈黄色，光滑。种子卵状椭圆形，扁平，1 室，长 1.2~1.6cm。花期 6—8 月，果期 8—10 月。

生境分布　产于深坑、龙井坑、里东坑、徐罗坑，生于向阳山坡、山脚、路边、田野草丛中。

药用价值　果实入药，具有清热涤痰、宽胸散结、润燥滑肠的功效，用于治疗肺热咳嗽、痰浊黄稠、胸痹心痛、结胸痞满、乳痈、肺痈、肠痈肿痛、大便秘结。果皮入药，具有清化热痰、理气宽胸的功效，用于治疗痰热咳嗽、胸闷胁痛。种子入药，具有润肺化痰、滑肠通便的功效，用于治疗燥咳痰黏、肠燥便秘。

附　　注　《中华人民共和国药典（2020 年版）》《浙江省中药炮制规范（2015 年版）》收录。

桔梗科 Campanulaceae

242 羊乳　*Codonopsis lanceolata* (Sieb. et Zucc.) Benth. et Hook. f. ex Trautv.

党参属

别　　名　四叶参

形态特征　多年生缠绕藤本。全株无毛。根倒卵状纺锤形，有少数须根，近上部有稀疏环纹。茎黄绿色而略带紫色。叶二形：主茎上的叶互生，叶片细小，披针形或菱状狭卵形；小枝顶端的叶常 2~4 簇生，呈近于对生或轮生状，叶柄短，叶片长圆状披针形至椭圆形，长 3~10cm，宽 1.5~4cm，常全缘或稍有疏生的微波状齿，叶背灰白色。花单生或成对生于枝的顶端；花萼筒贴生于子房的基部，5 个萼裂片卵状披针形，长 2~2.5cm，宽 5~10mm；花冠外面乳白色，内面深紫色，有网状脉纹，长 2~4cm；花盘肉质，黄绿色；花丝钻状，基部微扩大，长 4~6mm，花药长 3~5mm；子房半下位，柱头 3 裂。蒴果下部半球状，上部有喙，直径 2~2.5cm，有宿存花萼，上部 3 瓣裂。种子卵形，有翅。花果期 8—10 月。

生境分布　产于保护区各地，生于山地灌木林下阴湿处。

药用价值　根入药，具有滋补强壮、补虚通乳、排脓解毒、养阴润肺、祛痰的功效，用于治疗血虚气弱、肺痈咯血、乳汁少、痈疽肿毒、瘰疬、带下、喉蛾。

附　　注　《浙江省中药炮制规范（2015 年版）》收录。

243 半边莲 *Lobelia chinensis* Lour.　　　　　　　　　　　　　　　**半边莲属**

别　　名　急解索

形态特征　多年生矮小草本，高6~15cm。茎细弱，匍匐，节上生根，分枝直立，无毛。叶互生，无柄或近无柄；叶片长圆状披针形或条形，长10~25mm，宽3~7mm，顶端急尖，边缘有波状小齿或近无齿。花单生于叶腋，花梗超出叶外，基部无或有小苞片1~2枚；萼筒长管状，长3~5mm，基部狭窄成柄，裂片披针形，与萼筒近等长；花冠白色或粉红色，长10~15mm，无毛或内部略带细短柔毛，5裂，裂片近相等，偏向一侧，位于同一平面上，两侧裂片披针形，较长，中间3裂片椭圆状披针形，较短，基部有绿色斑点；雄蕊长约8mm，花丝中部以上连合，花药合生，下面2花药顶端有毛。蒴果倒圆锥状，长约6mm。种子椭圆状，稍扁压。花果期4—10月。

生境分布　产于周村、里东坑、雪岭、龙井坑等地，生于潮湿的沟边、水田边、河边及潮湿草地上。

药用价值　全草入药，具有利尿消肿、清热解毒的功效，用于治疗大腹水肿、面足浮肿、痈肿疔疮、蛇虫咬伤、晚期血吸虫病腹水。

附　　注　《中华人民共和国药典（2020年版）》《浙江省中药炮制规范（2015年版）》收录。

菊科 Asteraceae

244 杏香兔儿风 *Ainsliaea fragrans* Champ. ex Benth. **兔儿风属**

别　　名　金边兔耳、杏香兔耳风

形态特征　多年生草本。茎直立，不分枝，花葶状。叶聚生于茎基部，莲座状；叶片厚纸质，卵形至卵状长圆形，长 2~11cm，宽 1.5~5cm，顶端钝或具突尖，基部深心形，全缘或具齿。头状花序常具小花 3 朵；苞叶钻形；总苞圆柱状；总苞片约 5 层，外面 1 或 2 层卵形，中层近椭圆形，最内层狭椭圆形，基部长渐狭，具爪，边缘干膜质；花序托直径约 0.5mm；花全部两性，白色，开放时具杏仁香气；花冠管纤细，长约 6mm，檐部扩大，5 深裂，裂片线形，与花冠管近等长；花药顶端钝，基部箭形；花柱分枝伸出药筒之外。瘦果圆柱状或近纺锤状，栗褐色，略压扁，长约 4mm，具 8 纵棱，被长柔毛；冠毛多数，淡褐色，羽毛状，基部合生。花果期 8—12 月。

生境分布　产于洪岩顶、大南坑、华竹坑，生于山坡、灌丛下、沟边草丛。

药用价值　全草入药，具有清热解毒、消积散结、止咳、止血的功效，用于治疗上呼吸道感染、肺脓肿、咯血、黄疸、小儿疳积、消化不良、乳腺炎，外用治中耳炎、毒蛇咬伤。

附　　注　《浙江省中药炮制规范（2015年版）》收录。

245 奇蒿 *Artemisia anomala* S. Moore　　　　　　蒿属

别　　名　六月霜、刘寄奴

形态特征　多年生草本，高80~150cm。茎常单生，中部以上常分枝，黄褐色或紫褐色。叶纸质，初时微有蛛丝状绵毛；下部叶的叶片卵形或长卵形，稀倒卵形，不分裂或前部有数枚浅裂齿，先端尖，边缘具细齿，基部圆形或宽楔形，叶柄长3~5mm；中部叶的叶片卵形至卵状披针形，叶柄稍短；上部叶与苞片叶小，无柄。头状花序长圆形或卵形，直径2~2.5mm，排成密穗状，再排成圆锥状；总苞片3或4层，背面淡黄色，外层小，卵形，中、内层长卵形至椭圆形。雌花4~6；花冠狭管状，檐部具2裂齿；花柱伸出花冠外。两性花6~8；花冠管状；花药线形，先端附属物尖，长三角形，基部圆钝；花柱略长于花冠，分枝顶端截形。瘦果长圆状倒卵形。花果期6—11月。

生境分布　产于保护区各地，生于林缘、灌丛中、河岸等地。

药用价值　全草入药，具有清暑利湿、活血行瘀、通经镇痛的功效，用于治疗中暑、头痛、肠炎、痢疾、闭经腹痛、风湿疼痛、跌打损伤，外用治创伤出血、乳腺炎。

附　　注　《浙江省中药炮制规范（2015年版）》收录。

246 婆婆针 *Bidens bipinnata* L.   鬼针草属

别　名 鬼针草

形态特征 一年生草本，高 30~120cm。全体疏被柔毛。茎直立，下部略具 4 棱。叶对生；叶片长 5~14cm，二回羽状分裂，第 1 回深裂达中肋，小裂片三角形或菱状披针形，具 1 或 2 对缺刻或深裂，顶生裂片狭，先端渐尖，边缘有稀疏、不整齐的粗齿；叶柄长 2~6cm。头状花序直径 6~10mm；花序轴果时长 2~10cm；总苞杯状，外层总苞片 5~7 枚，线形，开花时长约 2.5mm，果时长约 5mm，内层总苞片膜质，椭圆形，花后伸长为狭披针形，果时长 6~8mm，边缘黄色；托片狭披针形，果时长可达 12mm。舌状花常 1~3，不育，舌片黄色，椭圆形或倒卵状披针形，长 4~5mm，先端全缘或具 2~3 齿；盘花圆柱状，黄色，檐部 5 齿裂。瘦果线形圆柱状，略扁，具 3~4 棱，长 12~18mm，具瘤状突起及小刚毛，顶端芒刺 3~4 枚，稀 2 枚，长 3~4mm，具倒刺毛。花期 6—7 月，果期 9—11 月。

生境分布 产于保护区各地，生于路边荒地、山坡、田间、溪滩边。

药用价值 全草入药，具有清热解毒、祛风活血的功效，用于治疗上呼吸道感染、咽喉肿痛、急性阑尾炎、急性黄疸型传染性肝炎、胃肠炎、消化不良、风湿性关节炎、疟疾，外用治疮疖、毒蛇咬伤、跌打肿痛。

附　注《浙江省中药炮制规范（2015 年版）》收录。

247 金盏银盘 *Bidens biternata* (Lour.) Merr. et Sherff 鬼针草属

别　名　千条针

形态特征　一年生草本，高 30~150cm。全体被柔毛。茎直立，略具 4 棱。一回羽状复叶，顶生小叶卵形至卵状披针形，长 2~7cm，宽 1~2.5cm，先端渐尖，基部楔形，边缘具锯齿，有时一侧深裂为 1 小裂片，侧生小叶 1~2 对，卵形或卵状长圆形，近顶部的 1 对稍小，常不裂，基部下延，无柄或具短柄，下部的 1 对与顶生小叶近相等，具明显的柄，三出复叶状分裂或仅一侧具 1 裂片，裂片椭圆形，边缘有锯齿；总叶柄长 1.5~5cm。头状花序直径 7 ~ 10mm；花序梗果时长 4.5~11cm。总苞片外层 8~10 枚，线形，内层长椭圆形或长圆状披针形，背面有深色纵条纹。舌状花常 3~5，不育，舌片淡黄色，长椭圆形，先端 3 齿裂，有时无舌状花；盘花圆柱状，檐部 5 齿裂。瘦果线形圆柱状，黑色，长 9~19mm，具 4 棱，被小刚毛，顶端芒刺 3~4 枚，长 3~4mm，具倒刺毛。花果期 9—11 月。

生境分布　产于周村、龙井坑、里东坑，生于路边、村旁及荒地上。

药用价值　全草入药，具有疏表清热、解毒、散瘀的功效，用于治疗流行性感冒、流行性乙型脑炎、咽喉肿痛、肠炎、痢疾、黄疸、肠痈、小儿惊风、疳积、痔疮。

附　注　《浙江省中药炮制规范（2015 年版）》收录。

248 鬼针草 *Bidens pilosa* L.

鬼针草属

别　　名　盲肠草、三叶鬼针草

形态特征　一年生草本，高 30~100cm。植株疏被柔毛。茎直立，钝四棱状。茎下部叶较小，叶片 3 裂或不裂，常开花前枯萎。中部叶具柄，羽状复叶；小叶 3~7 枚；两侧小叶椭圆形或卵状椭圆形，长 2~4.5cm，宽 1.5~2.5cm，先端锐尖，基部近圆形或宽楔形，具短柄；顶生小叶长椭圆形或卵状长圆形，长 3.5~7cm，先端渐尖，基部渐狭或近圆形，具长 1~2cm 的柄；小叶边缘均具锯齿。上部叶小，3 裂或不裂，线状披针形。头状花序直径 8~9mm；花序轴果时长 3~10cm。总苞片 7~8，线状匙形，果时上部长至 5mm；外层托苞披针形，果时长 5~6mm，边缘黄色，内层线状披针形。无舌状花；盘花圆柱状，檐部 5 齿裂。瘦果黑色，线形圆柱状，略扁，具棱，长 7~13mm，宽约 1mm，上部具稀疏瘤状突起及刚毛，顶端芒刺 3~4 枚，具倒刺毛。花果期 3—10 月。

生境分布　产于保护区各地，生于路边、村旁及荒地上。

药用价值　全草入药，具有清热、解毒、散瘀、消肿的功效，用于治疗疟疾、腹泻、痢疾、肝炎、急性肾炎、胃痛、噎膈、肠痈、咽喉肿痛、跌打损伤、蛇虫咬伤。

附　　注　《浙江省中药炮制规范（2015 年版）》收录。

天名精 *Carpesium abrotanoides* L. **天名精属**

别　名　天蔓青、地菘、鹤虱

形态特征　多年生粗壮草本，高60~100cm。植株密被短柔毛。茎圆柱状，下部木质，上部多分枝。基生叶开花前枯萎；茎下部叶广椭圆形或长椭圆形，长8~16cm，宽4~7cm，先端钝或锐尖，基部楔形，上面粗糙，下面具小腺点，边缘具不整齐的钝锯齿，齿端有腺体状胼胝体，叶柄长5~15mm；茎上部叶长椭圆形或椭圆状披针形，先端渐尖或锐尖，基部宽楔形，无或具短柄。头状花序多数，顶生或腋生，排成穗状；顶生花序具椭圆形或披针形苞叶2~4枚，腋生花序无或具1~2枚极小的苞叶。总苞钟状，基部宽，上端稍收缩，成熟时扁球形，直径6~8mm；总苞片3层，外层较短，卵圆形，具缘毛，内层长圆形。雌花狭圆柱状，长1.5mm；两性花圆柱状，长2~2.5mm，向上渐宽，檐部5齿裂。瘦果长约3.5mm。花果期6—10月。

生境分布　产于保护区各地，生于路边荒地、村旁空旷地、溪边及林缘。

药用价值　根、茎、叶入药，具有祛痰、清热、破血、止血、解毒、杀虫的功效，用于治疗乳蛾、喉痹、疟疾、急性肝炎、惊风、虫积、血瘕、衄血、血淋、疔肿疮毒、皮肤痒疹。

附　　注　《中华人民共和国药典（2020年版）》《浙江省中药炮制规范（2015年版）》收录。

250 蓟 *Cirsium japonicum* Fisch. ex DC.   蓟属

别　　名　大蓟

形态特征　多年生草本，高30~150cm。块根纺锤状或萝卜状，直径达7mm。茎具棱，被多细胞长节毛，头状花序下部灰白色，密被茸毛及多细胞节毛。基生叶的叶片卵形、长倒卵形、椭圆形或长椭圆形，羽状深裂，基部渐狭成翅柄，边缘有针刺及刺齿，侧裂片6~12对，有锯齿，有时二回状分裂，齿顶针刺长达6mm；茎生叶与基生叶同形，向上渐小，基部半抱茎。头状花序常直立，数个顶生。总苞钟状，直径约3cm；总苞片约6层，外面沿中肋有黑色黏腺，由外向内渐长，外层与中层卵状三角形至长三角形，顶端有长1~2mm的针刺，内层披针形或线状披针形，顶端渐尖。小花红色或紫色，管部略短于檐部，不等5浅裂。瘦果压扁，偏斜楔状倒披针形，顶端斜截形；冠毛浅褐色，多层，整体脱落。花果期4—11月。

生境分布　产于保护区各地，生于田边或荒地、旷野。

药用价值　根、全草入药，具有凉血止血、散瘀消肿的功效，用于治疗衄血、咯血、吐血、尿血、功能性子宫出血、产后出血、肝炎、肾炎、乳腺炎、跌打损伤，外用治外伤出血、痈疖肿毒。

附　　注　《中华人民共和国药典（2020年版）》《浙江省中药炮制规范（2015年版）》收录。

251 野菊 *Dendranthema indicum* (L.) Des Moul. **菊属**

别　　名 野菊花

形态特征 多年生草本，高 25~100cm。根状茎粗厚分枝，有长或短的地下匍匐枝；地上茎直立或铺散，具分枝，被疏毛。基生叶和茎下部叶花期枯萎；中部茎生叶的叶片卵形、长卵形或椭圆状卵形，长 3~10cm，宽 2~7cm，羽状半裂、浅裂或为浅锯齿，基部截形、稍心形、宽楔形；叶柄长 1~2cm，柄基有时具分裂的叶耳。头状花序直径 1.5~2.5cm，顶生，多数，排成疏松的伞房圆锥状或少数排成伞房状。总苞片约 5 层，外层卵形或卵状三角形，中层卵形，内层长椭圆形，总苞片边缘白色或褐色，干膜质，顶端钝或圆。舌状花黄色，舌片长 10~13mm，顶端全缘或具 2~3 齿。瘦果长 1.5~1.8mm。花果期 6—11 月。

生境分布 产于保护区各地，生于路边、田边及山坡草地。

药用价值 全草入药，具有清热解毒的功效，用于治疗感冒、气管炎、肝炎、原发性高血压、痢疾、痈肿、疔疮、目赤肿痛、瘰疬、湿疹。头状花序入药，具有疏风清热、消肿解毒的功效，用于治疗风热感冒、肺炎、白喉、胃肠炎、高血压、疔痈、口疮、丹毒、湿疹、天疱疮。

附　　注《中华人民共和国药典（2020年版）》收录。

252 甘菊　*Dendranthema lavandulifolium* (Fisch. ex Trautv.) Ling et Shih　菊属

别　　名　北野菊

形态特征　多年生草本，高 30~150cm。茎直立，疏被柔毛。基生叶和下部叶花期脱落；中部茎生叶的叶片宽卵形至椭圆状卵形，长 2~5cm，宽 1.5~4.5cm，二回羽状分裂，第 1 回全裂或几全裂，第 2 回为半裂或浅裂，第 1 回侧裂片 2~4 对，最上部叶羽状分裂、3 裂或不裂，两面或叶背被柔毛；中部茎生叶的叶柄长 5~10mm，柄基有时具叶耳。头状花序直径 10~20mm，常多数在茎枝顶端排成复伞房状。总苞碟状，直径 5~7mm；总苞片约 5 层，外层线形或线状长圆形，中内层卵形、长椭圆形至倒披针形，总苞片顶端圆形，边缘白色或浅褐色，干膜质。舌状花黄色，舌片椭圆形，长 5~7.5mm，顶端全缘或具 2 或 3 个浅齿裂。瘦果长 1.2~1.5mm。花果期 5—11 月。

生境分布　产于保护区各地，生于山坡、路旁、荒地。

药用价值　全草或花序入药，具有疏风清热、解毒消肿、清肝明目的功效，用于治疗头痛、目赤、疔疮肿毒、瘰疬、湿疹。

附　　注　《浙江省中药炮制规范（2015 年版）》收录。

253 菊花 *Dendranthema morifolium* (Ramat.) Tzvel. 菊属

别　　名 菊

形态特征 多年生草本，60~150cm。根状茎多少木质化；地上茎直立，基部木质化，上部多分枝，被灰色柔毛或茸毛。叶互生；叶卵形至披针形，长5~15cm，宽2~8cm，先端急尖，基部楔形至圆形，边缘有粗大锯齿或深裂，裂片再分裂；具短叶柄。头状花序直径2.5~20cm，单生或数个集生于茎枝先端；外层总苞片绿色，条形，边缘膜质；舌状花颜色及形态多样，通常为白色、红色、紫色或黄色；管状花黄色。瘦果不发育。花果期9—11月。

生境分布 保护区偶见栽培。

药用价值 头状花序入药，具有散风清热、平肝明目的功效，用于治疗风热感冒、头痛眩晕、目赤肿痛、眼目昏花。

附　　注 《中华人民共和国药典（2020年版）》《浙江省中药炮制规范（2015年版）》收录。

254 鳢肠 *Eclipta prostrata* (L.) L.

鳢肠属

别　名 墨旱莲、墨菜

形态特征 一年生草本，高达 80cm。茎直立、斜生或平卧，被贴生糙毛。叶对生；叶长圆状披针形或披针形，无柄或具短柄，长 3~10cm，宽 5~25mm，顶端渐尖，边缘有细锯齿或波状，两面密被硬糙毛。头状花序直径 6~8mm；花序轴长 2~4cm。总苞球状钟形；总苞片绿色，5~6 枚排成 2 层，长圆形或长圆状披针形，外层较内层稍短，背面及边缘被白色短伏毛；花序托突起，托片披针形或线形。舌状花 2 层，长 2~3mm，舌片短，顶端 2 浅裂或全缘；管状花多数，白色，长约 1.5mm，顶端 4 齿裂。瘦果暗褐色，长约 2.8mm，雌花的瘦果三棱状，两性花的瘦果扁四棱状，顶端截形，具 1~3 个细齿，基部稍缩小，边缘具白色的肋，表面有小瘤状突起。花果期 6—11 月。

生境分布 产于保护区各地，生于路旁草丛、田埂、沟边草地。

药用价值 地上部分入药，具有滋补肝肾、凉血止血的功效，用于治疗牙齿松动、须发早白、眩晕耳鸣、腰膝酸软、阴虚血热、吐血、衄血、尿血、血痢、崩漏下血、外伤出血。

附　注 《中华人民共和国药典（2020 年版）》《浙江省中药炮制规范（2015 年版）》收录。

255 鼠麴草 *Gnaphalium affine* D. Don 　　　　　　　　**鼠麴草属**

别　　名　鼠麹草、鼠曲草

形态特征　一年生草本，高 10~80cm。茎直立或斜生，有沟纹，被白色厚绵毛。叶匙状倒披针形或倒卵状匙形，长 5~7cm，宽 11~14mm；上部叶长 15~20mm，宽 2~5mm，基部渐狭，稍下延，顶端圆，具尖头，两面被白色绵毛。头状花序直径 2~3mm，顶生，排成密集伞房状。总苞钟形，直径 2~3mm；总苞片 2 或 3 层，金黄色或柠檬黄色，有光泽，外层倒卵形或匙状倒卵形，背面基部被绵毛，内层长匙形；花序托中央稍凹下。雌花多数，花冠细管状，3 齿裂；两性花少数，管状，向上渐扩大，檐部 5 浅裂，裂片三角形。瘦果倒卵状或倒卵形圆柱状，长约 0.5mm，有乳头状突起；冠毛粗糙，污白色，易脱落，长约 1.5mm，基部合生成 2 束。花期 1—4 月，果期 8—11 月。

生境分布　产于保护区各地，生于田埂、荒地、路旁草地。

药用价值　全草入药，具有止咳平喘、降血压、祛风湿的功效，用于治疗感冒咳嗽、支气管炎、哮喘、高血压、蚕豆病、风湿腰腿痛，外用治跌打损伤、毒蛇咬伤。

附　　注　《浙江省中药炮制规范（2015 年版）》收录。

256 **千里光** *Senecio scandens* Buch.-Ham. 　　　　　　**千里光属**

别　　名 千里及、九里光、九里明

形态特征 多年生攀援草本。根状茎木质；地上茎伸长，弯曲，长 2~5m。叶片卵状披针形至长三角形，长 2.5~12cm，2~4.5cm，顶端渐尖，基部宽楔形、截形、戟形或稀心形，常具浅或深齿，稀全缘，有时细裂或羽状浅裂，叶脉羽状，侧脉 7~9 对，叶柄长 5~20mm，有时基部具耳；上部叶变小，披针形或线状披针形。头状花序顶生，排成复聚伞圆锥状；花序轴长 1~2cm，具苞片和 1~10 枚小苞片。总苞圆柱状钟形，长 5~8mm；总苞片 12~13 枚，线状披针形，边缘宽，干膜质，具 3 脉。舌状花 8~10 朵，舌片黄色，长圆形，具 3 细齿，具 4 脉；管状花多数，花冠黄色，檐部漏斗状，裂片卵状长圆形；花药基部有钝耳，附属物卵状披针形；花柱分枝长约 1.8mm。瘦果圆柱状，长约 3mm，被柔毛；冠毛白色，长约 7.5mm。花果期 9—11 月。

生境分布 产于保护区各地，生于山坡、山沟、林中灌丛中。

药用价值 全草入药，具有清热解毒、凉血消肿、清肝明目的功效，用于治疗风火赤眼、疮疖肿毒、皮肤湿疹及痢疾腹痛。

附　　注 《中华人民共和国药典（2020 年版）》《浙江省中药炮制规范（2015 年版）》收录。

257 豨莶 *Siegesbeckia orientalis* L.

豨莶属

别　　名　猪膏草、黏糊菜

形态特征　一年生草本，高 30~150cm。茎直立，分枝斜生，上部的分枝常呈复二歧状，被灰白色短柔毛。基生叶花期枯萎；中部叶片三角状卵圆形或卵状披针形，长 4~10cm，宽 1.8~6.5cm，基部宽楔形，下延成翅柄，顶端渐尖，边缘浅裂或具粗齿，具腺点，两面被毛，基出 3 脉；向上叶渐小，卵状长圆形，边缘浅波状或全缘，近无柄。头状花序直径 1.5~2cm，多数聚生于枝端，排成圆锥状；花序轴密被短柔毛。总苞宽钟状；总苞片 2 层，叶质，背面被紫褐色头状具柄腺毛；外层总苞片 5~6 枚，线状匙形或匙形，内层总苞片卵状长圆形或卵圆形；外层托苞长圆形，内弯，内层托苞倒卵状长圆形。花黄色；雌花花冠管部长约 0.7mm；两性花檐部钟状，顶端 4~5 裂，裂片卵圆形。瘦果倒卵圆状，有 4 棱，长 3~3.5mm。花期 4—9 月，果期 6—11 月。

生境分布　产于周村、里东坑、雪岭、高滩，生于旷野草地上。

药用价值　全草入药，具有祛风湿、利筋骨、降血压的功效，用于治疗四肢麻痹、筋骨疼痛、腰膝无力、疟疾、急性肝炎、原发性高血压、疔疮肿毒、外伤出血。根入药，具有祛风、除湿、生肌的功效，用于治疗风湿顽痹、头风、带下、烧伤烫伤。果实入药，具有驱蛔虫的功效，用于治疗蛔虫病。

附　　注　《中华人民共和国药典（2020 年版）》《浙江省中药炮制规范（2015 年版）》收录。

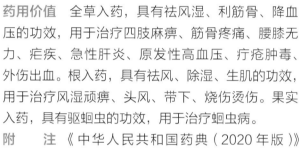

258 一枝黄花　*Solidago decurrens* Lour.　　　　　一枝黄花属

别　　名　红柴胡

形态特征　多年生草本，高9~100cm。茎直立，单生或簇生，不分枝或中部以上有分枝。中部茎生叶椭圆形、长椭圆形、卵形或宽披针形，长2~5cm，宽1~2cm，下部楔形渐狭成翅柄，中部以上边缘有细齿或全缘；向上叶渐小；下部叶与中部茎生叶同形，有翅柄；叶两面、沿脉及叶缘有短柔毛或下面无毛。头状花序直径6~9mm，在茎上部排成紧密或疏松的总状或伞房圆锥状，少有排成复头状花序。总苞片4~6层，披针形或狭披针形，顶端急尖或渐尖。舌状花舌片椭圆形，长6mm。瘦果长约3mm，无毛，稀顶端疏被柔毛。花果期4—11月。

生境分布　产于保护区各地，生于山坡、草地、路旁。

药用价值　根、全草入药，具有疏风清热、解毒消肿的功效，用于治疗上呼吸道感染、扁桃体炎、咽喉肿痛、支气管炎、肺炎、咯血、急性与慢性肾炎、小儿疳积，外用治跌打损伤、毒蛇咬伤、疮疡肿毒、乳腺炎。

附　　注　《中华人民共和国药典（2020年版）》《浙江省中药炮制规范（2015年版）》收录。

259 苍耳 *Xanthium sibiricum* Patrin ex Widder

苍耳属

别　名 猪耳

形态特征 一年生草本，高 20~120cm。根纺锤状，分枝或不分枝。茎直立，上部被灰白色糙伏毛。叶互生；叶片三角状卵形或心形，长 4~25cm，宽 5~20cm，近全缘或有 3~5 不明显浅裂，顶端尖或钝，基部稍心形或截形，边缘有不规则粗齿，基出脉 3 条，下面苍白色；叶柄长 3~11cm。雄头状花序球形，直径 4~6mm；总苞片长圆状披针形；花序托柱状，托片倒披针形，长约 2mm；雄花多数，花冠钟形，先端具 5 枚宽裂片；花药长圆状线形。雌头状花序椭圆形；外层总苞片披针形，内层总苞片合生成囊状，宽卵形或椭圆形。瘦果 2，倒卵形，成熟时变坚硬，连喙部长 12~20mm，宽 4~7mm，外面疏生具钩的刺，刺长 1~5mm，常有腺点；喙坚硬，锥形，上端略呈镰刀状，长 1.5~2.5mm。花期 7—8 月，果期 9—10 月。

生境分布 产于保护区各地，生于山坡、草地、路旁、田边。

药用价值 根入药，具有清热解毒、利湿的功效，用于治疗疔疮、痈疽、丹毒、缠喉风、阑尾炎、宫颈炎、痢疾、肾炎水肿、乳糜尿、风湿疼痛。花或花蕾入药，具有祛风、除湿、止痒的功效，用于治疗白癞顽痒、白痢。果实入药，具有散风、镇痛、祛湿、杀虫的功效，用于治疗风寒头痛、鼻渊、齿痛、风寒湿痹、四肢挛痛、疥癞、瘙痒。

附　注 《中华人民共和国药典（2020 年版）》《浙江省中药炮制规范（2015 年版）》收录。

禾本科 Gramineae

260 **薏米** *Coix lacryma-jobi* L. var. *ma-yuen* (Rom. Caill.) Stapf　　　　**薏苡属**

别　　名 薏苡

形态特征 一年生粗壮草本，高 1~2m。须根黄白色，海绵质。秆直立，丛生，具 10 多节，多分枝。叶鞘光滑，上部者短于节间；叶片条状披针形，长 20~30cm，宽 1~3cm。总状花序多数，成束生于叶腋，长 5~8cm，具花序梗；总苞珐琅质，质地较软而薄，表面有纵条纹，圆球形；小穗单性，雌小穗长 7~10mm，无柄雄小穗长 6~8mm，有柄雄小穗与无柄雄小穗相似，但较小或退化；颖草质，具多脉，第 1 颖扁平，第 2 颖舟形；第 1 外稃略短于颖，内稃缺，第 2 外稃稍短于第 1 外稃，具 3 脉，较外稃小，具 3 枚退化雄蕊，外稃与内稃均为膜质；雄蕊 3。花果期 8—11 月。

生境分布 产于周村，生于田边、沟边。

药用价值 种仁入药，具有健脾渗湿、除痹止泻、清热排脓的功效，用于治疗水肿、脚气、小便不利、湿痹拘挛、脾虚泄泻、肺痈、肠痈、扁平疣。

附　　注 浙江省重点保护野生植物；《浙江省中药炮制规范（2015 年版）》收录。

261 白茅　*Imperata koenigii* (Retz.) P. Beauv.　　　　白茅属

别　　名　大白茅

形态特征　多年生草本，高 25~70cm。根状茎横走，密生鳞片。秆丛生，直立，具 2~3 节，节上具长 4~10mm 的白柔毛。叶鞘无毛，老时在基部常破碎成纤维状；叶舌干膜质，长约 1mm；叶片扁平，长 15~60cm，宽 4~8mm，下面及边缘粗糙，主脉在下面明显突出而渐向基部变粗、质硬。圆锥花序圆柱状，长 5~25cm，宽 1.5~3cm，分枝短缩密集；小穗披针形或长圆形，长 3~4mm，基盘及小穗柄均密生丝状长绵毛；第 1 颖较狭，具 3~4 脉；第 2 颖较宽，具 4~6 脉；第 1 外稃卵状长圆形，长约 1.5mm；第 2 外稃披针形，长约 1.2mm；雄蕊 2，花药长 2~3mm。花果期 5—11 月。

生境分布　产于保护区各地，生于山坡、路旁、田边及旷野荒草丛中。

药用价值　根状茎入药，具有凉血止血、清热利尿的功效，用于治疗血热吐血、衄血、尿血、热病烦渴、黄疸、水肿、热淋涩痛、急性肾炎水肿。花穗入药，具有止血、镇痛的功效，用于治疗吐血、衄血、刀伤。

附　　注　《中华人民共和国药典（2020 年版）》《浙江省中药炮制规范（2015 年版）》收录。

262 淡竹叶 *Lophatherum gracile* Brongn.

淡竹叶属

别　　名　山鸡米

形态特征　多年生草本，高 40~80cm。须根中部膨大成纺锤形小块根。秆直立，疏丛生，具 5~6 节。叶片披针形，长 6~20cm，宽 1.5~2.5cm，具横脉。圆锥花序展开，长 12~25cm，分枝斜生或展开，长 5~12cm；小穗在花序分枝上排列稀疏，线状披针形，长 7~12mm，宽 1.5~2mm，花后横展；颖顶端钝，具 5 脉，第 1 颖长 3~4.5mm，第 2 颖长 4.5~5mm；第 1 外稃宽约 3mm，具 7 脉，顶端具尖头，内稃较短，不育外稃向上渐狭小，顶端具长约 1.5mm 的刺状短芒。颖果长椭圆形。花果期 7—10 月。

生境分布　保护区各地常见，生于山坡、路旁、沟边、林下等阴湿处。

药用价值　全草入药，具有清热除烦、利尿的功效，用于治疗热病烦渴、小便赤涩淋痛、口舌生疮。

附　　注　《中华人民共和国药典（2020 年版）》《浙江省中药炮制规范（2015 年版）》收录。

263 玉蜀黍 *Zea mays* L.　　　　　　　　　　　　　玉蜀黍属

别　　名　玉米

形态特征　一年生草本，高 1~4m。秆直立，通常不分枝，基部各节具气生支持根。叶鞘具横脉；叶片宽大，长披针形，长 50~90cm，宽 3~12cm，边缘波状皱褶，具强壮之中脉。雄性小穗长 7~10mm；两颖几等长，背部隆起，具 9~10 脉；外稃与内稃几与颖等长；花药橙黄色，长 4~5mm；雌小穗孪生，呈 16~30 行排列于粗壮而呈海绵状的穗轴上；两颖等长，甚宽，无脉而具纤毛；第 1 外稃具内稃或缺，第 2 外稃似第 1 外稃，具内稃；雌蕊具极长而细弱之花柱。成熟的果穗（玉米棒）长 10~30cm，直径 5~10cm；颖果略呈球形，成熟后超出颖片或稃片，黄色、白色或黑色。花果期 5—10 月。

生境分布　保护区常见栽培。

药用价值　种子入药，具有调中开胃、益肺宁心、利尿的功效，用于治疗小便不利、食欲不振。雄花穗入药，具有疏肝利胆的功效，用于治疗肝炎、胆囊炎。花柱和花头入药，具有利尿消肿、平肝利胆的功效，用于治疗急性与慢性肾炎、水肿、急性与慢性肝炎、高血压、糖尿病、慢性鼻窦炎、尿路结石、胆道结石、小便不利、湿热黄疸等，并可预防习惯性流产。穗轴入药，具有健脾利湿的功效，用于治疗消化不良、泻痢、小便不利、水肿、脚气、小儿夏季热、口舌糜烂。根入药，具有利尿通淋、祛瘀止血的功效，用于治疗小便不利、水肿、砂淋、胃痛、吐血。叶入药，具有利尿通淋的功效，用于治疗砂淋、小便涩痛。

附　　注　《浙江省中药炮制规范（2015 年版）》收录。

莎草科 Cyperaceae

264 **香附子** *Cyperus rotundus* L. **莎草属**

别　　名　莎草

形态特征　多年生草本，高 15~50cm。根状茎长，匍匐，具椭圆球形块根。秆稍细弱，锐三棱形，平滑，下部具多数叶。叶短于秆；叶片扁平，宽 3~4mm；叶鞘棕色，常撕裂成纤维状。苞片 2~4 枚，叶状，常长于花序；聚伞花序简单或复出，具 3~8 个不等长辐射枝；穗状花序具 4~10 个小穗，小穗展开，长披针形，长 2~3cm，宽 1.5~2mm，压扁，具 15 至 30 余朵花，小穗轴有白色、透明、较宽的翅；鳞片密覆瓦状排列，膜质，卵形或长圆状卵形，中间绿色，两侧紫红色或棕红色，长 2~3mm，先端钝，具 5 或 7 脉；雄蕊 3，花药线形，暗红色；花柱细长，柱头 3，伸出鳞片外。小坚果长圆状倒卵球形，淡黄色，三棱状，长约 1mm。花果期 5—11 月。

生境分布　产于保护区各地，生于山坡荒地、路边草丛中或水池潮湿地。

药用价值　根状茎入药，具有行气解郁、调经镇痛的功效，用于治疗肝郁气滞、胸胁与脘腹胀痛、消化不良、胸脘痞闷、寒疝腹痛、乳房胀痛、月经不调、闭经痛经。

附　　注　《中华人民共和国药典（2020 年版）》《浙江省中药炮制规范（2015 年版）》收录。

棕榈科 Palmae

265 棕榈 *Trachycarpus fortunei* (Hook.) H. Wendl. **棕榈属**

别　名　棕树、山棕

形态特征　乔木状，高达 10m。树干圆柱形，被不易脱落的老叶柄基部和密集的网状纤维，直径 10~15cm。叶片圆扇形，掌状深裂成 30~50 片，裂片长 60~70cm，宽 2.5~4cm，先端 2 浅裂，硬挺或顶端下垂；叶柄长 50~100cm，两侧具细圆齿，顶端有明显的戟突。肉穗花序圆锥状；佛焰苞革质，多数，被锈色茸毛；花小，淡黄色，单性，雌雄异株；萼片和花瓣均宽卵形；雄蕊花丝分离；子房 3 室，密被白色柔毛，柱头 3。核果肾状球形，直径约 1cm，成熟时由黄色变时蓝黑色。花期 5—6 月，果期 8—10 月。

生境分布　产于保护区各地，生于山地疏林中。

药用价值　根入药，具有收敛止血、涩肠止痢、除湿、消肿、解毒的功效，用于治疗吐血、便血、崩漏、带下、痢疾、淋浊、水肿、关节疼痛、瘰疬、流注、跌打肿痛。花入药，具有止血、止泻、活血、散结的功效，用于治疗血崩、带下、肠风、泻痢、瘰疬。叶鞘纤维入药，具有收涩止血的功效，用于治疗吐血、衄血、便血、血淋、尿血、下痢、血崩、带下、金疮、疥癣。叶入药，具有收敛止血、降血压的功效，用于治疗吐血、劳伤、原发性高血压。果实入药，具有止血、涩肠、固精的功效，用于治疗肠痈、崩漏、带下、泻痢、遗精。心材入药，具有养心安神、收敛止血的功效，用于治疗心悸、头昏、崩漏、脱肛。

附　注　《中华人民共和国药典（2020 年版）》《浙江省中药炮制规范（2015 年版）》收录。

天南星科 Araceae

266 石菖蒲 *Acorus tatarinowii* Schott 菖蒲属

别　　名 苦菖蒲

形态特征 多年生草本。根肉质，须根密集。根状茎细弱，横走或斜生，具芳香，上部分枝甚密，植株因而呈丛生状。叶基两侧膜质叶鞘宽 2~3mm；叶片狭条形，长 10~50cm，宽常不及 1.5cm，先端长渐尖，无中肋，平行脉多数。花序梗三棱形，长 2.5~15cm；叶状佛焰苞长 8~25cm；肉穗花序狭锥状圆柱形，长 2.5~10cm，直径 3~7mm，花密集；花黄绿色，或多少有些带白色，直径约 2mm；花被片长约 1.5mm；花丝长 1.5mm；子房长圆柱形，长 2.5~3mm，粗约 2mm。果序粗达 1~1.5cm，浆果倒卵球形，黄绿色。种子椭球形，浅棕色，具长刚毛，长 2.5~3mm，宽 1~1.2mm。花果期 3—8 月。

生境分布 产于保护区各地，生于沟谷、溪边石上或沙地。

药用价值 根状茎入药，具有化湿开胃、开窍豁痰、醒神益智的功效，用于治疗脘痞不饥、噤口下痢、神昏癫痫、健忘耳聋。

附　　注 《中华人民共和国药典（2020 年版）》《浙江省中药炮制规范（2015 年版）》收录。

267 一把伞南星 *Arisaema erubescens* (Wall.) Schott　　　天南星属

别　名　山苞米

形态特征　多年生草本，高达 1.5m。球茎扁球形，直径可达 6cm，表面黄色或淡红紫色。鳞叶绿白色或粉红色，有紫褐色斑纹；叶 1，稀 2；叶片放射状分裂，裂片 7~20，披针形或长圆形，长 7~25（~35）cm，宽 2~4（~6）cm，先端长渐尖并具细而下垂的细丝，基部狭窄，无柄；叶柄长 40~80cm，绿色，有时具褐色斑块，下部具鞘。花序梗短于叶柄，具褐色斑纹；佛焰苞绿色，背面有白色条纹，或紫色而无条纹，管部窄圆柱形，喉部稍膨大，檐部三角状卵形，先端渐窄成长 4~15cm 的线形尾尖；肉穗花序单性，雄花序具密花，上部常有少数中性花，雌花序下部常具钻形中性花；附属器棒状，长 3~4cm。浆果红色，种子 1~2。花期 5—7 月，果期 8—9 月。

生境分布　产于洪岩顶、大龙岗，生于山坡林下或灌丛中。

药用价值　块茎入药，具有祛风止痉、化痰散结的功效，用于治疗中风痰壅、口眼歪斜、半身不遂、手足麻痹、风痰眩晕、癫痫、惊风、破伤风、咳嗽多痰、痈肿、瘰疬、跌打麻痹、毒蛇咬伤。

附　注　《浙江省中药炮制规范（2015 年版）》收录。

268 天南星 *Arisaema heterophyllum* Blume 天南星属

别　名　异叶天南星

形态特征　多年生草本，高达1.2m。球茎扁球形或近球形，直径2~4cm，顶部扁平，常具侧生小块茎。鳞叶4~5，膜质；叶单一，叶片鸟足状分裂，裂片11~17，倒披针形、长圆形、线状长圆形，长5~22cm，宽2~6cm，先端渐尖，基部楔形，全缘；无柄或具短柄，叶柄圆柱形，下部3/4鞘状，绿色或粉绿色，有深绿色斑纹。花序梗常短于叶柄；佛焰苞绿色，管部长3~8cm，喉部截形，边缘稍外卷，檐部卵形或卵状披针形，先端骤狭渐尖，常下弯成盔状；肉穗花序有两性花序和单性雄花序两种；附属器鞭状，伸出佛焰苞外呈"之"字形上升。浆果黄红色、红色，圆柱形。花期4—5月，果期7—9月。

生境分布　产于保护区各地，生于山区与半山区林下、灌丛、草地。

药用价值　块茎入药，具有燥湿化痰、祛风止痉、散结消肿的功效，用于治疗中风痰壅、口眼歪斜、半身不遂、手足麻痹、风痰眩晕、癫痫、惊风、破伤风、咳嗽多痰、痈肿、瘰疬、跌打麻痹、毒蛇咬伤。

附　　注　《中华人民共和国药典（2020年版）》《浙江省中药炮制规范（2015年版）》收录。

269 滴水珠　*Pinellia cordata* N. E. Br.　　**半夏属**

别　名　石半夏

形态特征　多年生草本，高达 30cm。块茎球形或卵球形，直径 1~2cm。叶 1；叶片长圆状卵形、长三角状卵形或心状戟形，长 5~15cm，宽 3~8cm，先端长渐尖或有时呈尾状，基部深心形，在弯曲处上面常有 1 珠芽，上面绿色，常带白色斑纹，下面常带淡紫色，全缘；叶柄长 8~25cm，紫色或绿色，具紫斑，几无鞘，在中部以下生 1 珠芽。花序梗短于叶柄；佛焰苞绿色、淡黄紫色，长 2~7cm，管部卵圆形，檐部椭圆形，展平时宽 1.2~3cm；肉穗花序雄花部分在上，雌花部分在下，前者长于后者；附属器绿色，长 6~20cm，常弯曲呈"之"字形上升。花期 4—6 月，果期 7—9 月。

生境分布　产于保护区各地，生于溪旁、岩石边、岩隙中或岩壁上。

药用价值　块茎入药，具有解表镇痛、散结消肿的功效，用于治疗毒蛇咬伤、胃痛、腰痛，外用治痈疮肿毒、跌打损伤。

附　　注　《浙江省中药炮制规范（2015 年版）》收录。

270 虎掌　*Pinellia pedatisecta* Schott　　　　　　　　**半夏属**

别　　名　掌叶半夏、狗爪半夏

形态特征　多年生草本，高达40cm。球茎近圆球形，直径可达4cm，四周常生数个小块茎。叶2~5，基生；叶片鸟足状分裂，裂片6~11，披针形或楔形，中裂片长较大，长15~18cm，宽1.5~3.5cm，两侧裂片依次渐小，先端渐尖，基部楔形；叶柄纤细，长20~70cm，下部具鞘。花序梗从叶丛基部抽出，长20~50cm；佛焰苞绿色，管部长圆形，檐部长披针形，基部展平，宽1.5cm；肉穗花序雄花部分在上，雌花部分在下，且前者长于后者；附属器长8~12cm。浆果卵圆形，绿色至黄白色，藏于宿存的佛焰苞管部内。花期6—7月，果9—11月成熟。

生境分布　产于龙井坑，生于山地林下、山谷或河谷阴湿处。

药用价值　块茎入药，具有燥湿化痰、祛风止痉、散结消肿的功效，用于治疗中风痰壅、口眼歪斜、半身不遂、手足麻痹、风痰眩晕、癫痫、惊风、破伤风、咳嗽多痰、痈肿、瘰疬、跌打麻痹、毒蛇咬伤。

附　　注　《浙江省中药炮制规范（2015年版）》收录。

271 半夏 *Pinellia ternata* (Thunb.) Ten. ex Breitenb. 半夏属

别　　名 蝎子草

形态特征 多年生草本，高达 35cm。球茎圆球形，直径 1~2cm，上部周围生多数须根。叶 2~5，稀 1；幼苗叶片卵状心形至戟形，全缘；成年植株叶片 3 全裂，裂片长椭圆形或披针形，中裂片略长于侧裂片，长 3~12cm，宽 1.5~3.5cm，两端锐尖，全缘或浅波状；叶柄长 10~25cm，基部具鞘，鞘内、鞘部以上或叶片基部生珠芽。花序梗长 20~30cm，长于叶柄；佛焰苞绿色，管部狭圆柱形，檐部长圆形，有时边缘呈青紫色，先端钝或锐尖；肉穗花序雄花部分在上，雌花部分在下，前者短于后者；附属器绿色至带紫色，长 6~10cm。浆果卵圆形，黄绿色，顶端渐狭。花果期 5—8 月。

生境分布 产于保护区各地，生于草坡、荒地、田边或疏林下。

药用价值 块茎入药，具有燥湿化痰、降逆止呕、消痞散结的功效，用于治疗痰多咳喘、痰饮眩悸、风痰眩晕、痰厥头痛、呕吐反胃、胸脘痞闷、梅核气，生用外治痈肿痰核，姜半夏多用于降逆止呕。

附　　注 《中华人民共和国药典（2020 年版）》《浙江省中药炮制规范（2015 年版）》收录。

谷精草科 Eriocaulaceae

272 长苞谷精草 *Eriocaulon decemflorum* Maxim. 谷精草属

别　名 小谷精草

形态特征 多年生草本，高 10~30cm。叶丛生；叶片宽条形或条形，长 5~11cm，宽 1~2mm，有横脉。头状花序倒圆锥形，直径 4~5mm；花序梗长 6~22cm，有 4~5 纵沟；总苞片约 14 片，长椭圆形，长 3.5~6mm，显著长于花，麦秆黄色，先端急尖；苞片倒披针形，先端尖，背面生白短毛；花序托无毛或有毛。雄花萼片 2，披针形，基部合生成柄状；花瓣 2，下部合生成管状，裂片近先端有 1 黑色腺体；雄蕊 4，花药黑色。雌花萼片 2，离生，披针形，上部有毛；花瓣 2，倒披针形，上部内侧有黑色腺体；子房 2 室，有时仅 1 室发育，柱头 2。种子近球形。花果期 8—10 月。

生境分布 产于里东坑、洪岩顶，生于路边、溪旁湿地、田间。

药用价值 花序或全草入药，具有清热镇痛的功效，用于治疗目赤疼痛、牙痛、头痛、咽喉痛。

附　注 《中国生物多样性红色名录》易危（VU）。

鸭跖草科 Commelinaceae

273 鸭跖草 *Commelina communis* L.   鸭跖草属

别　　名 碧竹子、翠蝴蝶

形态特征 一年生披散草本。茎匍匐生根，多分枝，长可达 1m，下部无毛，上部被短毛。叶披针形至卵状披针形，长 3~9cm，宽 1.5~2cm。聚伞花序下面 1 枝有 1~2 朵花，具长 8mm 的梗，不孕；上面 1 枝具花 3~4 朵，具短梗，几乎不伸出佛焰苞；总苞片佛焰苞状，有长 1.5~4cm 的柄，与叶对生，折叠状，展开后为心形，先端短急尖，基部心形，长 1.2~2.5cm，边缘常有硬毛；花梗花期长仅 3mm，果期弯曲，长不过 6mm；萼片膜质，长约 5mm，内面 2 枚常靠近或合生；花瓣深蓝色，内面 2 枚具爪，长近 1cm。蒴果椭圆形，长 5~7mm，2 室，2 瓣裂，有种子 4 颗。种子长 2~3mm，棕黄色，一端截平，腹面平，有不规则窝孔。花果期 7—11 月。

生境分布 产于保护区各地，生于田边、路边或山坡沟边潮湿处。

药用价值 地上部分入药，具有清热解毒、利水消肿的功效，用于治疗风热感冒、高热不退、咽喉肿痛、水肿尿少、热淋涩痛、痈肿疔毒。

附　　注 《中华人民共和国药典（2020 年版）》收录。

灯心草科 Juncaceae

274 灯心草 *Juncus effusus* L. 灯心草属

别　　名 灯芯草、草席草

形态特征 多年生草本,高 40~100cm。根状茎横走,具黄褐色稍粗的须根;地上茎簇生,圆柱形,直径 1.5~4mm,有多数细纵棱。叶基生或近基生;叶片大多退化殆尽;叶鞘中部以下紫褐色至黑褐色;叶耳缺。复聚伞花序假侧生,通常较密集;总苞片似茎的延伸,直立,长 5~20cm;先出叶宽卵形,长约 0.5mm,膜质;花被片披针形或卵状披针形,外轮的长 2~2.5mm,内轮的有时稍短,边缘膜质;雄蕊 3,稀 6,长约为花被片的 2/3,花药稍短于花丝;子房 3 室。蒴果三棱状椭圆形,成熟时稍长于花被片,顶端钝或微凹。种子黄褐色,椭圆形,长约 0.5mm,无附属物。花期 3—4 月,果期 4—7 月。

生境分布 产于保护区各地,生于沟边、田边及路边潮湿处。

药用价值 茎髓入药,具有清心火、利小便的功效,用于治疗心烦失眠、尿少涩痛、口舌生疮。根及根状茎入药,具有利水通淋、清心安神的功效,用于治疗淋病、小便不利、湿热黄疸、心悸不安。

附　　注 《中华人民共和国药典(2020 年版)》《浙江省中药炮制规范(2015 年版)》收录。

百部科 Stemonaceae

 275 百部 *Stemona japonica* (Bl.) Miq. **百部属**

别　　名　蔓生百部

形态特征　多年生草本。块根肉质，成簇，常长圆状纺锤形。茎下部直立，上部攀援状。叶2~4轮生；叶片纸质或薄革质，卵形、卵状披针形或卵状长圆形，长4~9cm，宽1.5~4.5cm，主脉通常5条；叶柄细，长1~4cm。花序梗贴生于叶片中脉上，花单生或聚伞状花序；苞片条状披针形，长约3mm；花被片淡绿色，披针形，开放后反卷；雄蕊紫红色，花丝基部多少合生成环，花药顶端具1箭头状附属物，两侧各具1直立或下垂的丝状体，药隔直立，延伸为钻状或条状附属物。蒴果卵球形，赤褐色，长1~1.4cm，宽4~8mm，顶端锐尖，常具2种子。种子椭圆形，稍扁平，长6mm，宽3~4mm，深紫褐色，表面具纵槽纹，一端簇生多数淡黄色、膜质、短棒状附属物。花期5—7月，果期7—10月。

生境分布　产于高峰、松坑等地，生于山坡灌丛草地或林缘。

药用价值　块根入药，具有润肺、下气、止咳、杀虫的功效，用于治疗肺痨咳嗽、百日咳，外用治头虱、体虱、蛲虫病、阴痒。

附　　注　《中华人民共和国药典（2020年版）》《浙江省中药炮制规范（2015年版）》收录。

百合科 Liliaceae

276 薤头 *Allium chinense* G. Don 葱属

别　　名　荞头

形态特征　多年生草本，高 20~60cm。鳞茎数枚聚生，狭卵状，粗 1~2cm，鳞茎外皮白色或带红色，膜质，不破裂。叶 2~5 枚，具 3~5 棱的圆柱状，中空，与花葶近等长，粗 1~3mm。花葶侧生，圆柱状，下部被叶鞘；总苞 2 裂，比伞形花序短；伞形花序近半球状，较松散；小花梗近等长，比花被片长 1~4 倍，基部具小苞片；花淡紫色至暗紫色；花被片宽椭圆形至近圆形，先端钝圆，长 4~6mm，宽 3~4mm，内轮的稍长；花丝等长，约为花被片长的 1.5 倍，仅基部合生并与花被片贴生，内轮花丝的基部扩大，扩大部分每侧各具 1 齿，外轮的无齿，锥形；子房倒卵球状，腹缝线基部具有帘的凹陷蜜穴；花柱伸出花被外。花果期 10—11 月。

生境分布　产于保护区各地，生于山坡、路边草地。

药用价值　鳞茎入药，具有理气宽胸、温中通阳、散结的功效，用于治疗寒滞胸痹气喘、胃脘胀痛、扭伤肿痛、咳嗽疾喘、烧伤。须根入药，具有清热、止痢的功效，用于治疗痢疾。

附　　注　《中华人民共和国药典（2020 年版）》《浙江省中药炮制规范（2015 年版）》收录。

277 薤白 *Allium macrostemon* Bunge **葱属**

别　名 小根蒜、野葱

形态特征 多年生草本，高达 80cm。鳞茎近球状，粗 0.7~1.5cm，基部常具小鳞茎；鳞茎外皮带黑色，纸质或膜质，不破裂。叶 3~5 枚，半圆柱状，或为三棱状半圆柱形，中空，上面具沟槽，比花葶短。花葶圆柱状，1/4~1/3 被叶鞘；总苞 2 裂，比花序短；伞形花序半球状至球状，具多而密集的花，或间具珠芽或有时全为珠芽；小花梗近等长，比花被片长 3~5 倍，基部具小苞片；珠芽暗紫色，基部亦具小苞片；花淡紫色或淡红色；花被片矩圆状卵形至矩圆状披针形，长 4~5.5mm，宽 1.2~2mm，内轮的常较狭；花丝等长，比花被片稍长，在基部合生并与花被片贴生，分离部分的基部呈狭三角形扩大，向上收狭成锥形，内轮花丝的基部宽约为外轮基部的 1.5 倍；子房近球状，腹缝线基部具有帘的凹陷蜜穴，花柱伸出花被外。花果期 5—7 月。

生境分布 产于保护区各地，生于荒野、路边草地或山坡草丛中。

药用价值 鳞茎入药，具有通阳散结、行气导滞的功效，用于治疗胸痹疼痛、痰饮咳喘、泻痢后重。

附　注 《中华人民共和国药典（2020 年版）》《浙江省中药炮制规范（2015 年版）》收录。

278 **天门冬** *Asparagus cochinchinensis* (Lour.) Merr.　　　　　**天门冬属**

别　　名　天冬

形态特征　攀援植物。根状茎短，在中部或近末端呈纺锤状膨大，膨大部分长 3~5cm，粗 1~2cm；地上茎平滑，常弯曲或扭曲，长可达 1~2m，分枝具棱或狭翅。叶状枝通常每 3 枚成簇，稍镰刀状，长 0.5~4cm，宽 1~2mm；茎上的鳞片状叶基部延伸为长 2.5~3.5mm 的硬刺，在分枝上的刺较短或不明显。花通常每 2 朵腋生，淡绿色；花梗长 2~6mm，中部或中下部具关节；雄花花被长 2.5~3mm，花丝不贴生于花被片上；雌花大小和雄花相似。浆果直径 6~7mm，熟时红色，有 1 颗种子。花期 5—6 月，果期 8—10 月。

生境分布　产于保护区各地，生于山坡林下或灌丛草地。

药用价值　块根入药，具有滋阴、润燥、清肺、降火的功效，用于治疗阴虚发热、咳嗽吐血、肺痿、肺痈、咽喉肿痛、消渴、便秘。

附　　注　《中华人民共和国药典（2020 年版）》《浙江省中药炮制规范（2015 年版）》收录。

279 卷丹 *Lilium lancifolium* Thunb.　　　　　　　　　百合属

别　　名　虎皮百合

形态特征　多年生草本，高 0.8~1.5m。鳞茎宽卵状球形，直径 4~8cm；鳞片瓣宽卵形，长 2.5~3cm，宽 1.4~2.5cm，白色。茎具白色绵毛。叶互生；叶片矩圆状披针形至披针形，长 3~7.5cm，宽 1.2~1.7cm，两面近无毛，无柄，上部叶腋具珠芽，有 3~5 条脉。总状花序具花 3~10 朵；花梗长 6.5~8.5cm，具白色绵毛；花橙红色，下垂，花被片 6，披针形或内轮花被片宽披针形，长 5.7~10cm，宽 1.3~2cm，反卷，内面具紫黑色斑点；雄蕊四面张开，花丝钻形，长 5~6cm，淡红色，无毛，花药矩圆形，长约 2cm。蒴果狭长卵形，长 3 ~ 4cm。花期 7—8 月，果期 9—10 月。

生境分布　产于周村、高峰、里东坑、龙井坑、雪岭等地，生于林缘路旁及山坡草地。

药用价值　鳞片入药，具有养阴润肺、清心安神的功效，用于治疗阴虚久咳、痰中带血、虚烦惊悸、失眠多梦、精神恍惚。

附　　注　《中华人民共和国药典（2020 年版）》《浙江省中药炮制规范（2015 年版）》收录。

280 山麦冬 *Liriope spicata* Lour. 山麦冬属

别　　名　土麦冬

形态特征　多年生草本，高达 80cm。根稍粗，近末端处常膨大成矩圆形、椭圆形或纺锤形的肉质小块根。根状茎短，木质，具地下走茎。叶基生，丛生，无柄；叶片长条形，长 25~60cm，宽 4~8mm，先端急尖或钝，基部常包以褐色的叶鞘，上面深绿色，下面粉绿色，具 5 条脉，中脉比较明显，边缘具细锯齿。花葶通常长于或几等长于叶，长 25~65cm；总状花序长 6~15（~20）cm，具多数花；花通常 3~5 朵簇生于苞腋内；苞片小，披针形，最下面的长 4~5mm，干膜质；花梗长约 4mm，关节位于中部以上或近先端；花被片矩圆形、矩圆状披针形，长 4~5mm，先端钝圆，淡紫色或淡蓝色；花丝长约 2mm，花药狭矩圆形，长约 2mm；子房近球形，花柱长约 2mm，稍弯，柱头不明显。种子近球形，直径约 5mm。花期 5—7 月，果期 8—10 月。

生境分布　产于保护区各地，生于山坡林下或路边草地。

药用价值　块根入药，具有养阴生津、润肺清心的功效，用于治疗肺燥干咳、虚痨咳嗽、津伤口渴、心烦失眠、内热消渴、肠燥便秘、咽白喉。

附　　注　《中华人民共和国药典（2020 年版）》收录。

281 麦冬 *Ophiopogon japonicus* (Thunb.) Ker Gawl. **沿阶草属**

别　名 沿阶草

形态特征 多年生草本，高达60cm。根较粗，中间或近末端常膨大成椭圆形或纺锤形的小块根；小块根长1~1.5cm，淡褐黄色。地下走茎细长，节上具膜质的鞘。叶基生成丛，禾叶状，长10~50cm，宽1.5~3.5mm，具3~7条脉，边缘具细锯齿。花葶长6~15（~27）cm，通常比叶短得多；总状花序长2~12cm，具几朵至十几朵花；花白色或淡紫色，单生或成对着生于苞腋内；苞片披针形，先端渐尖，最下面的长可达7~8mm；花梗长3~4mm，关节位于中部以上或近中部；花被片常稍下垂而不展开，披针形，长约5mm；花药三角状披针形，长2.5~3mm；花柱长约4mm。种子球形，直径7~8mm，成熟时蓝色。花期5—8月，果期8—9月。

生境分布 产于保护区各地，生于山坡林下或路边草地。

药用价值 块根入药，具有养阴生津、润肺清心的功效，用于治疗肺燥干咳、虚痨咳嗽、津伤口渴、心烦失眠、内热消渴、肠燥便秘、咽白喉。

附　注 《中华人民共和国药典（2020年版）》《浙江省中药炮制规范（2015年版）》收录。

282　华重楼　*Paris polyphylla* Sm. var. *chinensis* (Franch.) Hara　　重楼属

别　　名　七叶一枝花

形态特征　多年生草本，高 80~150cm。根状茎粗壮，密生环节；地上茎直立，基部有膜质鞘。叶通常 6~11 枚轮生于茎顶；叶片长圆形、倒卵状长圆形或倒卵状椭圆形，长 7~20cm，宽 2.5~8cm，先端渐尖或短尾状，基部圆钝或宽楔形，具长 0.5~3cm 的叶柄。花单生于茎顶；花梗长 5~20cm；花被片每轮 4~7 枚，外轮花被片叶状，绿色，展开，内轮花被片宽线形，通常远短于外轮花被片；雄蕊基部稍合生，花丝长 4~7mm，下部稍扁平，花药宽线形，远长于花丝，药隔突出部分长 1~1.5mm；子房 4~7 室，具棱，顶端具盘状花柱基，花柱分枝 4~7，粗短而外弯。蒴果近圆形，直径 1.5~2.5cm，具棱，暗紫色，室背开裂。种子具红色肉质的外种皮。花期 4—6 月，果期 7—10 月。

生境分布　产于龙井坑、高峰等地，生于山坡林下阴湿处或沟边草丛中。

药用价值　根状茎入药，具有清热解毒、消肿镇痛的功效，用于治疗流行性乙型脑炎、胃痛、阑尾炎、淋巴结结核、扁桃体炎、腮腺炎、乳腺炎、蛇虫咬伤、疮疡肿毒。

附　　注　国家二级重点保护野生植物；《中国生物多样性红色名录》易危（VU）；《中华人民共和国药典（2020年版）》《浙江省中药炮制规范（2015年版）》收录。

(283) 多花黄精 *Polygonatum cyrtonema* Hua　黄精属

别　　名　黄精

形态特征　多年生草本，高 50~100cm。根状茎肥厚，通常连珠状或结节成块，少有近圆柱形，直径 1~2cm；地上茎弯拱，通常具 10~15 枚叶。叶互生；叶片椭圆形至长圆状披针形，长 8~20cm，宽 3~8cm，先端急尖至渐尖，基部圆钝，两面无毛。伞形花序通常具 2~7 花，下弯；花序梗长 7~15mm；苞片线形，位于花梗的中下部，早落；花绿白色，近圆筒形，长 15~20mm；花梗长 7~15mm；花被筒基部收缩成短柄状，裂片宽卵形；雄蕊着生于花被筒的中部，花丝稍扁，被绵毛，花药长圆形；花柱不伸出花被之外。浆果直径约 1cm，成熟时黑色，具种子 3~14 粒。花期 5—6 月，果期 8—10 月。

生境分布　产于保护区各地，生于山坡林下阴湿处或沟边。

药用价值　根状茎入药，具有补气养阴、健脾、润肺、益肾的功效，用于治疗脾胃虚弱、体倦乏力、口干食少、肺虚燥咳、精血不足、内热消渴。

附　　注　《中国生物多样性红色名录》近危（NT）；《中华人民共和国药典（2020 年版）》《浙江省中药炮制规范（2015 年版）》收录。

284 长梗黄精 *Polygonatum filipes* Merr. ex C. Jeffrey et McEwan   黄精属

别　名　山黄精、鸡头参

形态特征　多年生草本，高 25~70cm。根状茎结节状，稀连珠状，膨大部分的间隔长 1~7cm，直径 5~20mm；地上茎弯拱。叶互生；叶片椭圆形至长圆形，长 6~15cm，宽 2~7cm，先端急尖，平直，基部圆钝，上面无毛，下面脉上有短毛。伞形花序或伞房花序通常具 2~4 花，稀更多，下垂；花序梗细丝状，长 2.5~13cm；苞片长条形，位于花梗的中下部至近基部，早落；花绿白色，近圆筒形，长15~20mm；花梗长 5~25mm；花被筒基部收缩成短柄状，裂片卵状三角形，长约 4mm；雄蕊着生于花被筒中部，花丝被短绵毛，花药长圆形，长 2.5~3mm；花柱稍伸出花被之外。浆果直径约 8mm，成熟时呈黑色。种子 2~5 粒。花期 5—6 月，果期 8—10 月。

生境分布　产于保护区各地，生于山坡林下阴湿处或沟边。

药用价值　根状茎入药，具有补气养阴、健脾、润肺、益肾的功效，用于治疗脾胃虚弱、体倦乏力、口干食少、肺虚燥咳、精血不足、内热消渴。

附　注　《浙江省中药炮制规范（2015年版）》收录。

285 **万年青** *Rohdea japonica* (Thunb.) Roth **万年青属**

别　名 白车河

形态特征 多年生草本，高达 40cm。根状茎粗壮，直径 1.5~2.5cm。叶 3~6 枚，基生；叶片厚纸质，矩圆形、披针形或倒披针形，长 15~50cm，宽 2.5~7cm，先端急尖，下部稍狭，基部扩展，抱茎。花葶短于叶，长 2.5~4cm；穗状花序长 3~4cm，宽 1.2~1.7cm；苞片卵形，膜质，短于花，长 2.5~6mm，宽 2~4mm；花密集，淡黄色，肉质，球状钟形；花被片中上部以下合生，裂片很小，不十分明显，内弯，先端圆钝；雄蕊着生于花被筒的上部至喉部，花丝不明显，花药卵形；花柱不明显，柱头膨大，3 微裂。浆果圆球形，直径约 8mm，成熟时呈红色。花期 5—6 月，果期 9—11 月。

生境分布 保护区偶见栽于屋旁。

药用价值 根状茎或全草入药，具有清热解毒、强心利尿的功效，用于治疗白喉、白喉引起的心肌炎、咽喉肿痛、狂犬咬伤、细菌性痢疾、风湿性心脏病、心力衰竭，外用治跌打损伤、毒蛇咬伤、烧伤烫伤、乳腺炎、痈疖肿毒。花蕾入药，具有祛瘀镇痛、补肾的功效，用于治疗跌打损伤、肾虚腰痛。叶入药，具有强心利尿、清热解毒、止血的功效，用于治疗心力衰竭、咽喉肿痛、咯血、吐血、疮毒、蛇咬伤。

附　注 《浙江省中药炮制规范（2015 年版）》收录。

286 菝葜 *Smilax china* L.

菝葜属

别　　名 金刚刺

形态特征 攀援灌木。根状茎粗厚，坚硬，为不规则的块状；地上茎长 1~3m，少数可达 5m，疏生刺。叶薄革质或坚纸质，椭圆形或近卵形，长 3~10cm，宽 1.5~6cm，先端突尖至骤尖，基部宽楔形或圆形，有时微心形，下面淡绿色，有时具粉霜；叶柄长 5~15mm，具翅状鞘和卷须，脱落点位于靠近卷须处。伞形花序生于叶尚幼嫩的小枝上，常呈球形，具十几朵或更多的花；花序梗长 1~2cm；花序托稍膨大，近球形，较少稍延长；花绿黄色，外花被片长 3.5~4mm，宽 1.5~2mm，内花被片稍狭；雄花花药比花丝稍宽，常弯曲；雌花与雄花大小相似，有 6 枚退化雄蕊。浆果球形，直径 6~15mm，熟时红色，有粉霜。花期 3—5 月，果期 7—11 月。

生境分布 产于保护区各地，生于山坡林下或灌丛中。

药用价值 根状茎入药，具有祛风利湿、解毒消肿的功效，用于治疗风湿性关节炎、跌打损伤、胃肠炎、痢疾、消化不良、糖尿病、乳糜尿、赤白带下、癌症。

附　　注 《中华人民共和国药典（2020年版）》收录。

287 土茯苓 *Smilax glabra* Roxb. **菝葜属**

别　　名 光叶菝葜

形态特征 常绿攀援灌木。根状茎块根状，有时近连珠状，表面黑褐色；地上茎无刺。叶片薄革质，长圆状披针形至披针形，长 6~15cm，宽 1~4cm，先端骤尖至渐尖，基部圆形或楔形，下面有时苍白色，具 3 主脉；叶柄长 5~15mm，全长的 1/4~2/3 具翅状鞘，翅狭披针形，脱落点位于叶柄的近顶端，具卷须。伞形花序；花序梗明显短于叶柄，极少与叶柄近等长；花序托膨大，连同多数宿存的小苞片，多少呈莲座状；花绿白色，六棱状扁球形；雄花雄蕊 6，花丝极短；雌花具 3 退化雄蕊。浆果球形，直径 6~8mm，成熟时呈紫黑色，具白粉。花期 7—8 月，果期 11 月至翌年 4 月。

生境分布 产于保护区各地，生于山坡林下、林缘或灌丛中。

药用价值 根状茎入药，具有除湿、解毒、通利关节的功效，用于治疗湿热淋浊、带下、痈肿、瘰疬、疥癣、梅毒、汞中毒所致的肢体拘挛与筋骨疼痛。

附　　注 《中华人民共和国药典（2020 年版）》《浙江省中药炮制规范（2015 年版）》收录。

薯蓣科 Dioscoreaceae

288 参薯　*Dioscorea alata* L.　薯蓣属

别　　名　大薯、紫薯

形态特征　缠绕草质藤本，全体无毛。块茎粗壮，肉质，形态、色泽因品种而异，断面鲜时嫩脆，富含黏液，干后坚硬，粉性，味淡至微甜。地上茎右旋，具 4 条狭翅。叶腋内有大小不等、形状各异的珠芽。叶在茎下部的互生，中部以上的对生；叶片纸质，长卵状心形，长 8~18cm，宽 4.5~13cm，先端短渐尖、尾尖或突尖，基部心形、深心形至箭形。雄花序穗状，长 1.5~4cm，常排成圆锥花序；花序轴明显呈"之"字状曲折；雌花序穗状，1~3 个簇生。蒴果扁圆形，长 1.5~2.5cm，宽 2.5~4.5cm，果梗不反折。种子生于中轴中部。花期 11 月至翌年 1 月，果期 12 月至翌年 1 月。

生境分布　保护区偶见栽于屋旁。

药用价值　块茎入药，具有健脾止泻、益肺滋肾、解毒敛疮的功效，用于治疗脾虚泄泻、肾虚遗精、带下、尿频、虚劳咳嗽、消渴、疮疡溃烂、烧伤烫伤。

附　　注　《浙江省中药炮制规范（2015 年版）》收录。

289 黄独 *Dioscorea bulbifera* L. **薯蓣属**

别　　名 黄药子

形态特征 缠绕草质藤本。块茎卵圆形或梨形，直径 3~7cm，通常单生，每年由去年的块茎先端抽出，很少分枝，外皮棕黑色，表面密生须根，断面鲜时白色至淡黄色，干后变黄色至黄棕色。地上茎左旋，无毛。叶腋内有紫棕色的球形或卵圆形珠芽，表面有斑点。叶互生；叶片宽卵状心形或卵状心形，长 9~26cm，宽 6~26cm，先端尾尖，两面无毛。雄花序穗状或再排成圆锥状，花被片离生，紫红色，雄蕊全育；雌花序常 2 至数个簇生，长 20~50cm。蒴果长圆形，长 1.5~3cm，宽 0.8~1.5cm，两端浑圆，熟时草黄色，表面密被紫色小斑点，果梗反折。种子深褐色，生于中轴顶部，种翅三角状倒卵形。花期 7—10 月，果期 8—11 月。

生境分布 产于保护区各地，生于山坡沟边疏林缘或村前屋后篱旁树下。

药用价值 块茎入药，具有解毒消肿、化痰散结、凉血止血的功效，用于治疗甲状腺肿大、淋巴结结核、咽喉肿痛、吐血、咯血、百日咳、癌肿，外用治疮疖。珠芽入药，具有清热化痰、止咳平喘、散结解毒的功效，用于治疗痰热咳喘、百日咳、咽喉肿痛、瘿瘤、瘰疬、疮疡肿毒、蛇犬咬伤。

附　　注 《浙江省中药炮制规范（2015 年版）》收录。

290 穿龙薯蓣 *Dioscorea nipponica* Makino　　　　　　　　　　薯蓣属

别　　名　龙萆薢

形态特征　缠绕草质藤本。根状茎横生，圆柱形，多分枝，栓皮层易剥离，断面鲜时黄色，坚韧，干后变白色至淡黄色，粉性，味微苦；地上茎左旋，近无毛，长达 5m。叶互生，茎下部或幼株顶端常 3~4枚轮生；叶片纸质，茎基部者掌状心形，长 10~15cm，宽 9~13cm，5~7 浅裂或中裂，顶端叶片小，近全缘，两面被细柔毛，尤以脉上较密。雄花序穗状或再排成圆锥花序，花被淡黄绿色。蒴果倒卵形，

顶端微凹，表面淡黄色，长 1.6~2.3cm，宽 1.1~1.6cm，果梗反折。种子生于中轴基部。花期 6—8 月，果期 8—10 月。

生境分布　产于洪岩顶、里东坑，生于阴湿山谷沟边。

药用价值　根状茎入药，具有舒筋活络、祛风镇痛的功效，用于治疗风湿痛、风湿性关节炎、筋骨麻木、大骨节病、跌打损伤、支气管炎。

附　　注　《中华人民共和国药典（2020年版）》收录。

291 **薯蓣** *Dioscorea opposita* Thunb. **薯蓣属**

别　　名　山药、怀山药

形态特征　缠绕草质藤本。块茎长圆柱形，垂直生长，末端较粗壮，不分枝，长 8~15cm，直径 1~1.5cm，栽培者长可达 1m，直径可达 4.5cm，断面鲜时嫩脆，白色，干后变坚硬，粉性，味淡至微甜。地上茎右旋，无毛，常带紫红色。叶在茎下部的互生，中部以上的对生；叶片卵状三角形至宽卵形、戟形，长 3~7cm，宽 2~7cm，边缘常 3 浅裂至深裂；幼苗时叶片多为卵状心形；叶腋内常有珠芽。雄花序穗状，长 2~8cm，近直立，2~8 个簇生，花被淡黄色，有紫褐色斑点；花序轴明显地呈"之"字状曲折；

雌花序 1~3 个簇生。蒴果球形，长 1.2~2cm，宽 1.5~3cm，外被白粉，果梗不反折。种子生于中轴中部，种翅长圆形。花期 6—9 月，果期 7—10 月。

生境分布　产于保护区各地，生于草丛中、山坡林下、林缘等处。

药用价值　根状茎入药，具有补脾养胃、生津益肺、补肾涩精的功效，用于治疗脾虚食少、久泻不止、肺虚咳喘、肾虚遗精、带下、尿频、虚热消渴。

附　　注　《中华人民共和国药典（2020 年版）》收录。

292 绵萆薢 *Dioscorea septemloba* Thunb. 薯蓣属

形态特征 缠绕草质藤本。根状茎横生，圆柱形，粗壮，直径 3~6cm，常不规则弯曲，多分枝，断面鲜时乳白色至淡黄色，干后疏松，灰白色，味微苦。地上茎左旋，疏生细毛。叶片纸质，三角状心形至长心形，长 7~16cm，宽 5~14cm，边缘微波状至全缘，茎下部或幼株者常 3~5 掌状浅至中裂，两面散生白色短毛，下面脉上较密。雄花序总状或再排成圆锥状，花序梗被毛，花浅橙黄色，雄蕊 6，全育；雌花序的退化雄蕊有时呈花丝状。蒴果扁倒卵形至扁球形，顶端微凹，长 1.5~2.1cm，宽 1.7~2.7cm，果梗反折。种子生于中轴中部，种翅宽椭圆形，浅紫红色。花期 6—8 月，果期 7—10 月。

生境分布 产于华竹坑、洪岩顶，生于灌丛中。

药用价值 根状茎入药，具有利湿去浊、祛风通痹的功效，用于治疗淋病白浊、白带过多、湿热疮毒、腰膝痹痛。

附　注 《中华人民共和国药典（2020年版）》《浙江省中药炮制规范（2015年版）》收录。

293 细柄薯蓣 *Dioscorea tenuipes* Franch. et Sav.　　薯蓣属

别　　名　细萆薢

形态特征　缠绕草质藤本。根状茎横生，细长圆柱形，直径 6~15mm，表面有明显的节和节间。地上茎左旋，无毛。叶互生；叶片薄纸质，三角形，长 4~13cm，宽 3~11cm，先端渐尖或尾状，基部宽心形，全缘或微波状，两面无毛。花单性，雌雄异株；雄花序总状，长 7~15cm，雄花梗长 3~8mm，花被黄绿色，雄蕊全育；雌花序穗状，单生，雄蕊退化成花丝状。蒴果扁球形，长 2~2.5cm，宽 1.2~1.5cm，果梗反折。种子生于中轴中部，种翅淡橄榄绿色。花期 6—7 月，果期 7—9 月。

生境分布　产于洪岩顶、大龙岗等地，生于海拔 800~1100m 的山谷疏林下或林缘。

药用价值　根状茎入药，具有祛风湿、舒筋活络的功效，用于治疗风湿痹痛、筋脉拘挛、四肢麻木、跌打损伤、劳伤无力。

附　　注　《中国生物多样性红色名录》易危（VU）。

鸢尾科 Iridaceae

294 射干 *Belamcanda chinensis* (L.) DC.　　　　　　　　射干属

别　　名　乌扇

形态特征　多年生草本，高 1~1.5m。根状茎粗壮，不规则结节状，鲜黄色。叶片剑形，长 20~60cm，宽 1~4cm，基部鞘状抱茎，先端尖，无中脉。二歧状伞房花序顶生；花梗与分枝基部均有数枚膜质苞片，苞片卵形至狭卵形，先端钝，长约 1cm；花梗细，长约 1.5cm；花橙红色，散生暗红色斑点，直径 4~5cm，外轮花被裂片倒卵形至长椭圆形，长约 2.5cm，宽约 1cm，先端钝圆或微凹，基部楔形，内轮花被裂片较外轮的稍短而狭；雄蕊长 1.8~2cm，花药条形，长约 1cm；子房倒卵球形，花柱顶端稍扁，裂片稍外卷，具短细毛。蒴果倒卵球形或长椭圆球形，长 2.5~3cm，直径 1.5~2.5cm，顶端常宿存凋萎花被。种子圆球形，黑色，有光泽。花期 6—8 月，果期 7—9 月。

生境分布　产于里东坑，生于山坡路旁草丛中。

药用价值　根状茎入药，具有清热解毒、消痰、利咽的功效，用于治疗热毒、痰火郁结、咽喉肿痛、痰涎壅盛、咳嗽气喘。

附　　注　《中华人民共和国药典（2020 年版）》收录。

姜科 Zingiberaceae

 295 姜 *Zingiber officinale* Rosc. 姜属

别　名　生姜

形态特征　多年生草本，高 0.5~1m。根状茎肉质块状，稍扁平，淡黄色，有短指状分枝，具芳香及辛辣味；地上茎直立，由根状茎结节或分枝顶端生出。叶片披针形，长 15~20cm，宽 1.5~2cm，先端渐尖，基部狭，无毛；叶柄无，有长鞘；叶舌膜质，长 2~4mm。穗状花序长 4~5cm；花序梗直立，粗壮，长 10~30cm；苞片卵形，长约 2.5cm，淡绿色或边缘淡黄色，先端有小尖头；萼筒长约 1cm；花冠筒黄绿色，长 2~2.5cm，裂片披针形，长不及 2cm；侧生退化雄蕊较小，与唇瓣合生，卵形，长约 6mm；唇瓣长圆状倒卵形，短于花冠裂片，有紫色条纹及淡黄色斑点；发育雄蕊暗紫色，花丝极短，花药长圆形，长约 9mm；子房无毛，花柱淡紫色，由药隔处纵贯而出，柱头呈放射状。蒴果长圆形。花果期夏、秋季。

生境分布　保护区有栽培。

药用价值　根状茎入药，具有解表散寒、温中止呕、化痰止咳的功效，用于治疗风寒感冒、胃寒呕吐、寒痰咳嗽。根状茎外皮入药，具有行水消肿的功效，用于治疗水肿初起、小便不利。

附　注　《中华人民共和国药典（2020年版）》《浙江省中药炮制规范（2015年版）》收录。

兰科 Orchidaceae

296 金线兰　*Anoectochilus roxburghii* (Wall.) Lindl.　　开唇兰属

别　　名　花叶开唇兰

形态特征　多年生草本，地生，高8~14cm。具匍匐根状茎；地上茎上部直立，下部具2~4枚叶。叶片卵圆形或卵形，长1.3~3cm，宽0.8~3cm，上面暗紫色，具金黄色网纹和丝绒光泽，下面淡紫红色，先端钝圆或具短尖，叶脉5~7条；叶柄长4~10mm。总状花序长3~5cm，疏生花2~6朵，花序轴淡红色，被柔毛；苞片淡红色，卵状披针形，短于子房；花白色或淡红色；萼片外被柔毛，中萼片卵形，向内凹陷，长约6mm，宽2~5mm，侧萼片卵状椭圆形，稍偏斜；花瓣镰刀状，与中萼片靠合成兜状；唇瓣前端2裂，呈Y形，裂片舌状线形，中部具爪，两侧具6条流苏状细条，基部具距，末端指向唇瓣，中部生有胼胝体；子房长圆柱形。花期9—10月，果期11—12月。

生境分布　产于高峰，生于阔叶林下阴湿处。

药用价值　全草入药，具有清热凉血、解毒消肿、润肺止咳的功效，用于治疗咯血、咳嗽、小便涩痛、消渴、乳糜尿、小儿急惊风、口疮、毒蛇咬伤。

附　　注　国家二级重点保护野生植物；《中国生物多样性红色名录》濒危（EN）。

297 广东石豆兰 *Bulbophyllum kwangtungense* Schltr. 石豆兰属

别　名 石豆、石珠

形态特征 多年生附生植物。根状茎长而匍匐。假鳞茎长圆柱形，长 1~2.5cm，在根状茎上远生，彼此相距 2~7cm，顶生 1 叶。叶片革质，长圆形，长 2~6.5cm，宽 4~10mm，先端钝圆而凹，基部渐狭成楔形，具短柄，有关节，中脉明显。花葶 1 个，从假鳞茎基部或靠近假鳞茎基部的根状茎节上发出，高于叶；总状花序缩短成伞状，具花 2~7 朵；花淡黄色；萼片离生，狭披针形；花瓣狭卵状披针形，长 4~5mm，中部宽约 0.4mm，先端长渐尖，具 1 条脉或不明显的 3 条脉，边缘全缘；唇瓣肉质，狭披针形，向外伸展；蕊柱长约 0.5mm，蕊柱齿牙齿状，蕊柱足长约 0.5mm。蒴果长椭圆形，长约 2.5cm，直径 5mm。花期 6 月，果期 9—10 月。

生境分布 产于洪岩顶、周村等地，附生于石壁上或树干上。

药用价值 全草入药，具有滋阴润肺、止咳化痰、清热消肿的功效，用于治疗咽喉肿痛、乳蛾、口疮、高热口渴、乳痈、咳嗽痰喘、肺痨、吐血、咯血、风湿痹痛、跌打损伤。

附　注 《浙江省中药炮制规范（2015 年版）》收录。

298 **蕙兰** *Cymbidium faberi* Rolfe　　　　　　　　　　　**石豆兰属**

别　　名　儿节兰、九子兰、夏兰

形态特征　多年生草本，高 30~80cm。假鳞茎不明显。叶 5~10 枚成束丛生；叶片带形，长 20~80cm，直立性强，基部常对折成 V 形，叶脉透明，边缘常有粗锯齿。花葶从假鳞茎基部外侧叶腋抽出，高 30~60cm；总状花序具 5~18 朵花或更多；花苞片线状披针形，长 2~3cm，最下面的 1 枚长于子房；花常为黄绿色或紫褐色，直径 5~7cm，具香气；萼片狭长披针形，长 2.7~3cm；唇瓣舌状，长 2~2.3cm，有紫红色斑，边缘呈波状皱褶；蕊柱稍向前弯曲，两侧有狭翅；花粉团 4 个，成 2 对，宽卵形。蒴果狭椭圆形。花期 4—5 月，果期 6—9 月。

生境分布　见于龙井坑、大龙岗，生于海拔 400~1000m 的林下阴湿透光处。

药用价值　根入药，有润肺止咳、杀虫的功效，用于治疗久咳、蛔虫病等。

附　　注　国家二级重点保护野生植物。

299 多花兰　*Cymbidium floribundum* Lindl.　　　　　　兰属

别　名　九头兰

形态特征　多年生附生植物，高 30~60cm。假鳞茎卵状圆锥形，长 2.5~3.5cm，宽 2~3cm，稍压扁，隐于叶丛中。叶 3~6 枚成束丛生；叶片较挺直，带形，长 18~40cm，宽 1.5~3cm，先端稍钩转或尖裂，基部具明显关节，全缘。花葶直立或稍斜生，较叶短；总状花序密生花 20~50 朵；花苞片卵状披针形，长约 5mm；花紫褐色，无香气；萼片狭长圆状披针形，先端急尖，基部渐狭，侧萼片稍偏斜；花瓣长椭圆形，长 1.8~2cm，先端急尖，基部渐狭，具紫褐色带黄色边缘；唇瓣卵状三角形，上面具乳突，明显 3 裂，中裂片近圆形，稍向下反卷，紫褐色，侧裂片半圆形，直立，具紫褐色条纹，边缘紫红色，唇盘从基部至中部具 2 条平行黄色褶片；蕊柱长约 1.2cm，宽 2~3mm，无蕊柱翅。花期 4—5 月，果期 7—8 月。

生境分布　产于洪岩顶、龙井坑等地，生于林缘或溪边有覆土的岩石上。

药用价值　全草入药，具有滋阴清肺、化痰止咳的功效，用于治疗百日咳、肺结核咳嗽、咯血、神经衰弱、头晕腰痛、尿路感染、赤白带下。

附　注　国家二级重点保护野生植物；《中国生物多样性红色名录》易危（VU）。

300 春兰 *Cymbidium goeringii* (Rchb. f.) Rchb. f. 　　　兰属

别　　名 草兰、国兰

形态特征 多年生草本，地生，高 20~60cm。假鳞茎集生于叶丛中。叶 4~6 枚成束状丛生；叶片带形，长 20~60cm，宽 5~8mm，边缘略具细齿。花葶直立，高 3~7cm，具花 1 朵，稀 2 朵；苞片膜质；花淡黄绿色，清香，直径 6~8cm；萼片较厚，长圆状披针形，长 2.5~4cm，中脉紫红色，基部具紫纹；花瓣卵状披针形，具紫褐色斑点，中脉紫红色，先端渐尖；唇瓣乳白色，不明显 3 裂，中裂片向下反卷，先端钝，长约 1.1cm，侧裂片较小，位于中部两侧，唇盘中央从基部至中部具 2 条褶片；蕊柱直立，长约 1.2cm，宽 5mm，蕊柱翅不明显。蒴果长椭圆柱形。花期 2—4 月。

生境分布 产于保护区各地，生山坡林下或沟谷边阴湿处。

药用价值 根入药，具有润肺止咳、清热利湿、活血止血、解毒杀虫的功效，用于治疗咯血、百日咳、急性胃肠炎、热淋、白浊带下、月经不调、崩漏、便血、跌打损伤、疮疖肿毒、痔疮、蛔虫腹痛、狂犬咬伤。

附　　注 国家二级重点保护野生植物；《中国生物多样性红色名录》易危（VU）。

301 寒兰 *Cymbidium kanran* Makino　　兰属

别　　名 青兰、草兰

形态特征 多年生草本，地生，高 20~60cm。假鳞茎卵球状棍棒形，或多或少左右压扁，长 4~6cm，宽 1~1.5cm，隐于叶丛中。叶 4~5 枚成束；叶片带形，长 35~70cm，宽 1~1.7cm，革质，深绿色，略带光泽，先端渐尖，边缘近先端具细齿，叶脉两面均突起。花葶直立，长 30~54cm，近等于或长于叶；总状花序疏生 5~12 朵花；花苞片披针形；花绿色或紫色，直径 6~8cm；萼片线状披针形，中萼片稍宽，先端渐尖，具几条红线纹；花瓣披针形，长 2.8~3cm，先端急尖，基部收狭，近基部具红色斑点；唇瓣卵状长圆形，长 2.3~2.5cm，乳白色，具红色斑点或紫红色，不明显 3 裂，中裂片边缘无齿，侧裂片直立，半圆形，有紫红色斜纹，唇盘从基部至中部具 2 条平行的褶片；蕊柱长 1.2cm，无蕊柱翅。花期 10—11 月。

生境分布 产于洪岩顶、猕猴保护小区等地，生于山坡林下腐殖质丰富之处。

药用价值 全草入药，具有滋阴清肺、化痰止咳的功效，用于治疗百日咳、肺结核咳嗽、咯血、神经衰弱、头晕腰痛、尿路感染、赤白带下。

附　　注 国家二级重点保护野生植物；《中国生物多样性红色名录》易危（VU）。

302　细茎石斛 *Dendrobium moniliforme* (L.) Sw.　　　　**石斛属**

别　　名　铜皮石斛

形态特征　多年生附生草本，高 10~40cm。茎丛生，直立，圆柱形，直径 1.5~5mm，具多节，由下向上渐细，节上具膜质筒状鞘。叶数枚，2 列，常互生于茎的中部以上；叶长圆状披针形，长 3~6cm，宽 5~15mm，先端钝或急尖，基部圆形，具关节。总状花序侧生于无叶的茎节上，花序梗长 2~5mm，具花 1~4 朵；花苞片卵状三角形，干膜质，白色带淡红色斑纹；花黄绿色或白色带淡玫瑰红色，直径 2~3cm；萼片近相似，长圆形或长圆状披针形；唇瓣卵状披针形，常 3 裂，中裂片卵状三角形，侧裂片半圆形，边缘具细齿；蕊柱很短，长约 2mm。蒴果倒卵形，长约 2cm。花期 4—5 月，果期 7—8 月。

生境分布　产于雪岭，附生于海拔 200~500m 的树干或岩石上。

药用价值　全草入药，具有养阴清热、健脾胃的功效，用于治疗热病伤阴、痨伤咯血。

附　　注　国家二级重点保护野生植物；《中华人民共和国药典（2020 年版）》收录。

303 台湾独蒜兰 *Pleione formosana* Hayata　　　　　　　**独蒜兰属**

别　　名　独蒜兰

形态特征　多年生附生植物，高 10~25cm。假鳞茎压扁的卵形或卵球形，上端渐狭成明显的颈，顶端具叶 1 枚。叶椭圆形或倒披针形，长 5~25cm，宽 1.5~5cm，基部收狭，围抱花葶。花葶从无叶的老假鳞茎基部发出，长 7~16cm，顶端通常具 1 花，偶见 2 花；花大，淡紫红色，稀白色，花瓣与萼片狭长，近同形；花瓣具 5 脉，中脉明显；唇瓣宽阔，围成喇叭状，长 3.5~4cm，最宽处约 3cm，上面具有黄色、红色或褐色斑，基部楔形，先端不明显 3 裂，侧裂片先端圆钝，中裂片半圆形，边缘具短流苏状细裂，内面有 3~5 条波状或直的纵褶片。蒴果纺锤状，长约 4cm。花期 4—5 月，果期 7 月。

生境分布　产于库坑、雪岭、洪岩顶、龙井坑等地，生于海拔 600~1000m 的林下或林缘腐殖质丰富的岩石上。

药用价值　假鳞茎入药，具有清热解毒、化痰散结的功效，用于治疗痈肿疔毒、瘰疬痰核、淋巴结结核、蛇虫咬伤。

附　　注　国家二级重点保护野生植物；《中国生物多样性红色名录》易危（VU）。

中名索引

拉丁名索引

药用植物名录

江山仙霞岭自然保护区共有药用植物 175 科 576 属 1034 种，其中，苔藓植物 20 科 27 属 35 种，蕨类植物 27 科 51 属 89 种，裸子植物 5 科 7 属 8 种，被子植物 123 科 491 属 902 种。

名录中苔藓植物采用 Frey 系统（2009）排列，包括苔类植物门和藓类植物门；蕨类植物的科按秦仁昌系统（1978）排列，裸子植物的科按郑万钧系统（1978）排列，被子植物的科按修订的 Engler 系统（1964）排列，属和种名按拉丁字母顺序排列。

一、藓类植物门 Bryophyta

1. 泥炭藓科 Sphagnaceae

拟尖叶泥炭藓 *Sphagnum acutifolioides* Warnst.

暖地泥炭藓拟柔叶亚种 *Sphagnum junghuhnianum* Dozy et Molk. subsp. *pseudomolle* (Warnst.) H. Suzuki

2. 金发藓科 Polytrichales

狭叶仙鹤藓 *Atrichum angustatum* (Brid.) Bruch et Schimp.

小仙鹤藓 *Atrichum crispulum* Schimp. ex Besch.

金发藓 *Polytrichum commune* Hedw.

东亚小金发藓 *Pogonatum inflexum* (Lindb.) Sande Lac.

扭叶小金发藓 *Pogonatum contortum* (Brid) Lesq.

疣小金发藓 *Pogonatum urnigerum* (Hedw.) P. Beauv.

3. 葫芦藓科 Funariaceae

葫芦藓 *Funaria hygrometrica* Hedw.

4. 牛毛藓科 Ditrichaceae

黄牛毛藓 *Ditrichum pallidum* (Hedw.) Hamp

5. 曲尾藓科 Dicranaceae

棕色曲尾藓 *Dicranum fuscescens* Turner

6. 白发藓科 Leucobryaceae

梨蒴曲柄藓 *Campylopus pyriformis* (Schultz) Brid.

7. 丛藓科 Pottiaceae

小石藓 *Weissia controversa* Hedw.

8. 虎尾藓科 Hedwigiaceae

虎尾藓 *Hedwigia ciliata* (Hedw.) Ehrh. ex P. Beauv.

9. 珠藓科 Bartramiaceae

梨蒴珠藓 *Bartramia pomiformis* Hedw.

泽藓 *Philonotis fontana* (Hedw.) Brid.

10. 真藓科 Bryaceae

真藓 *Bryum argenteum* Hedw.

暖地大叶藓 *Rhodobryum giganteum* (Schwägr.) Paris

11. 提灯藓科 Mniaceae

匐灯藓 *Plagiomnium cuspidatum* (Hedw.) T. J. Kop.

尖叶匐灯藓 *Plagiomnium acutum* (Lindb.) T. J. Kop.

12. 羽藓科 Thuidiaceae

大羽藓 *Thuidium cymbifolium* (Dozy et Molk.) Dozy et Molk.

短肋羽藓 *Thuidium kanedae* Sakurai

细叶小羽藓 *Haplocladium microphyllum* (Hedw.) Broth.

狭叶小羽藓 *Haplocladium angustifolium* (Hampe et Müll. Hal.) Broth.

13. 蔓藓科 Meteoriaceae

毛扭藓 *Aerobryidium filamentosum* (Hook.) M. Fleisch. in Broth.

新丝藓 *Neodicladiella pendula* (Sull.) W. R. Buck

14. 灰藓科 Hypnaceae

大灰藓 *Hypnum plumaeforme* Wilson

鳞叶藓 *Taxiphyllum taxirameum* (Mitt) M. Fleisch

15. 塔藓科 Hylocomiaceae

小蔓藓 *Meteoriella soluta* (Mitt.) S. Okamura

二、苔类植物门 Marchntiophyta

1. 疣冠苔科 Aytoniaceae

石地钱 *Reboulia hemisphaerica* (L.) Raddi.

2. 蛇苔科 Concephalaceae

蛇苔 *Conocephalum conicum* (L.) Dumort.

3. 地钱科 Marchantiaceae

地钱 *Marchantia polymorpha* L.

4. 毛地钱科 Dumortieraceae

毛地钱 *Dumortiera hirsuta* (Sw.) Nees

5. 耳叶苔科 Frullaniaceae

尖叶耳叶苔 *Frullania apiculata* (Reinw., Blume et Nees) Dumort.

列胞耳叶苔 *Frullania moniliata* (Reinw., Blume et Nees) Mont.

三、蕨类植物门 Pteridophyta

1. 石杉科 Huperziaceae

蛇足石杉 *Huperzia serrata* (Thunb. ex Murray) Trev.

四川石杉 *Huperzia sutchueniana* (Hert.) Ching

柳杉叶马尾杉 *Phlegmariurus cryptomerianus* (Maxim.) Ching ex L. B. Zhang et H. S. Kung

2. 石松科 Lycopodiaceae

藤石松 *Lycopodiastrum casuarinoides* (Spring) Holub ex Dixit

石松 *Lycopodium japonicum* Thunb. ex Murray

垂穗石松 *Palhinhaea cernua* (L.) Vasc. et Franco

3. 卷柏科 Selaginellaceae

布朗卷柏 *Selaginella braunii* Baker

深绿卷柏 *Selaginella doederleinii* Hieron.

异穗卷柏 *Selaginella heterostachys* Baker

细叶卷柏 *Selaginella labordei* Hieron. ex H. Christ

江南卷柏 *Selaginella moellendorffii* Hieron.

伏地卷柏 *Selaginella nipponica* Franch. et Sav.

疏叶卷柏 *Selaginella remotifolia* Spring

卷柏 *Selaginella tamariscina* (P. Beauv.) Spring

翠云草 *Selaginella uncinata* (Desv. ex Poir.) Spring

4. 阴地蕨科 Botrychiaceae

阴地蕨 *Botrychium ternatum* (Thunb.) Sw.

5. 紫萁科 Osmundaceae

紫萁 *Osmunda japonica* Thunb.

6. 瘤足蕨科 Plagiogyriaceae

镰叶瘤足蕨 *Plagiogyria distinctissima* Ching

华东瘤足蕨 *Plagiogyria japonica* Nakai

7. 里白科 Gleicheniaceae

芒萁 *Dicranopteris dichotoma* (Thunb.) Bernh.

里白 *Hicriopteris glauca* (Thunb. ex Houtt.) Ching

光里白 *Hicriopteris laevissima* (H. Christ) Ching

8. 海金沙科 Lygodiaceae

海金沙 *Lygodium japonicum* (Thunb.) Sw.

9. 膜蕨科 Hymenophyllaceae

华东膜蕨 *Hymenophyllum barbatum* (Bosch) Baker

蕗蕨 *Mecodium badium* (Hook. et Grev.) Copel.

10. 碗蕨科 Dennstaedtiaceae

边缘鳞盖蕨 *Microlepia marginata* (Panz.) C. Chr.

11. 姬蕨科 Hypolepidaceae

姬蕨 *Hypolepis punctata* (Thunb.) Mett.

12. 鳞始蕨科 Lindsaeaceae

乌蕨 *Stenoloma chusana* (L.) Ching

13. 蕨科 Pteridiaceae

蕨 *Pteridium aquilinum* (L.) Kuhn var. *latiusculum* (Desvaux) Underw. ex A. Heller

14. 凤尾蕨科 Pteridaceae

凤尾蕨 *Pteris cretica* L. var. *nervosa* (Thunb.) Ching et S. H. Wu

刺齿凤尾蕨 *Pteris dispar* Kze.

傅氏凤尾蕨 *Pteris fauriei* Hieron.

井栏边草 *Pteris multifida* Poir.

半边旗 *Pteris semipinnata* L.

蜈蚣草 *Pteris vittata* L.

15. 中国蕨科 Sinopteridaceae

粉背蕨 *Aleuritopteris pseudofarinosa* Ching et S. K. Wu

毛轴碎米蕨 *Cheilosoria chusana* (Hook.) Ching et K. H. Shing

野雉尾金粉蕨 *Onychium japonicum* (Thunb.) Kunze

栗柄金粉蕨 *Onychium japonicum* (Thunb.) Kunze var. *lucidum* (D. Don) H. Christ

16. 铁线蕨科 Adiantaceae

扇叶铁线蕨 *Adiantum flabellulatum* L.

17. 裸子蕨科 Hemionitidaceae

凤丫蕨 *Coniogramme japonica* (Thunb.) Diels

18. 书带蕨科 Vittariaceae

书带蕨 *Vittaria flexuosa* Fée

19. 蹄盖蕨科 Athyriaceae

假蹄盖蕨 *Athyriopsis japonica* (Thunb.) Ching

长江蹄盖蕨 *Athyrium iseanum* Rosenst.

华中蹄盖蕨 *Athyrium wardii* (Hook.) Makino

单叶双盖蕨 *Diplazium subsinuatum* (Wall. ex Hook. et Grev.) Tagawa

20. 金星蕨科 Thelypteridaceae

渐尖毛蕨 *Cyclosorus acuminatus* (Houtt.) Nakai

华南毛蕨 *Cyclosorus parasiticus* (L.) Farwell.

雅致针毛蕨 *Macrothelypteris oligophlebia* (Bak.) Ching var. *elegans* (Koidz.) Ching

金星蕨 *Parathelypteris glanduligera* (Kze.) Ching

延羽卵果蕨 *Phegopteris decursivepinnata* (van Hall) Fée

镰片假毛蕨 *Pseudocyclosorus falcilobus* (Hook.) Ching

21. 铁角蕨科 Aspleniaceae

虎尾铁角蕨 *Asplenium incisum* Thunb.

倒挂铁角蕨 *Asplenium normale* Don

北京铁角蕨 *Asplenium pekinense* Hance

长叶铁角蕨 *Asplenium prolongatum* Hook.

铁角蕨 *Asplenium trichomanes* L.

三翅铁角蕨 *Asplenium tripteropus* Nakai

22. 球子蕨科 Onocleaceae

东方荚果蕨 *Matteuccia orientalis* (Hook.) Trevis.

23. 乌毛蕨科 Blechnaceae

狗脊 *Woodwardia japonica* (L. f.) Sm.

珠芽狗脊 *Woodwardia prolifera* Hook. et Arn.

24. 鳞毛蕨科 Dryopteridaceae

刺头复叶耳蕨 *Arachniodes exilis* (Hance) Ching

斜方复叶耳蕨 *Arachniodes rhomboidea* (Schott) Ching

长尾复叶耳蕨 *Arachniodes simplicior* (Makino) Ohwi

美丽复叶耳蕨 *Arachniodes speciosa* (D. Don) Ching

镰羽贯众 *Cyrtomium balansae* (H. Christ) C. Chr.

贯众 *Cyrtomium fortunei* J. Sm.

阔鳞鳞毛蕨 *Dryopteris championii* (Benth.) C. Chr. ex Ching

黑足鳞毛蕨 *Dryopteris fuscipes* C. Chr.

两色鳞毛蕨 *Dryopteris setosa* (Thunb.) Akas.

同形鳞毛蕨 *Dryopteris uniformis* (Makino) Makino

变异鳞毛蕨 *Dryopteris varia* (L.) Kuntze

黑鳞耳蕨 *Polystichum makinoi* (Tagawa) Tagawa

对马耳蕨 *Polystichum tsus-simense* (Hook.) J. Sm.

25. 舌蕨科 Elaphoglossaceae

华南舌蕨 *Elaphoglossum yoshinagae* (Yatabe) Makino

26. 骨碎补科 Davalliaceae

圆盖阴石蕨 *Humata tyermannii* T. Moore

27. 水龙骨科 Polypodiaceae

线蕨 *Colysis elliptica* (Thunb.) Ching

抱石莲 *Lepidogrammitis drymoglossoides* (Baker) Ching

中间骨牌蕨 *Lepidogrammitis intermedia* Ching

庐山瓦韦 *Lepisorus lewisii* (Baker) Ching

瓦韦 *Lepisorus thunbergianus* (Kaulf.) Ching

江南星蕨 *Microsorum fortunei* (T. Moore) Ching

盾蕨 *Neolepisorus ovatus* Ching

恩氏假瘤蕨 *Phymatopteris engleri* (Luerss.) Pic. Serm.

金鸡脚假瘤蕨 *Phymatopteris hastata* (Thunb.) Pic. Serm.

石韦 *Pyrrosia lingua* (Thunb.) Farw.

庐山石韦 *Pyrrosia sheareri* (Baker) Ching

日本水龙骨 *Polypodiodes niponica* (Mett.) Ching

石蕨 *Saxiglossum angustissimum* (Giesenh. ex Diels) Ching

四、裸子植物门 Gymnospermae

1. 松科 Pinaceae

马尾松 *Pinus massoniana* Lamb.

黄山松 *Pinus taiwanensis* Hayata

2. 杉科 Taxodiaceae

柳杉 *Cryptomeria fortunei* Hooibr. ex Otto et Dietrich

杉木 *Cunninghamia lanceolata* (Lamb.) Hook.

3. 柏科 Cupressaceae

刺柏 *Juniperus formosana* Hayata

4. 三尖杉科 Cephalotaxaceae

三尖杉 *Cephalotaxus fortunei* Hook.

5. 红豆杉科 Taxaceae

南方红豆杉 *Taxus wallichiana* Zucc. var. *mairei* (Lemé. et Lévl.) L. K. Fu et Nan Li

榧树 *Torreya grandis* Fortune ex Lindl.

五、被子植物门 Angiospermae

（一）双子叶植物纲 Dicotyledoneae

1. 三白草科 Saururaceae

蕺菜 *Houttuynia cordata* Thunb.

三白草 *Saururus chinensis* (Lour.) Baill.

2. 胡椒科 Piperaceae

山蒟 *Piper hancei* Maxim.

3. 金粟兰科 Chloranthaceae

宽叶金粟兰 *Chloranthus henryi* Hemsl.

及已 *Chloranthus serratus* (Thunb.) Roem. et Schult.

草珊瑚 *Sarcandra glabra* (Thunb.) Nakai

4. 杨柳科 Salicaceae

响叶杨 *Populus adenopoda* Maxim.

银叶柳 *Salix chienii* W. C. Cheng

旱柳 *Salix matsudana* Koidz.

5. 杨梅科 Myricaceae

杨梅 *Myrica rubra* (Lour.) Sieb. et Zucc.

6. 胡桃科 Juglandaceae

青钱柳 *Cyclocarya paliurus* (Batal.) Iljinsk.

华东野核桃 *Juglans cathayensis* Dode var. *formosana* (Hayata) A. M. Lu et R. H. Chang

化香树 *Platycarya strobilacea* Sieb. et Zucc.

枫杨 *Pterocarya stenoptera* C. DC.

7. 桦木科 Betulaceae

亮叶桦 *Betula luminifera* H. Winkl.

多脉鹅耳枥 *Carpinus polyneura* Franch.

8. 壳斗科 Fagaceae

板栗 *Castanea mollissima* Bl.

茅栗 *Castanea seguinii* Dode

甜槠 *Castanopsis eyrei* (Champ. ex Benth.) Tutcher

苦槠 *Castanopsis sclerophylla* (Lindl.) Schottky

钩锥 *Castanopsis tibetana* Hance

青冈 *Cyclobalanopsis glauca* (Thunb.) Oerst.

小叶青冈 *Cyclobalanopsis myrsinifolia* (Bl.) Oerst.

米心水青冈 *Fagus engleriana* Seemen

水青冈 *Fagus longipetiolata* Seemen

柯 *Lithocarpus glaber* (Thunb.) Nakai

木姜叶柯 *Lithocarpus litseifolius* (Hance) Chun

白栎 *Quercus fabri* Hance

短柄枹栎 *Quercus serrata* Thunb. var. *brevipetiolata* (DC.) Nakai

9. 榆科 Ulmaceae

糙叶树 *Aphananthe aspera* (Thunb.) Planch.

紫弹树 *Celtis biondii* Pamp.

朴树 *Celtis sinensis* Pers.

山油麻 *Trema cannabina* Lour. var. *dielsiana* (Hand.-Mazz.) C. J. Chen

杭州榆 *Ulmus changii* W. C. Cheng

椰榆 *Ulmus parvifolia* Jacq.

榉树 *Zelkova schneideriana* Hand.–Mazz.

光叶榉 *Zelkova serrata* (Thunb.) Makino

10. 桑科 Moraceae

藤构 *Broussonetia kaempferi* Siebold var. *australis* T. Suzuki

楮 *Broussonetia kazinoki* Siebold

构棘 *Cudrania cochinchinensis* (Lour.) Yakuro Kudo et Masam.

柘 *Cudrania tricuspidata* (Carr.) Bur. ex Lavall.

水蛇麻 *Fatoua villosa* (Thunb.) Nakai

天仙果 *Ficus erecta* Thunb. var. *beecheyana* (Hook. et Arn.) King

异叶榕 *Ficus heteromorpha* Hemsl.

条叶榕 *Ficus pandurata* Hance var. *angustifolia* Cheng

全缘琴叶榕 *Ficus pandurata* Hance var. *holophylla* Migo

薜荔 *Ficus pumila* L.

珍珠莲 *Ficus sarmentosa* Buch.–Ham ex J. E. Sm. var. *henryi* (King ex Oliv.) Corner

爬藤榕 *Ficus sarmentosa* Buch.–Ham. ex J. E. Sm. var. *impressa* (Champ.) Corner

变叶榕 *Ficus variolosa* Lindl. ex Benth.

桑 *Morus alba* L.

鸡桑 *Morus australis* Poir.

华桑 *Morus cathayana* Hemsl.

11. 荨麻科 Urticaceae

序叶苎麻 *Boehmeria clidemioides* Miq. var. *diffusa* (Wedd.) Hand.–Mazz.

大叶苎麻 *Boehmeria longispica* Steud.

伏毛苎麻 *Boehmeria nivea* (L.) Gaudich. var. *nipononivea* (Koidz.) W. T. Wang

青叶苎麻 *Boehmeria nivea* (L.) Gaudich. var. *tenacissima* (Gaudich.) Miq.

悬铃叶苎麻 *Boehmeria tricuspis* (Hance) Makino

庐山楼梯草 *Elatostema stewardii* Merr.

糯米团 *Gonostegia hirta* (Bl.) Miq.

毛花点草 *Nanocnide lobata* Wedd.

紫麻 *Oreocnide frutescens* (Thunb.) Miq.

山椒草 *Pellionia brevifolia* Benth.

赤车 *Pellionia radicans* (Sieb. et Zucc.) Wedd.

蔓赤车 *Pellionia scabra* Benth.

山冷水花 *Pilea japonica* (Maxim.) Hand.–Mazz.

冷水花 *Pilea notata* C. H. Wright

齿叶矮冷水花 *Pilea peploides* (Gaudich.) Hook. et Arn. var. *major* Wedd.

粗齿冷水花 *Pilea sinofasciata* C. J. Chen

三角形冷水花 *Pilea swinglei* Merr.

雾水葛 *Pouzolzia zeylanica* (L.) Benn.

12. 铁青树科 Olacaceae

青皮木 *Schoepfia jasminodora* Siebold et Zucc.

13. 桑寄生科 Loranthaceae

锈毛钝果寄生 *Taxillus levinei* (Merr.) H. S. Kiu

桑寄生 *Taxillus sutchuenensis* (Lecomte) Danser

棱枝槲寄生 *Viscum diospyrosicola* Hayata

14. 马兜铃科 Aristolochiaceae

马兜铃 *Aristolochia debilis* Sieb. et Zucc.

管花马兜铃 *Aristolochia tubiflora* Dunn

尾花细辛 *Asarum caudigerum* Hance

福建细辛 *Asarum fukienense* C. Y. Cheng et C. S. Yang

15. 蛇菰科 Balanophoraceae

杯茎蛇菰 *Balanophora subcupularis* P. C. Tam

16. 蓼科 Polygonaceae

金线草 *Antenoron filiforme* (Thunb.) Rob. et Vaut.

短毛金线草 *Antenoron filiforme* (Thunb.) Rob. et Vaut. var. *neofiliforme* (Nakai) A. J. Li

金荞麦 *Fagopyrum dibotrys* (D. Don) H. Hara

何首乌 *Fallopia multiflora* (Thunb.) Haraldson

火炭母 *Polygonum chinense* L.

水蓼 *Polygonum hydropiper* L.

酸模叶蓼 *Polygonum lapathifolium* L.

长鬃蓼 *Polygonum longisetum* Bruijn

小花蓼 *Polygonum muricatum* Meisn.

尼泊尔蓼 *Polygonum nepalense* Meisn.

杠板归 *Polygonum perfoliatum* (L.) L.

丛枝蓼 *Polygonum posumbu* Buch.–Ham. ex D. Don

伏毛蓼 *Polygonum pubescens* Blume

箭叶蓼 *Polygonum sieboldii* Meisn.

虎杖 *Reynoutria japonica* Houtt.

酸模 *Rumex acetosa* L.

羊蹄 *Rumex japonicus* Houtt.

17. 藜科 Chenopodiaceae

藜 *Chenopodium album* L.

18. 苋科 Amaranthaceae

牛膝 *Achyranthes bidentata* Blume

红柳叶牛膝 *Achyranthes longifolia* (Makino) Makino f. *rubra* Ho

喜旱莲子草 *Alternanthera philoxeroides* (Mart.) Griseb.

凹头苋 *Amaranthus lividus* L.

19. 商陆科 Phytolaccaceae

垂序商陆 *Phytolacca americana* L.

20. 番杏科 Aizoaceae

粟米草 *Mollugo stricta* L.

21. 石竹科 Caryophyllaceae

无心菜 *Arenaria serpyllifolia* L.

簇生卷耳 *Cerastium fontanum* Baumg. subsp. *vulgare* (Hartm.) Greut. et Burdet

球序卷耳 *Cerastium glomeratum* Thuill.

牛繁缕 *Myosoton aquaticum* (L.) Moench

孩儿参 *Pseudostellaria heterophylla* (Miq.) Pax

漆姑草 *Sagina japonica* (Sw.) Ohwi

繁缕 *Stellaria media* (L.) Cirillo

雀舌草 *Stellaria uliginosa* Murray

22. 毛茛科 Ranunculaceae

女萎 *Clematis apiifolia* DC.

钝齿铁线莲 *Clematis apiifolia* DC. var. *obtusidentata* Rehd. et Wils.

粗齿铁线莲 *Clematis argentilucida* (H. Lév. et Vaniot) W. T. Wang

山木通 *Clematis finetiana* H. Lév. et Vaniot

扬子铁线莲 *Clematis ganpiniana* (H. Lév. et Vaniot) Tamura

单叶铁线莲 *Clematis henryi* Oliv.

柱果铁线莲 *Clematis uncinata* Champ. ex Benth.

短萼黄连 *Coptis chinensis* Franch. var. *brevisepala* W. T. Wang et Hsiao

还亮草 *Delphinium anthriscifolium* Hance

人字果 *Dichocarpum sutchuenense* (Franch.) W. T. Wang et P. K. Hsiao

禺毛茛 *Ranunculus cantoniensis* DC.

毛茛 *Ranunculus japonicus* Thunb.

扬子毛茛 *Ranunculus sieboldii* Miq.

天葵 *Semiaquilegia adoxoides* (DC.) Makino

尖叶唐松草 *Thalictrum acutifolium* (Hand.–Mazz.) B. Boivin

华东唐松草 *Thalictrum fortunei* S. Moore

23. 木通科 Lardizabalaceae

木通 *Akebia quinata* (Houtt.) Decne.

三叶木通 *Akebia trifoliata* (Thunb.) Koidz.

鹰爪枫 *Holboellia coriacea* Diels

大血藤 *Sargentodoxa cuneata* (Oliv.) Rehd. et Wils.

钝药野木瓜 *Stauntonia leucantha* Diels ex Y. C. Wu

尾叶那藤 *Stauntonia obovatifoliola* Hayata subsp. *urophylla* (Hand.–Mazz.) H. N. Qin

24. 小檗科 Berberidaceae

六角莲 *Dysosma pleiantha* (Hance) Woodson

八角莲 *Dysosma versipellis* (Hance) M. Cheng ex Ying

三枝九叶草 *Epimedium sagittatum* (Sieb. et Zucc.) Maxim.

阔叶十大功劳 *Mahonia bealei* (Fortune) Carrière

南天竹 *Nandina domestica* Thunb.

25. 防己科 Menispermaceae

木防己 *Cocculus orbiculatus* (L.) DC.

轮环藤 *Cyclea racemosa* Oliv.

秤钩风 *Diploclisia affinis* (Oliv.) Diels

细圆藤 *Pericampylus glaucus* (Lam.) Merr.

风龙 *Sinomenium acutum* (Thunb.) Rehd. et E. H. Wils.

金线吊乌龟 *Stephania cephalantha* Hayata

26. 木兰科 Magnoliaceae

黄山木兰 *Magnolia cylindrica* E. H. Wilson

凹叶厚朴 *Magnolia officinalis* Rehder et E. H. Wilson subsp. *biloba* (Rehder et E. H. Wilson) Y. W. Law

红毒茴 *Illicium lanceolatum* A. C. Sm.

南五味子 *Kadsura longipedunculata* Finet et Gagnep.

鹅掌楸 *Liriodendron chinense* (Hemsl.) Sarg.

乳源木莲 *Manglietia yuyuanensis* Y. W. Law

深山含笑 *Michelia maudiae* Dunn

野含笑 *Michelia skinneriana* Dunn

粉背五味子 *Schisandra henryi* C. B. Clarke

华中五味子 *Schisandra sphenanthera* Rehder et E. H. Wilson

27. 樟科 Lauraceae

华南桂 *Cinnamomum austrosinense* Hung T. Chang

樟 *Cinnamomum camphora* (L.) J. Presl

浙江樟 *Cinnamomum japonicum* Siebold

香桂 *Cinnamomum subavenium* Miq.

乌药 *Lindera aggregata* (Sims) Kosterm.

红果山胡椒 *Lindera erythrocarpa* Makino

山胡椒 *Lindera glauca* (Siebold et Zucc.) Blume

山橿 *Lindera reflexa* Hemsl.

豹皮樟 *Litsea coreana* H. Lév. var. *sinensis* (Allen) Yen C. Yang et P. H. Huang

山鸡椒 *Litsea cubeba* (Lour.) Pers.

黄丹木姜子 *Litsea elongata* (Nees) Hook. f.

豺皮樟 *Litsea rotundifolia* Hemsl. var. *oblongifolia* (Nees) Allen

黄绒润楠 *Machilus grijsii* Hance

薄叶润楠 *Machilus leptophylla* Hand.–Mazz.

红楠 *Machilus thunbergii* Siebold et Zucc.

绒毛润楠 *Machilus velutina* Champ. ex Benth.

浙江新木姜子 *Neolitsea aurata* (Hayata) Koidz. var. *chekiangensis* (Nakai) Yen C. Yang et P. H. Huang

云和新木姜子 *Neolitsea aurata* (Hayata) Koidz. var. *paraciculata* (Nakai) Yen C. Yang et P. H. Huang

紫楠 *Phoebe sheareri* (Hemsl.) Gamble

28. 罂粟科 Papaveraceae

台湾黄堇 *Corydalis balansae* Prain

夏天无 *Corydalis decumbens* (Thunb.) Pers.

刻叶紫堇 *Corydalis incisa* (Thunb.) Pers.

黄堇 *Corydalis pallida* (Thunb.) Pers.

小花黄堇 *Corydalis racemosa* (Thunb.) Pers.

血水草 *Eomecon chionantha* Hance

博落回 *Macleaya cordata* (Willd.) R. Br.

29. 十字花科 Cruciferae

荠 *Capsella bursa-pastoris* (L.) Medik.

弯曲碎米荠 *Cardamine flexuosa* With.

碎米荠 *Cardamine hirsuta* L.

北美独行菜 *Lepidium virginicum* L.

蔊菜 *Rorippa indica* (L.) Hiern

30. 伯乐树科 Bretschneideraceae

伯乐树 *Bretschneidera sinensis* Hemsl.

31. 茅膏菜科 Droseraceae

茅膏菜 *Drosera peltata* Sm. ex Willd.

匙叶茅膏菜 *Drosera spathulata* Labill.

32. 景天科 Crassulaceae

东南景天 *Sedum alfredii* Hance

珠芽景天 *Sedum bulbiferum* Makino

凹叶景天 *Sedum emarginatum* Migo

圆叶景天 *Sedum makinoi* Maxim.

垂盆草 *Sedum sarmentosum* Bunge

33. 虎耳草科 Saxifragaceae

大落新妇 *Astilbe grandis* Stapf ex E. H. Wils.

宁波溲疏 *Deutzia ningpoensis* Rehd.

中国绣球 *Hydrangea chinensis* Maxim.

圆锥绣球 *Hydrangea paniculata* Sieb.

蜡莲绣球 *Hydrangea rosthornii* Diels

矩叶鼠刺 *Itea oblonga* Hand.–Mazz.

冠盖藤 *Pileostegia viburnoides* Hook. f. et Thoms.

虎耳草 *Saxifraga stolonifera* Curtis

34. 海桐花科 Pittosporaceae

海金子 *Pittosporum illicioides* Makino

35. 金缕梅科 Hamamelidaceae

蜡瓣花 *Corylopsis sinensis* Hemsl.

杨梅叶蚊母树 *Distylium myricoides* Hemsl.

缺萼枫香树 *Liquidambar acalycina* H. T. Chang

枫香树 *Liquidambar formosana* Hance

檵木 *Loropetalum chinense* (R. Br.) Oliv.

36. 蔷薇科 Rosaceae

托叶龙芽草 *Agrimonia coreana* Nakai

龙芽草 *Agrimonia pilosa* Ledeb.

桃 *Amygdalus persica* L.

麦李 *Cerasus glandulosa* (Thunb.) Loisel.

野山楂 *Crataegus cuneata* Siebold et Zucc.

皱果蛇莓 *Duchesnea chrysantha* (Zoll. et Moritzi) Miq.

蛇莓 *Duchesnea indica* (Andrews) Focke

刺叶桂樱 *Laurocerasus spinulosa* (Siebold et Zucc.) C. K. Schneid.

台湾林檎 *Malus doumeri* (Bois) A. Chev.

湖北海棠 *Malus hupehensis* (Pamp.) Rehder

中华石楠 *Photinia beauverdiana* C. K. Schneid.

光叶石楠 *Photinia glabra* (Thunb.) Maxim.

伞花石楠 *Photinia parvifolia* (E. Pritz.) C. K. Schneid.

石楠 *Photinia serrulata* Lindl.

三叶委陵菜 *Potentilla freyniana* Bornm.

蛇含委陵菜 *Potentilla kleiniana* Wight et Arn.

豆梨 *Pyrus calleryana* Decne.

石斑木 *Rhaphiolepis indica* (L.) Lindl. ex Ker

小果蔷薇 *Rosa cymosa* Tratt.

软条七蔷薇 *Rosa henryi* Boulenger

金樱子 *Rosa laevigata* Michx.

野蔷薇 *Rosa multiflora* Thunb.

粉团蔷薇 *Rosa multiflora* Thunb. var. *cathayensis* Rehd. et Wils.

腺毛莓 *Rubus adenophorus* Rolfe

粗叶悬钩子 *Rubus alceifolius* Poir.

周毛悬钩子 *Rubus amphidasys* Focke

寒莓 *Rubus buergeri* Miq.

掌叶覆盆子 *Rubus chingii* Hu

山莓 *Rubus corchorifolius* L. f.

插田泡 *Rubus coreanus* Miq.

蓬蘽 *Rubus hirsutus* Thunb.

白叶莓 *Rubus innominatus* S. Moore

灰毛泡 *Rubus irenaeus* Focke

高粱泡 *Rubus lambertianus* Ser.

太平莓 *Rubus pacificus* Hance

茅莓 *Rubus parvifolius* L.

锈毛莓 *Rubus reflexus* Ker Gawl.

空心泡 *Rubus rosifolius* Sm.

红腺悬钩子 *Rubus sumatranus* Miq.

木莓 *Rubus swinhoei* Hance

三花悬钩子 *Rubus trianthus* Focke

石灰花楸 *Sorbus folgneri* (C. K. Schneid.) Rehder

绣球绣线菊 *Spiraea blumei* G. Don

中华绣线菊 *Spiraea chinensis* Maxim.

粉花绣线菊 *Spiraea japonica* L. f.

珍珠绣线菊 *Spiraea thunbergii* Siebold ex Blume

37. 豆科 Leguminosae

合萌 *Aeschynomene indica* L.

合欢 *Albizia julibrissin* Durazz.

山槐 *Albizia kalkora* (Roxb.) Prain

三籽两型豆 *Amphicarpaea trisperma* (Miq.) Baker ex Jacks.

土圞儿 *Apios fortunei* Maxim.

云实 *Caesalpinia decapetala* (Roth) Alston

春云实 *Caesalpinia vernalis* Benth.

香花崖豆藤 *Millettia dielsiana* Harms

网络崖豆藤 *Millettia reticulata* Benth.

杭子梢 *Campylotropis macrocarpa* (Bunge) Rehder

豆茶决明 *Cassia nomame* (Siebold) Kitag.

决明 *Cassia tora* L.

香槐 *Cladrastis wilsonii* Takeda

农吉利 *Crotalaria sessiliflora* L.

黄檀 *Dalbergia hupeana* Hance

香港黄檀 *Dalbergia millettii* Benth.

中南鱼藤 *Derris fordii* Oliv.

小槐花 *Desmodium caudatum* (Thunb.) DC.

假地豆 *Desmodium heterocarpon* (L.) DC.

野大豆 *Glycine soja* Siebold et Zuccarini

肥皂荚 *Gymnocladus chinensis* Baill.

庭藤 *Indigofera decora* Lindl.

宁波木蓝 *Indigofera decora* Lindl. var. *cooperi* (Craib) Y. Y. Fang et C. Z. Zheng

长萼鸡眼草 *Kummerowia stipulacea* (Maxim.) Makino

鸡眼草 *Kummerowia striata* (Thunb.) Schindl.

胡枝子 *Lespedeza bicolor* Turcz.

中华胡枝子 *Lespedeza chinensis* G. Don

截叶铁扫帚 *Lespedeza cuneata* (Dum. Cours.) G. Don

春花胡枝子 *Lespedeza dunnii* Schindl.

铁马鞭 *Lespedeza pilosa* (Thunb.) Sieb. et Zucc.

美丽胡枝子 *Lespedeza thunbergii* (DC.) Nakai subsp. *formosa* (Vogel) H. Ohashi

草木犀 *Melilotus officinalis* (L.) Pall.

常春油麻藤 *Mucuna sempervirens* Hemsl.

花榈木 *Ormosia henryi* Prain

长柄山蚂蝗 *Podocarpium podocarpum* (DC.) Y. C. Yang et P. H. Huang

尖叶长柄山蚂蝗 *Podocarpium podocarpum* (DC.) Y. C. Yang et P. H. Huang var. *oxyphyllum* (DC.) Y. C. Yang et P. H. Huang

野葛 *Pueraria lobata* (Willd.) Ohwi

菱叶鹿藿 *Rhynchosia dielsii* Harms ex Diels

鹿藿 *Rhynchosia volubilis* Lour.

苦参 *Sophora flavescens* Aiton

小巢菜 *Vicia hirsuta* (L.) Gray

救荒野豌豆 *Vicia sativa* L.

四籽野豌豆 *Vicia tetrasperma* (L.) Schreb.

山绿豆 *Vigna minima* (Roxb.) Ohwi et Ohashi

野豇豆 *Vigna vexillata* (L.) Rich.

紫藤 *Wisteria sinensis* (Sims) Sweet

38. 酢浆草科 Oxalidaceae

酢浆草 *Oxalis corniculata* L.

直酢浆草 *Oxalis stricta* L.

39. 牻牛儿苗科 Geraniaceae

野老鹳草 *Geranium carolinianum* L.

东亚老鹳草 *Geranium nepalense* Sweet var. *thunbergii* (Sieb. ex Lindl. et Paxt.) Kudô

40. 古柯科 Erythroxylaceae

东方古柯 *Erythroxylum sinense* Y. C. Wu

41. 芸香科 Rutaceae

楝叶吴萸 *Evodia glabrifolia* (Champ. ex Benth.) Huang

竹叶椒 *Zanthoxylum armatum* DC.

朵椒 *Zanthoxylum molle* Rehd.

大叶臭椒 *Zanthoxylum myriacanthum* Wall. ex Hook. f.

花椒簕 *Zanthoxylum scandens* Bl.

青花椒 *Zanthoxylum schinifolium* Sieb. et Zucc.

42. 苦木科 Simaroubaceae

臭椿 *Ailanthus altissima* (Mill.) Swingle

苦木 *Picrasma quassioides* (D. Don) Benn.

43. 楝科 Meliaceae

苦楝 *Melia azedarach* L.

香椿 *Toona sinensis* (Juss.) M. Roem.

44. 远志科 Polygalaceae

香港远志 *Polygala hongkongensis* Hemsl.

狭叶香港远志 *Polygala hongkongensis* Hemsl. var. *stenophylla* Migo

45. 大戟科 Euphorbiaceae

铁苋菜 *Acalypha australis* L.

短穗铁苋菜 *Acalypha brachystachya* Hornem.

地锦草 *Euphorbia humifusa* Willd.

斑地锦 *Euphorbia maculata* L.

大戟 *Euphorbia pekinensis* Rupr.

算盘子 *Glochidion puberum* (L.) Hutch.

白背叶 *Mallotus apelta* (Lour.) Müll. Arg.

野桐 *Mallotus japonicus* (L. f.) Müll. Arg. var. *floccosus* (Müll. Arg.) Hwang

杠香藤 *Mallotus repandus* (Willd.) Muell. Arg.

青灰叶下珠 *Phyllanthus glaucus* Wall. ex Müll. Arg.

叶下珠 *Phyllanthus urinaria* L.

蜜柑草 *Phyllanthus ussuriensis* Rupr. et Maxim.

山乌桕 *Sapium discolor* (Champ. ex Benth.) Müll. Arg.

白木乌桕 *Sapium japonicum* (Sieb. et Zucc.) Pax et K. Hoffm.

乌桕 *Sapium sebiferum* (L.) Roxb.

油桐 *Vernicia fordii* (Hemsl.) Airy-Shaw

木油桐 *Vernicia montana* Lour.

46. 虎皮楠科 Daphniphyllaceae

交让木 *Daphniphyllum macropodum* Miq.

虎皮楠 *Daphniphyllum oldhamii* (Hemsl.) K. Rosenthal

47. 漆树科 Anacardiaceae

南酸枣 *Choerospondias axillaris* (Roxb.) B. L. Burtt et A. W. Hill

盐肤木 *Rhus chinensis* Mill.

野漆 *Toxicodendron succedaneum* (L.) Kuntze

木蜡树 *Toxicodendron sylvestre* (Siebold et Zucc.) Kuntze

毛漆树 *Toxicodendron trichocarpum* (Miq.) Kuntze

48. 冬青科 Aquifoliaceae

秤星树 *Ilex asprella* (Hook. et Arn.) Champ. ex Benth.

冬青 *Ilex chinensis* Sims

枸骨 *Ilex cornuta* Lindl. et Paxton

榕叶冬青 *Ilex ficoidea* Hemsl.

大叶冬青 *Ilex latifolia* Thunb.

亮叶冬青 *Ilex nitidissima* C. J. Tseng

毛冬青 *Ilex pubescens* Hook. et Arn.

铁冬青 *Ilex rotunda* Thunb.

毛梗铁冬青 *Ilex rotunda* Thunb. var. *microcarpa* (Lindl. ex Paxton) S. Y. Hu

三花冬青 *Ilex triflora* Blume

49. 卫矛科 Celastraceae

过山枫 *Celastrus aculeatus* Merr.

大芽南蛇藤 *Celastrus gemmatus* Loes.

窄叶南蛇藤 *Celastrus oblanceifolius* F. T. Wang et P. C. Tsoong

短梗南蛇藤 *Celastrus rosthornianus* Loes.

刺果卫矛 *Euonymus acanthocarpus* Franch.

卫矛 *Euonymus alatus* (Thunb.) Siebold

肉花卫矛 *Euonymus carnosus* Hemsl.

百齿卫矛 *Euonymus centidens* H. L é v.

鸦椿卫矛 *Euonymus euscaphis* Hand.–Mazz.

大果卫矛 *Euonymus myrianthus* Hemsl.

矩叶卫矛 *Euonymus oblongifolius* Loes. et Rehder

无柄卫矛 *Euonymus subsessilis* Sprague

雷公藤 *Tripterygium wilfordii* Hook. f.

50. 省沽油科 Staphyleaceae

野鸦椿 *Euscaphis japonica* (Thunb.) Kanitz

绒毛锐尖山香圆 *Turpinia arguta* (Lindl.) Seem. var. *pubescens* T. Z. Hsu

51. 槭树科 Aceraceae

青榨槭 *Acer davidii* Franch.

秀丽槭 *Acer elegantulum* W. P. Fang et P . L. Chiu

苦茶槭 *Acer ginnala* Maxim. subsp. *theiferum* (Fang) Fang

52. 清风藤科 Sabiaceae

红柴枝 *Meliosma oldhamii* Maxim.

笔罗子 *Meliosma rigida* Sieb. et Zucc.

鄂西清风藤 *Sabia campanulata* Wall. ex Roxb. subsp. *ritchieae* (Rehd. et Wils.) Y. F. Wu

白背清风藤 *Sabia discolor* Dunn

清风藤 *Sabia japonica* Maxim.

尖叶清风藤 *Sabia swinhoei* Hemsl. ex Forb. et Hemsl.

53. 凤仙花科 Balsaminaceae

牯岭凤仙花 *Impatiens davidii* Franch.

54. 鼠李科 Rhamnaceae

多花勾儿茶 *Berchemia floribunda* (Wall.) Brongn.

牯岭勾儿茶 *Berchemia kulingensis* C. K. Schneid.

枳椇 *Hovenia acerba* Lindl.

光叶毛果枳椇 *Hovenia trichocarpa* Chun et Tsiang var. *robusta* (Nakai et Kimura) Y. L. Chen et P. K. Chou

长叶冻绿 *Rhamnus crenata* Siebold et Zucc.

刺鼠李 *Rhamnus dumetorum* C. K. Schneid.

刺藤子 *Sageretia melliana* Hand.–Mazz.

雀梅藤 *Sageretia thea* (Osbeck) M. C. Johnst.

55. 葡萄科 Vitaceae

广东蛇葡萄 *Ampelopsis cantoniensis* (Hook. et Arn.) K. Koch

异叶蛇葡萄 *Ampelopsis heterophylla* Siebold et Zucc.

牯岭蛇葡萄 *Ampelopsis heterophylla* Siebold et Zucc. var. *kulingensis* (Rehd.) C. L. Li

乌蔹莓 *Cayratia japonica* (Thunb.) Gagnep.

异叶爬山虎 *Parthenocissus dalzielii* Gagnep.

绿爬山虎 *Parthenocissus laetevirens* Rehder

三叶崖爬藤 *Tetrastigma hemsleyanum* Diels et Gilg

东南葡萄 *Vitis chunganensis* Hu

刺葡萄 *Vitis davidii* (Rom. Caill.) Foëx

葛藟葡萄 *Vitis flexuosa* Thunb.

毛葡萄 *Vitis heyneana* Roem. et Schult.

56. 杜英科 Elaeocarpaceae

中华杜英 *Elaeocarpus chinensis* (Gardner et Champ.) Hook. f. ex Benth.

猴欢喜 *Sloanea sinensis* (Hance) Hemsl.

57. 椴树科 Tiliaceae

田麻 *Corchoropsis tomentosa* (Thunb.) Makino

甜麻 *Corchorus aestuans* L.

扁担杆 *Grewia biloba* G. Don

椴树 *Tilia tuan* Szyszyl.

单毛刺蒴麻 *Triumfetta annua* L.

58. 锦葵科 Malvaceae

地桃花 *Urena lobata* L.

59. 梧桐科 Sterculiaceae

梧桐 *Firmiana platanifolia* (L. f.) Marsili

马松子 *Melochia corchorifolia* L.

60. 猕猴桃科 Actinidiaceae

软枣猕猴桃 *Actinidia arguta* (Siebold et Zucc.) Planch. ex Miq.

异色猕猴桃 *Actinidia callosa* Lindl. var. *discolor* C. F. Liang

中华猕猴桃 *Actinidia chinensis* Planch.

毛花猕猴桃 *Actinidia eriantha* Benth.

长叶猕猴桃 *Actinidia hemsleyana* Dunn

小叶猕猴桃 *Actinidia lanceolata* Dunn

安息香猕猴桃 *Actinidia styracifolia* C. F. Liang

对萼猕猴桃 *Actinidia valvata* Dunn

61. 山茶科 Theaceae

黄瑞木 *Adinandra millettii* (Hook. et Arn.) Benth. et Hook. f. ex Hance

浙江红山茶 *Camellia chekiangoleosa* Hu

尖连蕊茶 *Camellia cuspidata* (Kochs) H. J. Veitch

毛柄连蕊茶 *Camellia fraterna* Hance

油茶 *Camellia oleifera* Abel

茶 *Camellia sinensis* (L.) Kuntze

翅柃 *Eurya alata* Kobuski

微毛柃 *Eurya hebeclados* Ling

细枝柃 *Eurya loquaiana* Dunn

细齿叶柃 *Eurya nitida* Korth.

窄基红褐柃 *Eurya rubiginosa* H. T. Chang var. *attenuata* H. T. Chang

木荷 *Schima superba* Gardner et Champ.

厚皮香 *Ternstroemia gymnanthera* (Wight et Arn.) Bedd.

62. 藤黄科 Guttiferae

小连翘 *Hypericum erectum* Thunb. ex Murray

扬子小连翘 *Hypericum faberi* R. Keller

地耳草 *Hypericum japonicum* Thunb. ex Murray

元宝草 *Hypericum sampsonii* Hance

密腺小连翘 *Hypericum seniawinii* Maxim.

63. 堇菜科 Violaceae

戟叶堇菜 *Viola betonicifolia* J. E. Smith

深圆齿堇菜 *Viola davidii* Franch.

七星莲 *Viola diffusa* Ging.

紫花堇菜 *Viola grypoceras* A. Gray

长萼堇菜 *Viola inconspicua* Blume

犁头草 *Viola japonica* Langsdorff ex Candolle

紫花地丁 *Viola philippica* Cav.

庐山堇菜 *Viola stewardiana* W. Beck.

三角叶堇菜 *Viola triangulifolia* W. Beck.

堇菜 *Viola verecunda* A. Gray

64. 大风子科 Flacourtiaceae

山桐子 *Idesia polycarpa* Maxim.

柞木 *Xylosma racemosa* (Sieb. et Zucc.) Miq.

65. 旌节花科 Stachyuraceae

中国旌节花 *Stachyurus chinensis* Franch.

66. 瑞香科 Thymelaeaceae

毛瑞香 *Daphne kiusiana* Miq. var. *atrocaulis* (Rehd.) Maek.

北江荛花 *Wikstroemia monnula* Hance

67. 胡颓子科 Elaeagnaceae

巴东胡颓子 *Elaeagnus difficilis* Servett.

蔓胡颓子 *Elaeagnus glabra* Thunb.

宜昌胡颓子 *Elaeagnus henryi* Warb. ex Diels

胡颓子 *Elaeagnus pungens* Thunb.

牛奶子 *Elaeagnus umbellata* Thunb.

68. 千屈菜科 Lythraceae

紫薇 *Lagerstroemia indica* L.

69. 蓝果树科 Nyssaceae

蓝果树 *Nyssa sinensis* Oliv.

70. 八角枫科 Alangiaceae

八角枫 *Alangium chinense* (Lour.) Harms

毛八角枫 *Alangium kurzii* Craib

云山八角枫 *Alangium kurzii* Crdib var. *handelii* (Schnarf) Fang

71. 桃金娘科 Myrtaceae

赤楠 *Syzygium buxifolium* Hook. et Arn.

轮叶蒲桃 *Syzygium grijsii* (Hance) Merr. et Perry

72. 野牡丹科 Melastomataceae

秀丽野海棠 *Bredia amoena* Diels

鸭脚茶 *Bredia sinensis* (Diels) H. L. Li

肥肉草 *Fordiophyton fordii* (Oliv.) Krasser

地菍 *Melastoma dodecandrum* Lour.

楮头红 *Sarcopyramis napalensis* Wall.

73. 柳叶菜科 Onagraceae

牛泷草 *Circaea cordata* Royle

南方露珠草 *Circaea mollis* Siebold et Zucc.

74. 小二仙草科 Haloragaceae

小二仙草 *Haloragis micrantha* (Thunb.) R. Br.

75. 五加科 Araliaceae

楤木 *Aralia chinensis* L.

头序楤木 *Aralia dasyphylla* Miq.

棘茎楤木 *Aralia echinocaulis* Hand.-Mazz.

树参 *Dendropanax dentiger* (Harms) Merr.

吴茱萸五加 *Acanthopanax evodiifolius* Franch.

细柱五加 *Acanthopanax gracilistylus* W. W. Sm.

中华常春藤 *Hedera helix* L.

刺楸 *Kalopanax septemlobus* (Thunb.) Koidz.

76. 伞形科 Umbelliferae

紫花前胡 *Angelica decursiva* (Miq.) Franch. et Sav.

福参 *Angelica morii* Hayata

积雪草 *Centella asiatica* (L.) Urb.

鸭儿芹 *Cryptotaenia japonica* Hassk.

中华天胡荽 *Hydrocotyle chinensis* (Dunn ex Shan et S. L. Liou) Craib

红马蹄草 *Hydrocotyle nepalensis* Hook.

天胡荽 *Hydrocotyle sibthorpioides* Lam.

藁本 *Ligusticum sinense* Oliv.

水芹 *Oenanthe javanica* (Bl.) DC.

前胡 *Peucedanum praeruptorum* Dunn

异叶茴芹 *Pimpinella diversifolia* DC.

变豆菜 *Sanicula chinensis* Bunge

薄片变豆菜 *Sanicula lamelligera* Hance

小窃衣 *Torilis japonica* (Houtt.) DC.

窃衣 *Torilis scabra* (Thunb.) DC.

77. 山茱萸科 Cornaceae

灯台树 *Bothrocaryum controversum* (Hemsl.) Pojark.

秀丽四照花 *Dendrobenthamia elegans* W. P. Fang et Y. T. Hsieh

青荚叶 *Helwingia japonica* (Thunb.) F. Dietr.

78. 鹿蹄草科 Pyrolaceae

鹿蹄草 *Pyrola calliantha* H. Andr.

普通鹿蹄草 *Pyrola decorata* H. Andr.

79. 杜鹃花科 Ericaceae

毛果珍珠花 *Lyonia ovalifolia* (Wall.) Drude var. *hebecarpa* (Franch. ex Forb. et Hemsl.) Chun

马醉木 *Pieris japonica* (Thunb.) D. Don ex G. Don

鹿角杜鹃 *Rhododendron latoucheae* Franch.

满山红 *Rhododendron mariesii* Hemsl. et Wils.

马银花 *Rhododendron ovatum* (Lindl.) Planch. ex Maxim.

杜鹃 *Rhododendron simsii* Planch.

南烛 *Vaccinium bracteatum* Thunb.

短尾越橘 *Vaccinium carlesii* Dunn

黄背越橘 *Vaccinium iteophyllum* Hance

扁枝越橘 *Vaccinium japonicum* Miq. var. *sinicum* (Nakai) Rehd.

江南越橘 *Vaccinium mandarinorum* Diels

刺毛越橘 *Vaccinium trichocladum* Merr. et F. P. Metcalf

80. 紫金牛科 Myrsinaceae

九管血 *Ardisia brevicaulis* Diels

朱砂根 *Ardisia crenata* Sims

大罗伞树 *Ardisia hanceana* Mez

网脉酸藤子 *Embelia rudis* Hand.-Mazz.

杜茎山 *Maesa japonica* (Thunb.) Moritzi et Zoll.

光叶铁仔 *Myrsine stolonifera* (Koidz.) E. Walker

81. 报春花科 Primulaceae

点地梅 *Androsace umbellata* (Lour.) Merr.

过路黄 *Lysimachia christiniae* Hance

聚花过路黄 *Lysimachia congestiflora* Hemsl.

星宿菜 *Lysimachia fortunei* Maxim.

福建过路黄 *Lysimachia fukienensis* Hand.-Mazz.

点腺过路黄 *Lysimachia hemsleyana* Maxim. ex Oliv.

长梗过路黄 *Lysimachia longipes* Hemsl.

巴东过路黄 *Lysimachia patungensis* Hand.-Mazz.

红毛过路黄 *Lysimachia rufopilosa* Y. Y. Fang et C. Z. Zheng

82. 柿科 Ebenaceae

浙江柿 *Diospyros montana* Roxb.

野柿 *Diospyros kaki* Thunb. var. *silvestris* Makino

83. 山矾科 Symplocaceae

薄叶山矾 *Symplocos anomala* Brand

总状山矾 *Symplocos botryantha* Franch.

华山矾 *Symplocos chinensis* (Lour.) Druce

南岭山矾 *Symplocos confusa* Brand

密花山矾 *Symplocos congesta* Benth.

光叶山矾 *Symplocos lancifolia* Siebold et Zucc.

四川山矾 *Symplocos setchuensis* Brand

老鼠矢 *Symplocos stellaris* Brand

山矾 *Symplocos sumuntia* Buch.–Ham. ex D. Don

84. 安息香科 Styracaceae

赤杨叶 *Alniphyllum fortunei* (Hemsl.) Makino

赛山梅 *Styrax confusus* Hemsl.

垂珠花 *Styrax dasyanthus* Perkins

芬芳安息香 *Styrax odoratissimus* Champ.

85. 木犀科 Oleaceae

苦枥木 *Fraxinus insularis* Hemsl.

清香藤 *Jasminum lanceolarium* Roxb.

华素馨 *Jasminum sinense* Hemsl.

女贞 *Ligustrum lucidum* W. T. Aiton

小蜡 *Ligustrum sinense* Lour.

宁波木犀 *Osmanthus cooperi* Hemsl.

木犀 *Osmanthus fragrans* (Thunb.) Lour.

牛矢果 *Osmanthus matsumuranus* Hayata

86. 马钱科 Loganiaceae

醉鱼草 *Buddleja lindleyana* Fortune

蓬莱葛 *Gardneria multiflora* Makino

87. 龙胆科 Gentianaceae

五岭龙胆 *Gentiana davidii* Franch.

獐牙菜 *Swertia bimaculata* (Sieb. et Zucc.) Hook. f. et Thoms. ex C. B. Clarke

浙江獐牙菜 *Swertia hickinii* Burk.

华双蝴蝶 *Tripterospermum chinense* (Migo) H. Smith

88. 夹竹桃科 Apocynaceae

念珠藤 *Alyxia sinensis* Champ. ex Benth.

毛药藤 *Sindechites henryi* Oliv.

紫花络石 *Trachelospermum axillare* Hook. f.

络石 *Trachelospermum jasminoides* (Lindl.) Lem.

89. 萝藦科 Asclepiadaceae

青龙藤 *Biondia henryi* (Warb.) Tsiang et P. T. Li

折冠牛皮消 *Cynanchum auriculatum* Royle ex Wight

七层楼 *Tylophora floribunda* Miq.

贵州娃儿藤 *Tylophora silvestris* Tsiang

90. 旋花科 Convolvulaceae

打碗花 *Calystegia hederacea* Wall.

旋花 *Calystegia sepium* (L.) R. Br.

菟丝子 *Cuscuta chinensis* Lam.

金灯藤 *Cuscuta japonica* Choisy

马蹄金 *Dichondra repens* J. R. Forst. et G. Forst.

91. 紫草科 Boraginaceae

柔弱斑种草 *Bothriospermum tenellum* (Hornem.) Fisch. et C. A. Mey.

琉璃草 *Cynoglossum zeylanicum* (Vahl ex Hornem.) Thunb. ex Lehm.

厚壳树 *Ehretia thyrsiflora* (Sieb. et Zucc.) Nakai

浙赣车前紫草 *Sinojohnstonia chekiangensis* (Migo) W. T. Wang

附地菜 *Trigonotis peduncularis* (Trevis.) Benth. ex Baker et S. Moore

92. 马鞭草科 Verbenaceae

短柄紫珠 *Callicarpa brevipes* (Benth.) Hance

华紫珠 *Callicarpa cathayana* C. H. Chang

杜虹花 *Callicarpa formosana* Rolfe

老鸦糊 *Callicarpa giraldii* Hesse ex Rehder

日本紫珠 *Callicarpa japonica* Thunb.

长柄紫珠 *Callicarpa longipes* Dunn

红紫珠 *Callicarpa rubella* Lindl.

大青 *Clerodendrum cyrtophyllum* Turcz.

尖齿臭茉莉 *Clerodendrum lindleyi* Decne. ex Planch.

海州常山 *Clerodendrum trichotomum* Thunb.

豆腐柴 *Premna microphylla* Turcz.

马鞭草 *Verbena officinalis* L.

牡荆 *Vitex negundo* L. var. *cannabifolia* (Sieb. et Zucc.) Hand.–Mazz.

93. 唇形科 Labiatae

金疮小草 *Ajuga decumbens* Thunb.

紫背金盘 *Ajuga nipponensis* Makino

风轮菜 *Clinopodium chinense* (Benth.) Kuntze

细风轮菜 *Clinopodium gracile* (Benth.) Matsum.

紫花香薷 *Elsholtzia argyi* H. L é v.

小野芝麻 *Galeobdolon chinense* (Benth.) C. Y. Wu

活血丹 *Glechoma longituba* (Nakai) Kuprian.

香茶菜 *Rabdosia amethystoides* (Benth.) H. Hara

内折香茶菜 *Rabdosia inflexa* (Thunb.) H. Hara

线纹香茶菜 *Rabdosia lophanthoides* (Buch.–Ham. ex D. Don) H. Hara

大萼香茶菜 *Rabdosia macrocalyx* (Dunn) H. Hara

显脉香茶菜 *Rabdosia nervosa* (Hemsl.) C. Y. Wu et H. W. Li

野芝麻 *Lamium barbatum* Sieb. et Zucc.

益母草 *Leonurus artemisia* (Lour.) S. Y. Hu

薄荷 *Mentha haplocalyx* Briq.

小花荠苎 *Mosla cavaleriei* H. Lév.

石香薷 *Mosla chinensis* Maxim.

小鱼仙草 *Mosla dianthera* (Buch.–Ham. ex Roxb.) Maxim.

石荠苎 *Mosla scabra* (Thunb.) C. Y. Wu et H. W. Li

紫苏 *Perilla frutescens* (L.) Britton

野生紫苏 *Perilla frutescens* (L.) Britton var. *acuta* (Odash.) Kudô

夏枯草 *Prunella vulgaris* L.

南丹参 *Salvia bowleyana* Dunn

华鼠尾草 *Salvia chinensis* Benth.

鼠尾草 *Salvia japonica* Thunb.

荔枝草 *Salvia plebeia* R. Br.

半枝莲 *Scutellaria barbata* D. Don

韩信草 *Scutellaria indica* L.

地蚕 *Stachys geobombycis* C. Y. Wu

庐山香科科 *Teucrium pernyi* Franch.

血见愁 *Teucrium viscidum* Bl.

94. 茄科 Solanaceae

白英 *Solanum lyratum* Thunb.

龙葵 *Solanum nigrum* L.

少花龙葵 *Solanum photeinocarpum* Nakam. et Odash.

龙珠 *Tubocapsicum anomalum* (Franch. et Sav.) Makino

95. 玄参科 Scrophulariaceae

泥花草 *Lindernia antipoda* (L.) Alston

母草 *Lindernia crustacea* (L.) F. Muell.

陌上菜 *Lindernia procumbens* (Krock.) Philcox

通泉草 *Mazus japonicus* (Thunb.) Kuntze

台湾泡桐 *Paulownia kawakamii* T. Itô

天目地黄 *Rehmannia chingii* Li

腺毛阴行草 *Siphonostegia laeta* S. Moore

光叶蝴蝶草 *Torenia glabra* Osbeck

紫萼蝴蝶草 *Torenia violacea* (Azaola ex Blanco) Pennell

直立婆婆纳 *Veronica arvensis* L.

婆婆纳 *Veronica didyma* Ten.

多枝婆婆纳 *Veronica javanica* Bl.

波斯婆婆纳 *Veronica persica* Poir.

爬岩红 *Veronicastrum axillare* (Sieb. et Zucc.) T. Yamaz.

毛叶腹水草 *Veronicastrum villosulum* (Miq.) T. Yamaz.

96. 列当科 Orobanchaceae

中国野菰 *Aeginetia sinensis* Beck

97. 苦苣苔科 Gesneriaceae

旋蒴苣苔 *Boea hygrometrica* (Bunge) R. Br.

浙皖粗筒苣苔 *Briggsia chienii* Chun

半蒴苣苔 *Hemiboea henryi* C. B. Clarke

吊石苣苔 *Lysionotus pauciflorus* Maxim.

98. 狸藻科 Lentibulariaceae

挖耳草 *Utricularia bifida* L.

99. 爵床科 Acanthaceae

圆苞杜根藤 *Calophanoides chinensis* (Benth.) C. Y. Wu et Lo

九头狮子草 *Peristrophe japonica* (Thunb.) Bremek.

爵床 *Rostellularia procumbens* (L.) Nees

100. 透骨草科 Phrymaceae

透骨草 *Phryma leptostachya* L. subsp. *asiatica* (Hara) Kitamura

101. 车前科 Plantaginaceae

车前 *Plantago asiatica* L.

102. 茜草科 Rubiaceae

水团花 *Adina pilulifera* (Lam.) Franch. ex Drake

细叶水团花 *Adina rubella* Hance

流苏子 *Coptosapelta diffusa* (Champ. ex Benth.) Steenis

短刺虎刺 *Damnacanthus giganteus* (Makino) Nakai

虎刺 *Damnacanthus indicus* C. F. Gaertn.

狗骨柴 *Diplospora dubia* (Lindl.) Masam.

香果树 *Emmenopterys henryi* Oliv.

猪殃殃 *Galium aparine* L. var. *tenerum* (Gren. et Godr.) Rchb.

四叶葎 *Galium bungei* Steud.

栀子 *Gardenia jasminoides* J. Ellis

金毛耳草 *Hedyotis chrysotricha* (Palib.) Merr.

榄绿粗叶木 *Lasianthus japonicus* Miq. var. *lancilimbus* (Merr.) Lo

羊角藤 *Morinda umbellata* L. subsp. *obovata* Y. Z. Ruan

大叶白纸扇 *Mussaenda esquirolii* Levl.

玉叶金花 *Mussaenda pubescens* W. T. Aiton

薄叶新耳草 *Neanotis hirsuta* (L. f.) W. H. Lewis

日本蛇根草 *Ophiorrhiza japonica* Bl.

鸡矢藤 *Paederia scandens* (Lour.) Merr.

毛鸡矢藤 *Paederia scandens* (Lour.) Merr. var. *tomentosa* (Bl.) Hand.–Mazz

茜草 *Rubia argyi* (Levl. et Vant) Hara ex L. A. Lauener et D. K. Ferguson

卵叶茜草 *Rubia ovatifolia* Z. Y. Zhang

白马骨 *Serissa serissoides* (DC.) Druce

白花苦灯笼 *Tarenna mollissima* (Hook. et Arn.) B. L. Rob.

钩藤 *Uncaria rhynchophylla* (Miq.) Miq. ex Havil.

103. 忍冬科 Caprifoliaceae

菰腺忍冬 *Lonicera hypoglauca* Miq.

忍冬 *Lonicera japonica* Thunb.

灰毡毛忍冬 *Lonicera macranthoides* Hand.–Mazz.

短柄忍冬 *Lonicera pampaninii* H. Lév.

细毡毛忍冬 *Lonicera similis* Hemsl.

荚蒾 *Viburnum dilatatum* Thunb.

宜昌荚蒾 *Viburnum erosum* Thunb.

南方荚蒾 *Viburnum fordiae* Hance

蝴蝶荚蒾 *Viburnum plicatum* Thunb. var. *tomentosum* Miq.

球核荚蒾 *Viburnum propinquum* Hemsl.

茶荚蒾 *Viburnum setigerum* Hance

合轴荚蒾 *Viburnum sympodiale* Graebn.

半边月 *Weigela japonica* Thunb. var. *sinica* (Rehd.) Bailey

104. 败酱科 Valerianaceae

败酱 *Patrinia scabiosifolia* Fisch. ex Trevir.

白花败酱 *Patrinia villosa* (Thunb.) Juss.

105. 葫芦科 Cucurbitaceae

绞股蓝 *Gynostemma pentaphyllum* (Thunb.) Makino

王瓜 *Trichosanthes cucumeroides* (Ser.) Maxim.

栝楼 *Trichosanthes kirilowii* Maxim.

106. 桔梗科 Campanulaceae

中华沙参 *Adenophora sinensis* A. DC.

金钱豹 *Campanumoea javanica* Blume

羊乳 *Codonopsis lanceolata* (Siebold et Zucc.) Benth. et Hook. f. ex Trautv.

半边莲 *Lobelia chinensis* Lour.

江南山梗菜 *Lobelia davidii* Franch.

东南山梗菜 *Lobelia melliana* E. Wimm.

袋果草 *Peracarpa carnosa* Hook. f. et Thomson

蓝花参 *Wahlenbergia marginata* (Thunb.) A. DC.

107. 菊科 Asteraceae

下田菊 *Adenostemma lavenia* (L.) O. Kuntze

宽叶下田菊 *Adenostemma lavenia* (L.) O. Kuntze var. *latifolium* (D. Don) Hand.–Mazz.

藿香蓟 *Ageratum conyzoides* L.

熊耳草 *Ageratum houstonianum* Mill.

杏香兔儿风 *Ainsliaea fragrans* Champ. ex Benth.

灯台兔儿风 *Ainsliaea macroclinidioides* Hayata

奇蒿 *Artemisia anomala* S. Moore

矮蒿 *Artemisia lancea* Vaniot

三脉紫菀 *Aster ageratoides* Turcz.

微糙三脉紫菀 *Aster ageratoides* Turcz. var. *scaberulus* (Miq.) Y. Ling

琴叶紫菀 *Aster panduratus* Nees ex Walp.

陀螺紫菀 *Aster turbinatus* S. Moore

婆婆针 *Bidens bipinnata* L.

金盏银盘 *Bidens biternata* (Lour.) Merr. et Sherff

大狼杷草 *Bidens frondosa* L.

鬼针草 *Bidens pilosa* L.

台湾艾纳香 *Blumea formosana* Kitam.

长圆叶艾纳香 *Blumea oblongifolia* Kitam.

天名精 *Carpesium abrotanoides* L.

金挖耳 *Carpesium divaricatum* Sieb. et Zucc.

蓟 *Cirsium japonicum* Fisch. ex DC.

总序蓟 *Cirsium racemiforme* Ling et Shih

小蓬草 *Conyza canadensis* (L.) Cronq.

白酒草 *Conyza japonica* (Thunb.) Less.

苏门白酒草 *Conyza sumatrensis* (Retz.) Walker

野茼蒿 *Crassocephalum crepidioides* (Benth.) S. Moore

野菊 *Dendranthema indicum* (L.) Des Moul.

甘菊 *Dendranthema lavandulifolium* (Fisch. ex Trautv.) Ling et Shih

鱼眼草 *Dichrocephala auriculata* (Thunb.) Druce

东风菜 *Doellingeria scabra* (Thunb.) Nees

鳢肠 *Eclipta prostrata* (L.) L.

一点红 *Emilia sonchifolia* (L.) DC.

一年蓬 *Erigeron annuus* (L.) Pers.

多须公 *Eupatorium chinense* L.

泽兰 *Eupatorium japonicum* Thunb.

裂叶泽兰 *Eupatorium japonicum* Thunb. var. *tripartitum* Makino

睫毛牛膝菊 *Galinsoga quadriradiata* Ruiz et Pavon

宽叶鼠麴草 *Gnaphalium adnatum* (Wall. ex DC.) Kitam.

鼠麴草 *Gnaphalium affine* D. Don

秋鼠麴草 *Gnaphalium hypoleucum* DC.

匙叶鼠麴草 *Gnaphalium pensylvanicum* Willd.

多茎鼠麴草 *Gnaphalium polycaulon* Pers.

泥胡菜 *Hemisteptia lyrata* (Bunge) Bunge

山柳菊 *Hieracium umbellatum* Linn.

小苦荬 *Ixeridium dentatum* (Thunb.) Tzvel.

苦荬菜 *Ixeris polycephala* Cass.

马兰 *Kalimeris indica* (L.) Sch.–Bip.

稻槎菜 *Lapsana apogonoides* Maxim.

假福王草 *Paraprenanthes sororia* (Miq.) Shih

高大翅果菊 *Pterocypsela elata* (Hemsl.) Shih

翅果菊 *Pterocypsela indica* (L.) Shih

三角叶风毛菊 *Saussurea deltoidea* (DC.) Sch.–Bip.

千里光 *Senecio scandens* Buch.–Ham. ex D. Don

华麻花头 *Serratula chinensis* S. Moore

豨莶 *Sigesbeckia orientalis* L.

蒲儿根 *Sinosenecio oldhamianus* (Maxim.) B. Nord.

加拿大一枝黄花 *Solidago canadensis* L.

一枝黄花 *Solidago decurrens* Lour.

苣荬菜 *Sonchus arvensis* L.

南方兔儿伞 *Syneilesis australis* Ling

山牛蒡 *Synurus deltoides* (Ait.) Nakai

夜香牛 *Vernonia cinerea* (L.) Less.

苍耳 *Xanthium sibiricum* Patrin ex Widder

黄鹌菜 *Youngia japonica* (L.) DC.

（二）单子叶植物纲 Monocotyledoneae

108. 禾本科 Gramineae

108a. 竹亚科 Bambusoideae

阔叶箬竹 *Indocalamus latifolius* (Keng) McClure

箬竹 *Indocalamus tessellatus* (Munro) Keng f.

毛竹 *Phyllostachys heterocycla* (Carr.) Mitford 'Pubescens'

苦竹 *Pleioblastus amarus* (Keng) Keng f.

108b. 禾亚科 Agrostidoideae

剪股颖 *Agrostis matsumurae* Hack. ex Honda

看麦娘 *Alopecurus aequalis* Sobol.

荩草 *Arthraxon hispidus* (Thunb.) Makino

野古草 *Arundinella anomala* Steud.

菵草 *Beckmannia syzigachne* (Steud.) Fernald

毛臂形草 *Brachiaria villosa* (Lam.) A. Camus

狗牙根 *Cynodon dactylon* (L.) Pers.

油芒 *Eccoilopus cotulifer* (Thunb.) A. Camus

稗 *Echinochloa crusgalli* (L.) P. Beauv.

牛筋草 *Eleusine indica* (L.) Gaertn.

知风草 *Eragrostis ferruginea* (Thunb.) Beauv.

乱草 *Eragrostis japonica* (Thunb.) Trin.

野黍 *Eriochloa villosa* (Thunb.) Kunth

白茅 *Imperata cylindrica* (L.) P. Beauv.

柳叶箬 *Isachne globosa* (Thunb. ex Murray) Kuntze

淡竹叶 *Lophatherum gracile* Brongn.

五节芒 *Miscanthus floridulus* (Labill.) Warb. ex K. Schum. et Lauterb.

芒 *Miscanthus sinensis* Andersson

类芦 *Neyraudia reynaudiana* (Kunth) Keng ex Hitchc.

求米草 *Oplismenus undulatifolius* (Ard.) P. Beauv.

圆果雀稗 *Paspalum orbiculare* G. Forst.

雀稗 *Paspalum thunbergii* Kunth ex steud.

显子草 *Phaenosperma globosa* Munro ex Benth.

早熟禾 *Poa annua* L.

金丝草 *Pogonatherum crinitum* (Thunb.) Kunth

鹅观草 *Roegneria kamoji* Ohwi

斑茅 *Saccharum arundinaceum* Retz.

囊颖草 *Sacciolepis indica* (L.) Chase

大狗尾草 *Setaria faberi* R. A. W. Herrm.

金色狗尾草 *Setaria glauca* (L.) P. Beauv.

棕叶狗尾草 *Setaria palmifolia* (J. König) Stapf

皱叶狗尾草 *Setaria plicata* (Lam.) T. Cooke

狗尾草 *Setaria viridis* (L.) P. Beauv.

大油芒 *Spodiopogon sibiricus* Trin.

鼠尾粟 *Sporobolus fertilis* (Steud.) W. D. Clayt.

109. 莎草科 Cyperaceae

丝叶球柱草 *Bulbostylis densa* (Wall.) Hand.–Mazz.

青绿薹草 *Carex breviculmis* R. Br.

褐果薹草 *Carex brunnea* Thunb.

中华薹草 *Carex chinensis* Retz.

穹隆薹草 *Carex gibba* Wahlenb.

密叶薹草 *Carex maubertiana* Boott

镜子薹草 *Carex phacota* Spreng.

阿穆尔莎草 *Cyperus amuricus* Maxim.

异型莎草 *Cyperus difformis* L.

畦畔莎草 *Cyperus haspan* L.

碎米莎草 *Cyperus iria* L.

具芒碎米莎草 *Cyperus microiria* Steud.

香附子 *Cyperus rotundus* L.

牛毛毡 *Eleocharis yokoscensis* (Franch. et Sav.) Tang et F. T. Wang

矮扁鞘飘拂草 *Fimbristylis complanata* (Retz.) Link var. *exaltata* (T. Koyama) Y. C. Tang ex S. R. Zhang et T. Koyama

两歧飘拂草 *Fimbristylis dichotoma* (L.) Vahl

水蜈蚣 *Kyllinga brevifolia* Rottb.

红鳞扁莎 *Pycreus sanguinolentus* (Vahl) Nees

刺子莞 *Rhynchospora rubra* (Lour.) Makino

百球藨草 *Scirpus rosthornii* Diels

毛果珍珠茅 *Scleria hebecarpa* Nees

玉山针蔺 *Trichophorum subcapitatum* (Thw. et Hook.) D. A. Simpson

110. 棕榈科 Palmae

棕榈 *Trachycarpus fortunei* (Hook.) H. Wendl.

111. 天南星科 Araceae

石菖蒲 *Acorus tatarinowii* Schott

一把伞南星 *Arisaema erubescens* (Wall.) Schott

天南星 *Arisaema heterophyllum* Blume

全缘灯台莲 *Arisaema sikokianum* Franch. et Sav.

灯台莲 *Arisaema sikokianum* Franch. et Sav. var. *serratum* (Makino) Hand.–Mazz.

滴水珠 *Pinellia cordata* N. E. Br.

虎掌 *Pinellia pedatisecta* Schott

半夏 *Pinellia ternata* (Thunb.) Ten. ex Breitenb.

112. 浮萍科 Lemnaceae

浮萍 *Lemna minor* L.

113. 谷精草科 Eriocaulaceae

长苞谷精草 *Eriocaulon decemflorum* Maxim.

114. 鸭跖草科 Commelinaceae

饭包草 *Commelina benghalensis* L.

鸭跖草 *Commelina communis* L.

牛轭草 *Murdannia loriformis* (Hassk.) R. S. Rao et Kammathy

裸花水竹叶 *Murdannia nudiflora* (L.) Brenan

水竹叶 *Murdannia triquetra* (Wall.) Bruckn.

115. 灯心草科 Juncaceae

翅茎灯心草 *Juncus alatus* Franch. et Savat.

星花灯心草 *Juncus diastrophanthus* Buchen.

灯心草 *Juncus effusus* L.

江南灯心草 *Juncus prismatocarpus* R. Br.

野灯心草 *Juncus setchuensis* Buchen.

116. 百部科 Stemonaceae

百部 *Stemona japonica* (Bl.) Miq.

117. 百合科 Liliaceae

粉条儿菜 *Aletris spicata* (Thunb.) Franch.

薤头 *Allium chinense* G. Don

薤白 *Allium macrostemon* Bunge

天门冬 *Asparagus cochinchinensis* (Lour.) Merr.

九龙盘 *Aspidistra lurida* Ker Gawl.

宝铎草 *Disporum sessile* D. Don

萱草 *Hemerocallis fulva* (L.) L.

肖菝葜 *Heterosmilax japonica* Kunth

紫萼 *Hosta ventricosa* Stearn

野百合 *Lilium brownii* F. E. Br. ex Miellez

卷丹 *Lilium lancifolium* Thunb.

药百合 *Lilium speciosum* Thunb. var. *gloriosoides* Baker

禾叶山麦冬 *Liriope graminifolia* (L.) Baker

阔叶山麦冬 *Liriope platyphylla* F. T. Wang et Tang

山麦冬 *Liriope spicata* Lour.

麦冬 *Ophiopogon japonicus* (Thunb.) Ker Gawl.

华重楼 *Paris polyphylla* Sm. var. *chinensis* (Franch.) Hara

多花黄精 *Polygonatum cyrtonema* Hua

长梗黄精 *Polygonatum filipes* Merr. ex C. Jeffrey et McEwan

绵枣儿 *Scilla scilloides* (Lindl.) Druce

尖叶菝葜 *Smilax arisanensis* Hayata

菝葜 *Smilax china* L.

托柄菝葜 *Smilax discotis* Warb.

土茯苓 *Smilax glabra* Roxb.

黑果菝葜 *Smilax glaucochina* Warb. ex Diels

暗色菝葜 *Smilax lanceifolia* Roxb. var. *opaca* A. DC.

牛尾菜 *Smilax riparia* A. DC.

油点草 *Tricyrtis macropoda* Miq.

118. 石蒜科 Amaryllidaceae

石蒜 *Lycoris radiata* (L′Hér.) Herb.

119. 薯蓣科 Dioscoreaceae

黄独 *Dioscorea bulbifera* L.

薯莨 *Dioscorea cirrhosa* Lour.

日本薯蓣 *Dioscorea japonica* Thunb.

穿龙薯蓣 *Dioscorea nipponica* Makino

薯蓣 *Dioscorea opposita* Thunb.

绵草薢 *Dioscorea septemloba* Thunb.

细柄薯蓣 *Dioscorea tenuipes* Franch. et Sav.

120. 鸢尾科 Iridaceae

射干 *Belamcanda chinensis* (L.) DC.

小花鸢尾 *Iris speculatrix* Hance

121. 姜科 Zingiberaceae

山姜 *Alpinia japonica* (Thunb.) Miq.

襄荷 *Zingiber mioga* (Thunb.) Rosc.

122. 美人蕉科 Cannaceae

蕉芋 *Canna edulis* Ker Gawl.

123. 兰科 Orchidaceae

无柱兰 *Amitostigma gracile* (Bl.) Schltr.

金线兰 *Anoectochilus roxburghii* (Wall.) Lindl.

广东石豆兰 *Bulbophyllum kwangtungense* Schltr.

虾脊兰 *Calanthe discolor* Lindl.

钩距虾脊兰 *Calanthe graciliflora* Hayata

蕙兰 *Cymbidium faberi* Rolfe

多花兰 *Cymbidium floribundum* Lindl.

春兰 *Cymbidium goeringii* (Rchb. f.) Rchb. f.

寒兰 *Cymbidium kanran* Makino

细茎石斛 *Dendrobium moniliforme* (L.) Sw.

单叶厚唇兰 *Epigeneium fargesii* (Finet) Gagnep.

大花斑叶兰 *Goodyera biflora* (Lindl.) Hook. f.

小斑叶兰 *Goodyera repens* (L.) R. Br.

斑叶兰 *Goodyera schlechtendaliana* Rchb. f.

见血青 *Liparis nervosa* (Thunb. ex A. Murray) Lindl.

长唇羊耳蒜 *Liparis pauliana* Hand.–Mazz.

小叶鸢尾兰 *Oberonia japonica* (Maxim.) Makino

细叶石仙桃 *Pholidota cantonensis* Rolfe.

舌唇兰 *Platanthera japonica* (Thunb.) Lindl.

小舌唇兰 *Platanthera minor* (Miq.) Rchb. f.

台湾独蒜兰 *Pleione formosana* Hayata

小花蜻蜓兰 *Tulotis ussuriensis* (Reg. et Maack) H. Hara

图书在版编目（CIP）数据

江山仙霞岭自然保护区药用植物图鉴 / 余著成，
张芬耀，徐林莉主编. —杭州：浙江大学出版社，
2021.12

ISBN 978-7-308-22156-6

Ⅰ．①江… Ⅱ．①余… ②张… ③徐… Ⅲ．①药用
植物－江山－图谱 Ⅳ．①S68-64

中国版本图书馆CIP数据核字（2021）第263314号

江山仙霞岭自然保护区药用植物图鉴

余著成　张芬耀　徐林莉　主编

责任编辑	季　峥
责任校对	潘晶晶
封面设计	BBL品牌实验室
出版发行	浙江大学出版社
	（杭州市天目山路148号　　邮政编码　310007）
	（网址：http://www.zjupress.com）
排　　版	杭州林智广告有限公司
印　　刷	浙江省邮电印刷股份有限公司
开　　本	889mm×1194mm　1/16
印　　张	22
字　　数	386千
版 印 次	2021年12月第1版　2021年12月第1次印刷
书　　号	ISBN 978-7-308-22156-6
定　　价	288.00元